本书由深圳市可持续发展专项（KCXFZ20201221173

中国水环境治理产业发展研究报告
（2024）

ANNUAL REPORT ON THE DEVELOPMENT OF WATER ENVIRONMENT GOVERNANCE INDUSTRY IN CHINA (2024)

水环境治理产业技术创新战略联盟
深圳市华浩淼水生态环境技术研究院　主编

河海大学出版社
·南京·

图书在版编目（CIP）数据

中国水环境治理产业发展研究报告. 2024 / 水环境治理产业技术创新战略联盟，深圳市华浩淼水生态环境技术研究院主编. -- 南京：河海大学出版社，2025.4.
ISBN 978-7-5630-9740-1

Ⅰ.X321.2

中国国家版本馆 CIP 数据核字第 2025SG7240 号

书　　名	中国水环境治理产业发展研究报告（2024）
	ZHONGGUO SHUIHUANJING ZHILI CHANYE FAZHAN YANJIU BAOGAO (2024)
书　　号	ISBN 978-7-5630-9740-1
责任编辑	周　贤
特约编辑	刘建龙
特约校对	吕才娟
封面设计	张育智　刘　冶
出版发行	河海大学出版社
地　　址	南京市西康路 1 号（邮编：210098）
电　　话	（025）83737852（总编室）　　（025）83787157（编辑室）
	（025）83722833（营销部）
经　　销	江苏省新华发行集团有限公司
排　　版	南京布克文化发展有限公司
印　　刷	苏州市古得堡数码印刷有限公司
开　　本	787 毫米×1092 毫米　1/16
印　　张	17.75
字　　数	362 千字
版　　次	2025 年 4 月第 1 版
印　　次	2025 年 4 月第 1 次印刷
定　　价	138.00 元

《中国水环境治理产业发展研究报告（2024）》编委会

主　任

刘国栋　孔德安

副主任

倪晋仁　王沛芳　戴济群　赵建世　许立杰　宋永会　彭文启
高徐军　吕新建　向　建　赵晓峰　王东全　魏　俊

主　编

张业勤

执行主编

孙加龙

副主编

王　莹　任德玲　王旭航　郭　兴　李　强　刘元元　顾　骏
汪　杰　董　芳

编写人员

深圳市华浩淼水生态环境技术研究院

李芸溪　陈　飞

中电建生态环境集团有限公司

柯雪松　李　慧

中国电建集团华东勘测设计研究院有限公司

赵思远　周　洁　张梦雨　姚昱婷　王　瑞　郭　聪　沈　捷　黄　杰

中国电建集团北京勘测设计研究院有限公司
王玉双　谷宏海　张国宝　李文凯　孙雪薇　王一鸣　张佳宾　李来山

中国电建集团西北勘测设计研究院有限公司
韩　朝　牛雪玲　周义辉　田姗姗

中国电建集团昆明勘测设计研究院有限公司
严　程　郭曼宁　江　徐辉

国合千庭控股有限公司
王其俊　吴　颖　陈小娟　吴颖涛

中国农业大学
李　思　宋瑞平　王　宇

招商局海洋装备研究院有限公司
董　芳

序

水，是生命之源、文明之基，更是经济社会可持续发展的命脉。中国是一个拥有14亿多人口的发展中大国，在快速工业化和城市化的进程中，水环境治理始终是关乎国计民生的重大课题。党的十八大以来，生态文明建设被提升至前所未有的战略高度，"绿水青山就是金山银山"的理念深入人心。从"水十条"的颁布到污染防治攻坚战的全面打响，从长江大保护到黄河流域生态治理，中国水环境治理正经历着从末端治理向系统修复、从单一管控向多元共治的历史性跨越。

当前，中国水环境治理产业已步入高质量发展的关键阶段。随着污染防治技术的迭代升级、环保政策的精准施策以及社会资本的加速涌入，一个涵盖污水处理、生态修复、智慧监测、资源化利用的万亿级市场正逐步成型。然而，挑战与机遇并存：区域发展不均衡、技术创新转化不足、长效运维机制缺位等问题仍制约着产业的整体效能。如何破解这些难题，构建绿色、高效、可持续的水环境治理体系，既是时代赋予的命题，也是产业升级的必由之路。

水环境治理产业技术创新战略联盟（以下简称"水环境联盟"）是2016年在政府相关部门的指导和支持下，由中电建生态环境集团有限公司联合7家高校和科研院所共同发起成立的。经过多年发展，水环境联盟现有成员单位200余家，涵盖高校、科研院所和水环境治理产业链各环节的优秀企业。水环境联盟积极发挥整合产业技术创新资源的作用，引导创新要素向企业集聚，旨在成为服务行业推动创新、促进行业和企业发展的推进器。

水环境联盟及其实体机构——深圳市华浩淼水生态环境技术研究院编写的《中国水环境治理产业发展研究报告（2024）》[以下简称《产业报告（2024）》]聚焦当下水环境治理领域的重点及热点问题，如中小河流山洪灾害防治、非常规水资源开发利用、排水管网技术、数字孪生流域建设与发展、生态环境领域科技成果转移转化等内容。同时，该书深入分析了我国水环境治理产业的现状、政策、问题及前景，汇集了目前我国在水环境治理方面的一些成功经验。现将《产业报告（2024）》总结的水环境治理产业发展的最新情况与广大从业者分享，希望能为推动我国水环境治理事业的发展贡献一份力量。

2025 年 3 月于深圳

前　言

当前，为贯彻落实党的二十大提出的目标任务，推进美丽中国建设，生态环境保护触及的矛盾越来越深、工作要求越来越高。面对生态环境保护过程中存在的问题和矛盾，既需要政府遵循客观规律，抓住主要矛盾和矛盾的主要方面，因地制宜、科学施策；也需要企业、机构、个人推动科技创新、产业结构优化等方方面面。

为全力推动水环境治理产业的发展，水环境治理产业技术创新战略联盟的实体机构——深圳市华浩淼水生态环境技术研究院（以下简称"华浩淼研究院"）发起编写了《中国水环境治理产业发展研究报告》（以下简称《产业报告》）并定期对外发布。

2019 年，华浩淼研究院组织 14 家单位共同完成了《中国水环境治理产业发展研究报告（2019）》的编写，该报告于 2020 年 3 月正式出版发行，共计 68 万字。《中国水环境治理产业发展研究报告（2019）》首次对水环境治理和水环境治理产业做出了明确界定，对水环境治理产业链进行了清晰划分，其内容涵盖了水环境治理产业的背景和政策、重点领域和重点区域的水环境治理情况、产业的发展前景等，成功打造了"生态环境产业绿皮书"的品牌。

《中国水环境治理产业发展研究报告（2020）》结合城市水系统公共卫生安全、智慧水务、海绵城市、无废城市等热点问题对水环境治理产业的发展进行剖析，并针对"十四五"时期水环境治理产业的发展前景凝练出了"十大热点"。

《中国水环境治理产业发展研究报告（2021）》开展了水美乡村建设、高原湖泊水生生态系统保护、绿色低碳型污水处理技术、绿色产业基金等方面的专题研究。

《中国水环境治理产业发展研究报告（2022）》在深耕水环境治理产业研究的基础上，拓展到开展生态环境治理工作所涉及的水处理、固废处理、"双碳"产业、储能产业、绿色服务等绿色产业领域，以期开创生态环境保护事业新局面。

《中国水环境治理产业发展研究报告（2023）》开展了污水资源化利用、工业园区难降解污水处理、幸福河湖建设、村镇污水治理、水生态环境保护等专题研究，并关注数字孪生流域技术、新污染物治理形势与策略、绿色金融与可持续发展等新兴领域问题。

2024年，结合当前我国生态环境领域热点问题及参编单位近期重点工作，《中国水环境治理产业发展研究报告（2024）》特设立中小河流山洪灾害防治、非常规水资源开发利用、排水管网技术、数字孪生流域建设与发展、生态环境领域科技成果转移转化等专题研究。

《产业报告》是首部系统梳理我国水环境治理产业的研究报告，可以帮助相关领域的从业人员了解我国目前水环境治理产业的发展情况，也可以作为科技工作者携手改善水环境现状的参考依据。《产业报告》的成果将有利于水环境治理技术的融合与推广，促进我国水环境治理产业的高质量发展。借由本书的出版，编者希望参编单位根植于水环境治理的伟大事业，以高标准赋能水环境治理高质量发展，为美丽中国建设做出更大的贡献！

由于编制时间有限，书中难免有疏漏，恳请读者批评、指正。

目 录

第一章 中国水环境治理产业背景综述 ··· 1
    第一节 中国水环境治理产业现状和治理需求 ······························· 1
    第二节 中国水环境治理产业政策导向和策略 ······························ 16

第二章 中国水环境治理市场分析 ·· 30
    第一节 中国水环境治理行业发展与市场现状 ······························ 30
    第二节 中国水环境治理成效与面临的挑战 ································ 43
    第三节 中国水环境治理市场前景分析 ···································· 51

第三章 中小河流山洪灾害防治关键技术与应用 ································ 54
    第一节 中小河流山洪灾害防治现状及问题 ································ 54
    第二节 中小河流山洪灾害防治政策导向 ·································· 63
    第三节 中小河流山洪灾害防治工作重点内容与关键技术 ···················· 67
    第四节 中小河流山洪灾害防治发展方向及市场策划 ························ 79

第四章 基于雨污水的非常规水资源开发利用关键技术研究与应用 ················ 82
    第一节 雨污水作为非常规水资源开发利用背景 ···························· 82
    第二节 雨污水作为非常规水资源的政策导向 ······························ 87
    第三节 基于雨污水的非常规水资源开发利用的关键技术 ···················· 95
    第四节 雨污水作为非常规水资源的发展前景及市场空间 ··················· 107

第五章 面向城市黑臭水体治理的排水管网关键技术及应用 ····················· 116
    第一节 面向城市黑臭水体治理的排水管网技术发展现状及问题 ············· 116
    第二节 面向黑臭水体治理的排水管网政策及导向 ························· 121
    第三节 面向城市黑臭水体治理的排水管网关键技术 ······················· 124
    第四节 面向城市黑臭水体治理的排水管网技术应用效果及前景 ············· 151

第六章 赤潮的发生与治理 ··· 155
    第一节 赤潮的危害及研究历程 ··· 155

第二节　赤潮的形成因素及发生过程 ………………………………………… 159
　　　第三节　赤潮治理技术及应用 …………………………………………………… 162
　　　第四节　赤潮治理技术挑战及展望 ……………………………………………… 166
第七章　黄河文化传承与发展对流域生态保护和高质量发展的影响研究 ………… 168
　　　第一节　黄河文化现状及传承意义 ……………………………………………… 168
　　　第二节　黄河文化的历史演变与地域划分 ……………………………………… 170
　　　第三节　黄河文化内容分类研究 ………………………………………………… 177
　　　第四节　重点省份黄河文化特色研究 …………………………………………… 181
　　　第五节　黄河文化对流域生态保护和高质量发展的影响 …………………… 190
第八章　基于机理模型的数字孪生流域建设与发展 …………………………………… 196
　　　第一节　机理模型在数字孪生流域中的应用背景 …………………………… 196
　　　第二节　机理模型在数字孪生流域中的应用需求 …………………………… 201
　　　第三节　机理模型在数字孪生流域的应用场景 ……………………………… 206
　　　第四节　数字孪生流域面临的机遇与挑战 ……………………………………… 213
第九章　生态环境领域科技成果转移转化现状及发展趋势研究 …………………… 218
　　　第一节　生态环境领域科技成果转移转化现状 ……………………………… 218
　　　第二节　生态环境领域科技成果转移转化对推动新质生产力发展的意义 …… 224
　　　第三节　生态环境领域科技成果转移转化发展趋势研究 …………………… 226
　　　第四节　生态环境领域科技成果转移转化案例 ……………………………… 237
第十章　中国水治理产业低碳化发展的趋势与前景 …………………………………… 242
　　　第一节　水治理产业低碳化发展的政策导向 ………………………………… 242
　　　第二节　水治理产业低碳化发展面临的挑战与机遇 ………………………… 249
　　　第三节　水环境治理产业低碳化发展前景 ……………………………………… 254

第一章　中国水环境治理产业背景综述

第一节　中国水环境治理产业现状和治理需求

党的十八大以来，生态文明建设上升到国家战略，被纳入"五位一体"总体布局，生态环境质量明显改善，现代生态产业成为推动我国经济高质量增长的重要引擎，"绿水青山就是金山银山"理念深入人心，美丽中国建设迈出重大步伐，人民群众生态环境的获得感、幸福感、安全感持续增强。但是，生态环境稳中向好的基础还不稳固，从量变到质变的拐点还没有到来，生态环境质量同人民群众对美好生活的期盼相比，同建设美丽中国的目标相比，同构建新发展格局、推动高质量发展、全面建设社会主义现代化国家的要求相比，还有较大差距。特别是在全球气候变化和人口增长的双重影响下，水资源短缺和水危机已成为全球共同面临的挑战。作为全球最大的发展中国家，我国在水环境治理领域面临着巨大的挑战和机遇，也展现出广阔的市场前景和发展空间。

一、水环境治理概述

随着城市化进程加速，人口聚集，工业活动和商业活动频发，我国水环境治理需求呈现出快速增长的态势。这种增长不仅源于日益严重的水体污染问题，更在于人们对水质要求的不断提高。当前，我国水环境治理产业得到迅速发展，市场规模持续扩大，竞争格局日益激烈。水环境治理产业不仅涉及污水处理和污染物减排，还包括水资源保护、水污染治理以及水生态修复等多方面内容，政府的大力支持和政策推动使得行业朝着高质量和可持续的方向发展。随着技术的进步和产业链的完善，水环境治理行业正在逐步实现从末端治理向流域统筹、系统治理的转变。未来，该行业将继续保持良好的发展趋势，助力我国生态环境保护事业迈向新的高度。

水环境治理是一个系统性的、多专业交叉的领域，它致力于通过多种手段和措施，对水环境中的各种问题进行综合分析、综合调控和综合治理。这一过程的目的是提高水环境质量、保护水资源、促进生态平衡和可持续发展。

在概念层面上，水环境治理强调全面性和整体性。它不仅仅关注单一的水环境问题，而是将水体、土壤、生物等多个要素纳入考虑范围，从源头上预防和治理水环境问题。同时，它注重运用科学的方法和手段，包括先进的技术和管理模式，以实现水环境的长期稳定和可持续发展。

从治理技术的角度来看，水环境治理涵盖了多种技术手段。首先，物理治理技术通过沉淀、过滤等方式去除水中的悬浮物和杂质。其次，化学治理技术利用化学反应原理，通过添加化学药剂来去除水中的污染物质。此外，生物治理技术则利用生物的作用，如微生物降解、植物吸收等，来去除水中的污染物质并恢复水生态。这些技术手段在实际应用中需要根据具体情况进行选择和组合，以达到最佳的治理效果。

在服务类型方面，水环境治理的服务范围广泛。一方面，它提供综合性的治理方案，包括对整个水环境系统的评估和规划，制定针对性的治理措施和策略。另一方面，它也提供具体的技术支持和实施服务，如治理设备的安装和维护、治理效果的监测和评估等。此外，随着技术的发展和创新，水环境治理的服务也在不断更新和完善，如引入大数据、人工智能等新技术手段来提升治理效果和效率。

综上所述，水环境治理是一个综合性的概念，它涵盖了多种治理技术和服务类型。通过综合运用各种技术手段和服务，可以有效地解决水环境问题，提升水环境质量，实现水资源的可持续利用和生态环境的协调发展。

二、中国水环境治理产业经济环境分析

2023年是全面贯彻党的二十大精神的重要起点，也是新冠疫情防控后经济恢复发展的关键之年。在以习近平同志为核心的党中央坚强领导下，各地区各部门坚持以习近平新时代中国特色社会主义思想为指导，全面贯彻落实党的二十大和二十届三中全会精神，加快构建新发展格局，着力推动高质量发展，全面深化改革开放。在这一年，高质量发展取得良好成效，构建新发展格局稳步进行，经济总体明显向上向好，向全面建设社会主义现代化国家迈出坚实步伐。

据2014—2023年国民经济和社会发展统计公报的统计数据，近十年我国经济总体情况如图1-1所示。2023年我国国内生产总值为1 260 582亿元，比上年增长5.2%。经济发展由工业主导进一步向第三产业主导转变，其中第一产业增加值89 755亿元，比上年增长4.1%；第二产业增加值482 589亿元，增长4.7%；第三产业增加值688 238亿元，增长5.8%。第一产业增加值占国内生产总值比重为7.1%，第二产业增加值比重为38.3%，第三产业增加值比重为54.6%。国家统计局数据显示，2024年上半年国家经济发展情况如表1-1所示，国内生产总值为

616 836 亿元，相比于 2023 年同期增长 5.0%，其中第一产业占比 5.0%，增加值为 30 660 亿元，比上年同期增长 3.5%；第二产业占比 38.3%，增加值为 236 530 亿元，比上年同期增长 5.8%；第三产业占比 56.7%，增加值为 349 646 亿元，比上年同期增长 4.6%。

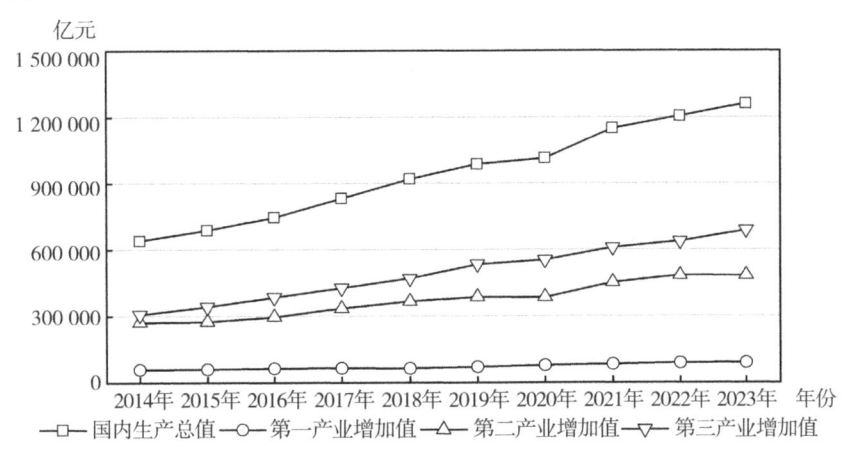

图 1-1 2014—2023 年国内生产总值及变化趋势
(数据来源：2014—2023 年国民经济和社会发展统计公报)

表 1-1 2024 年上半年国家经济发展情况统计

产业分类	国内生产总值或增加值（亿元）	比上年同期增长（%）
GDP	616 836	5.0
第一产业	30 660	3.5
第二产业	236 530	5.8
第三产业	349 646	4.6

数据来源：国家统计局。

2023 年，在党的二十大胜利召开的鼓舞下，我国经济迎来了新的发展契机，同时也面临着全球经济复苏、科技创新、绿色发展等多重机遇的叠加。在这一背景下，我国水环境治理产业作为推动经济高质量发展的重要组成部分，其发展不仅关乎国家的水资源安全和生态平衡，也是实现绿色发展和推进生态文明建设的核心要素。

政府高度重视水环境治理产业的发展，通过加大财政投入、优化产业政策、鼓励技术创新等措施，推动水环境治理产业的高质量发展。同时，通过深化水价改革、推广节水技术、加强水资源管理等手段，不断提高水资源的利用效率和治理水平，为实现水资源的可持续利用和水环境的长期改善奠定了坚实基础。这些举措不仅有助于提升我国水环境治理产业的整体竞争力，也为全球水资源的保护和治理提供了中国智慧和中国方案。

三、中国水环境治理产业社会环境分析

我国庞大的人口基数和持续的城镇化步伐，不仅塑造了独特的社会结构，也对水资源的供需平衡、水质安全以及水环境可持续发展提出了严峻挑战。随着人口的增长和城市化水平的提升，水资源紧张局势愈发明显，尤其是在水资源稀缺的地区，水资源供需矛盾日益突出。同时，城市化进程中的土地利用变化、基础设施建设和工业发展，也加剧了水环境污染和生态破坏的风险。因此，如何科学规划和管理水资源，以适应人口增长和城市化带来的变化，成为我国水环境治理产业亟须解决的关键问题。

（一）中国人口规模及增长趋势

根据 2014—2023 年国家统计局的人口统计数据（图 1-2），近十年我国人口总体呈上升趋势，由 2014 年的 136 782 万人增长至 2023 年的 140 967 万人，增长规模为 4 185 万人。城乡人口对比而言，城镇人口增加 18 351 万人，占比由 54.8% 增加至 66.2%；农村人口减少 14 166 万人，占比由 45.2% 减少至 33.8%。

根据国家统计局的数据，2023 年末全国人口为 14.096 7 亿人，比上年末减少了 208 万人，显现出连续第二年的负增长态势，同时伴随着人口老龄化的加剧和生育率的下降，这些趋势预示着未来劳动力市场将面临紧缩，经济增长可能放缓，并对养老服务和医疗保健体系提出更高要求。城镇化的推进虽然为城市居民带来就业机会，但也加剧了对城市资源和服务需求增加的压力，而性别比例失调及教育就业市场的变化也对社会结构产生影响，迫切需要政府调整政策，以适应人口变化，保障社会的可持续发展。

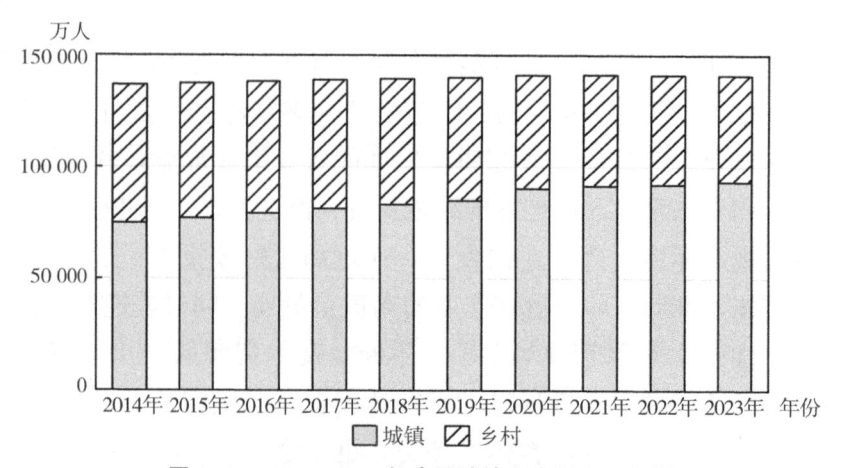

图 1-2　2014—2023 年我国城镇和乡村人口数量

（数据来源：国家统计局）

据 2014—2023 年我国人口出生率和死亡率情况可知，近十年我国人口出生率呈现下降的趋势，由 2014 年的 12.37‰ 下降至 2023 年的 6.39‰；死亡率总体稳定，于 7.07‰~7.87‰ 之间波动；人口自然增长率降低，由 2014 年的 5.21‰ 下降至 2023 年的 -1.48‰（图 1-3）。特别是 2022 年和 2023 年，人口自然增长率呈现负增长。

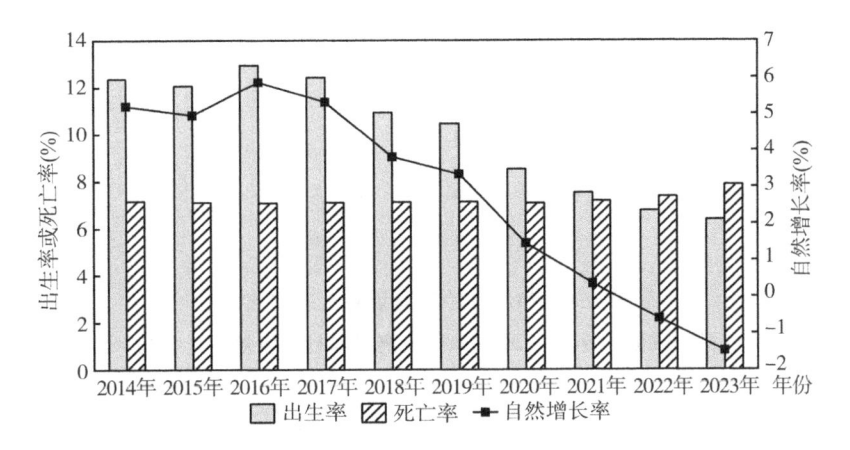

图 1-3　2014—2023 年我国人口出生率、死亡率和自然增长率变化趋势
（数据来源：国家统计局）

随着我国人口构成的不断演变，尤其是老年人口比例的大幅上升，水资源管理的宏观战略正面临着前所未有的新考验。人口特性的转变深刻影响着社会经济对水资源的需求格局，这迫切需要相关部门在水资源调配与水环境治理领域采取针对性的应对措施。尽管总人口数量有所缩减，但人口结构的这一变动依然对水环境的净化处理提出了新挑战与需求。在此背景下，水环境治理行业必须持续推动技术创新，提升污水处理效能，以灵活应对人口结构变化所带来的全新需求，凸显出水资源管理的重要性和紧迫性。

（二）中国城市化进程及规划分析

城镇化是现代化的必由之路。改革开放以来，中国经历了世界上规模最大、速度最快的城镇化进程。据 2014—2023 年国民经济和社会发展统计公报数据分析，十年间，我国年末全国常住人口城镇化率持续提升，由 2014 年的 54.77% 提升至 2023 年的 66.16%，城镇常住人口由 74 916 万人增加至 93 267 万人（图 1-4）。随着城市化的加速，城市人口的增加导致需水量上升，尤其是在城镇地区，需水总量持续上升。同时，城市化进程也带来了严重的水污染问题，迫切需要提升污水处理能力和水资源再利用技术。

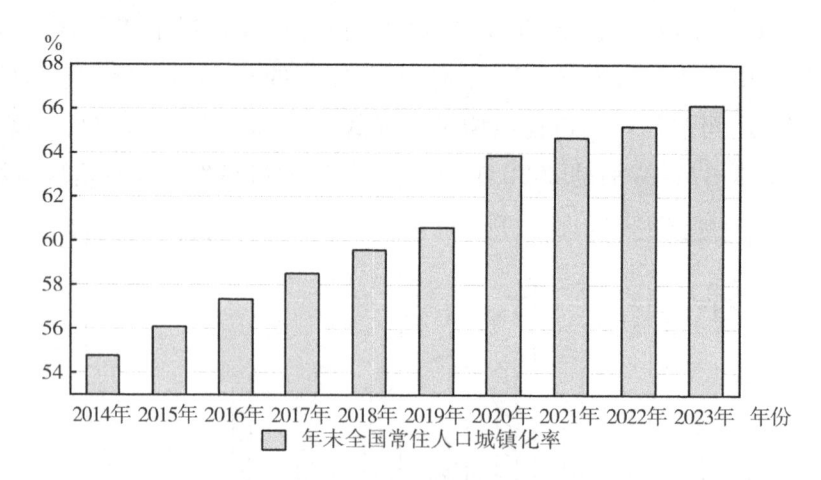

图 1-4　2014—2023 年城镇化率变化图

(数据来源：2014—2023 年国民经济和社会发展统计公报)

城市化的迅猛推进带来了经济与社会的显著飞跃，然而，这同时也对水环境设定了更加严苛的标准。城市化进程与水资源之间交织着复杂的互动关系，促使我们在城市蓝图规划中必须深入考量水资源的合理开发与保护。随着城市区域的日益扩大，城市水环境的质量正面临严峻的考验，诸如环境污染加剧、生态系统受损以及水域面积缩减等问题，不仅动摇了城市可持续发展的根基，也直接削弱了居民的居住品质。因此，打造一个能够兼顾自然水环境保护与经济社会水环境和谐发展的城市水环境体系，已成为当务之急。

为了应对这些挑战，我国在城市水环境治理方面采取了一系列措施，并取得了显著进展。例如，推广应用下沉式再生水厂不仅提高了污水处理效率，同时减轻了对环境的影响。通过实施"海绵农田"等生态工程技术，更有效地管理和利用水资源。然而，随着城市化进程的深入，我们仍需进一步加强城市水环境治理，如提升污水处理率、优化水资源配置、加强水生态保护与修复等。此外，研发和应用新型工艺技术也是应对日益复杂的水环境问题的关键。

城市化进程中的水环境治理是一个复杂的系统工程，它需要多学科、多领域的协同合作。借助科学规划与技术革新，旨在达成城市水环境的永续发展，为市民的福祉与美好的生活奠定稳固的基石。

四、中国水环境现状形势

(一)中国水资源现状

我国的水资源总量丰富，但分布极不均匀。南方地区水资源较为充沛，而北方地区则面临严重的水资源短缺问题。近年来，随着经济的快速发展和城市化进程的推进，水资源的供需矛盾日益突出。2014—2023年水利部发布的《中国水资源公报》数据显示，自2014年来，全国水资源总量在一定范围内波动，2016年水资源总量最高，为32 466.4亿 m³。地下水资源量相对稳定，近十年地下水资源量在7 745.0亿 m³ 至 8 854.8 亿 m³ 之间。2020年以来，随着地表水资源量的下降，全国水资源总量逐渐减少，由2020年的31 605.2亿 m³ 下降为2023年的25 782.5亿 m³（图1-5）。

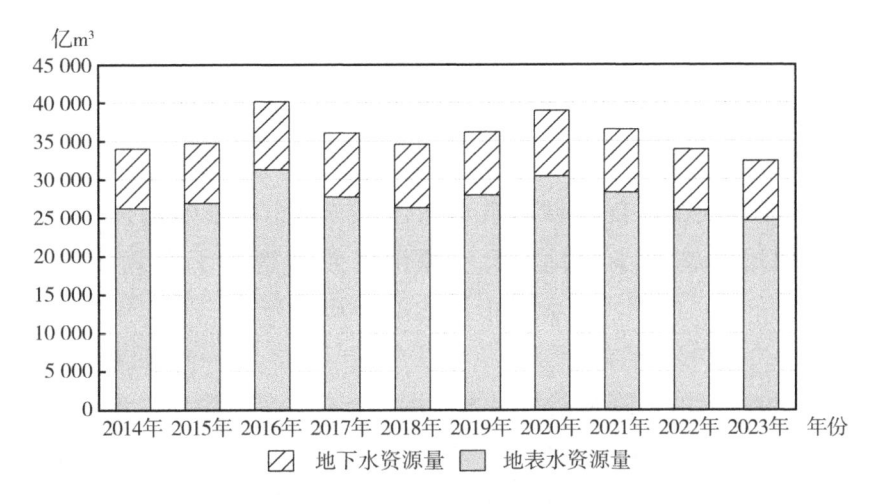

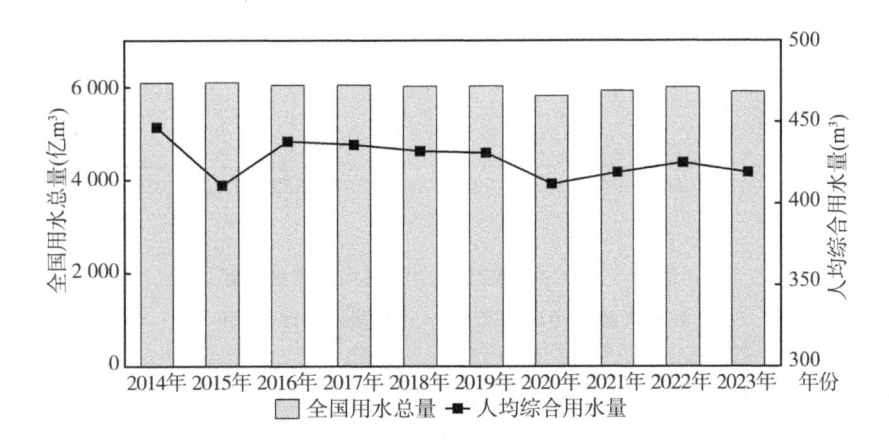

图 1-5　2014—2023 年全国水资源总量变化图
（数据来源：2014—2023 年《中国水资源公报》）

由2014—2023年水利部发布的《中国水资源公报》数据可知，2014—2023年全国用水总量基本维持不变，在5 906.5亿～6 103.2亿 m³ 内波动。近十年人均综合用水量整体呈现下降趋势，2014年人均综合用水量最高，达446.7 m³；2015年人均综合用水量最低，为411.0 m³；2023年人均综合用水量为419.0 m³（图1-6）。

图 1-6　2014—2023 年全国用水总量变化图
（数据来源：2014—2023 年《中国水资源公报》）

人均综合用水量下降与用水效率提升、用水结构调整密切相关。然而，水资源分布不均和季节性波动问题依然存在，水环境保护面临巨大挑战。为应对这些问题，我国需持续优化水资源管理策略，加强节水和水质保护措施，以保障水资源的可持续利用。

（二）中国供排水现状

1. 供水量

我国水资源总量居世界第六位，但人均水资源量仅为世界平均水平的35%，人均水资源量较低。全国有近三分之二的城市面临不同程度的缺水，水资源分布不均，导致水资源供需矛盾突出。随着城市供水综合生产能力的不断增强，用水效率持续提升，水资源利用结构逐步优化，水资源供需矛盾得到了有效缓解。由2014—2023年水利部发布的《中国水资源公报》数据可知，2014—2019年全国供水总量基本稳定不变，2020—2023年有所波动（图1-7）。2023年，全国供水总量最低，为5 609.5亿 m^3，供水量的下降可能与多方面举措有关，如水资源总量减少、传统水源供应压力增大、非常规水源利用增加、农业用水效率提升以及节水措施的实施等。因此，未来需进一步加强水资源管理和保护，提高用水效率，以应对更加严峻的水资源挑战。

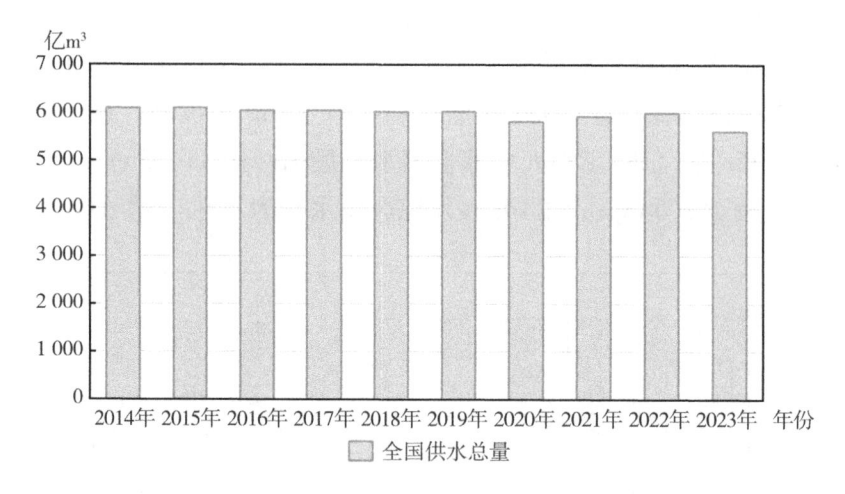

图1-7　2014—2023年全国供水总量变化图
（数据来源：2014—2023年《中国水资源公报》）

地表水源、地下水源和非常规水源供水总量占比的变化反映出我国水资源利用结构的调整和优化。2014—2023年，各水源占比变化如图1-8所示。2014年，地表水源供水量、地下水源供水量和非常规水源供水量分别占全国供水总量的80.8%、18.3%和0.9%；2023年，其占比分别为82.5%、13.9%和3.6%。这表明虽然地表水源仍然是主要的供水来源，但随着用水效率的提升和非常规水源利用量的增加，其所占比例略有下降。地下水源供水量在供水总量中占比的下降，可能与地下水超采问题的治理和水资源管理政策的实施有关，因此，地下水开采量有所减少。同时，我国正致力于扩大非常规水源的应用范围，旨在应对水资源匮乏的挑战并保护地下水储备，此举彰显了我国在提升用水效率及推动水资源可持续管理方面的坚定决心与实践。

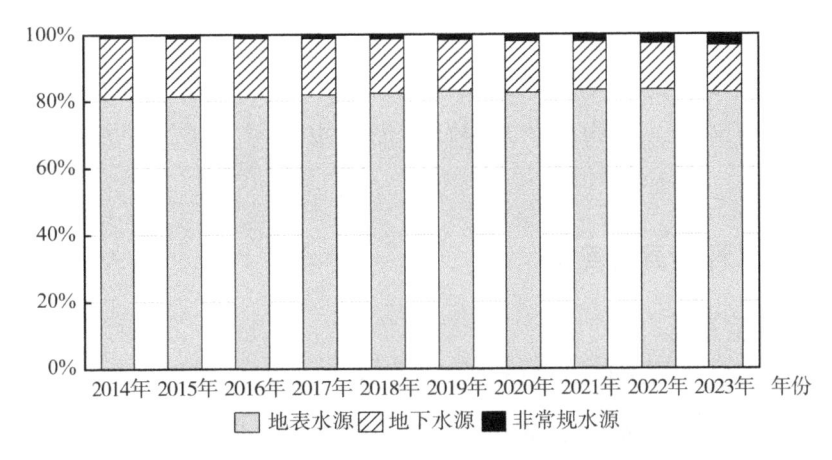

图 1-8　2014—2023 年全国水资源利用结构变化图
（数据来源：2014—2023 年《中国水资源公报》）

2. 污水排放量

随着经济发展和人口增长，我国污水排放量持续增加，污水排放问题愈发严峻。由《中国城乡建设统计年鉴》（2014—2023 年）可知，近十年来全国污水排放总量持续增加，由 2014 年的 535.81 亿 m^3 增加至 2023 年的 784.29 亿 m^3。与此同时，城市污水处理率也逐年提高，由 2014 年的 90.18% 提升至 2023 年的 98.26%（图 1-9）。

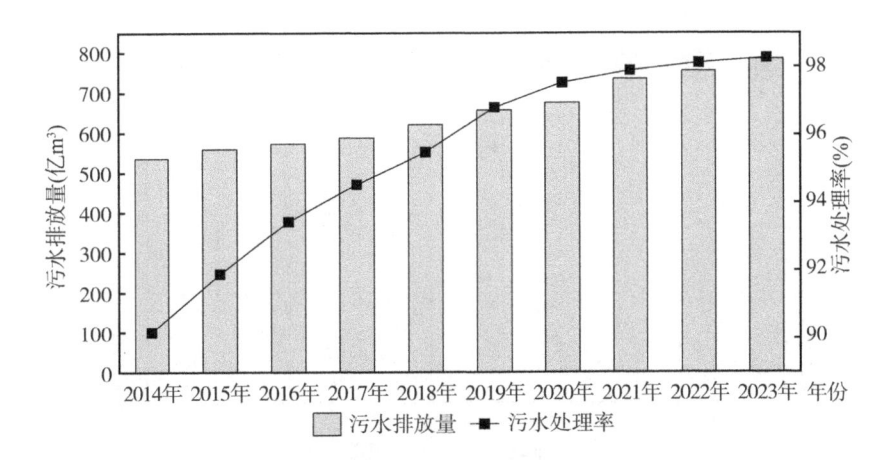

图 1-9　2014—2023 年全国污水排放量和污水处理率变化图
（数据来源：《中国城乡建设统计年鉴》）

2023年，我国污水处理行业在技术创新和政策支持下取得了显著进展。膜分离和生物降解等先进技术的应用使污水零排放成为可能。同时，政府也发布了一系列政策，激励污水处理项目的建设并吸引更多投资。尽管如此，污水处理行业的发展仍然面临不少挑战，尤其是城乡发展不平衡的问题。城市地区的污水处理率已经达到了较高水平，而农村地区的污水处理率却仅有31%，这进一步凸显了农村环境治理的紧迫性。

污水处理行业将持续发展，技术创新和政策支持将继续成为推动行业发展的两大核心动力。通过不断的技术革新、强有力的政策支持以及城乡发展的协调，行业将实现更高效、更环保、更均衡的发展，进而为提升国家整体的水环境质量做出更大的贡献。

（三）中国水环境质量现状

1. 地表水环境质量

地表水环境质量是指水体中的物质、生物和生态系统的状态，包括水质、水生植物、水生动物等，它是衡量水体健康状况的重要指标。根据《地表水环境质量标准》（GB 3838—2002），地表水环境质量分为五个等级：Ⅰ类、Ⅱ类、Ⅲ类、Ⅳ类和Ⅴ类。每个等级对应不同的水质要求，以满足不同的用途，如供水、生态保护、水产养殖等。随着国家对于环境保护的重视，我国地表水环境质量逐渐改善。据《中国环境状况公报》（2014—2016年）和《中国生态环境状况公报》（2017—2023年）数据显示，近十年我国地表水监测国控断面中，地表水优良（Ⅰ～Ⅲ类）水质断面占比总体呈上升趋势，由2014年的63.1%上升至2023年的89.4%；Ⅳ～Ⅴ类水质断面占比总体下降趋势明显，从2014年的27.7%降至2023年的9.9%；劣Ⅴ类水质断面占比大幅减少，从2014年的9.2%降至2023年的0.7%（图1-10）。

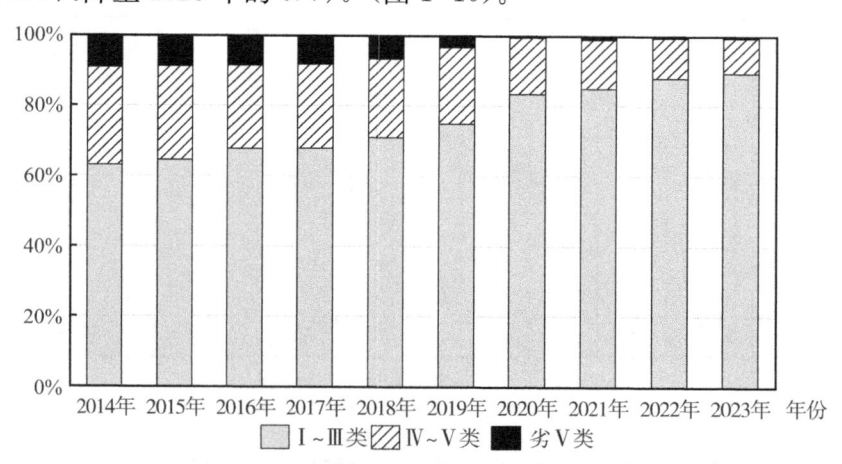

图1-10 2014—2023年全国地表水总体水质状况

（数据来源：《中国环境状况公报》《中国生态环境状况公报》）

随着国家在水环境治理方面的持续努力和投入,对于主要江河监测的国控断面逐年增加,治理范围逐步扩大。据《中国环境状况公报》(2014—2016年)和《中国生态环境状况公报》(2017—2023年)数据显示,七大流域和浙闽片河流、西北诸河、西南诸河主要江河监测的国控断面中,Ⅰ～Ⅲ类水质断面占比总体呈上升趋势,由2014年的71.2%上升至2023年的91.7%;Ⅳ～Ⅴ类和劣Ⅴ类水质断面占比总体下降趋势明显,分别从2014年的19.8%和9.0%降至2023年的7.9%和0.4%(图1-11)。

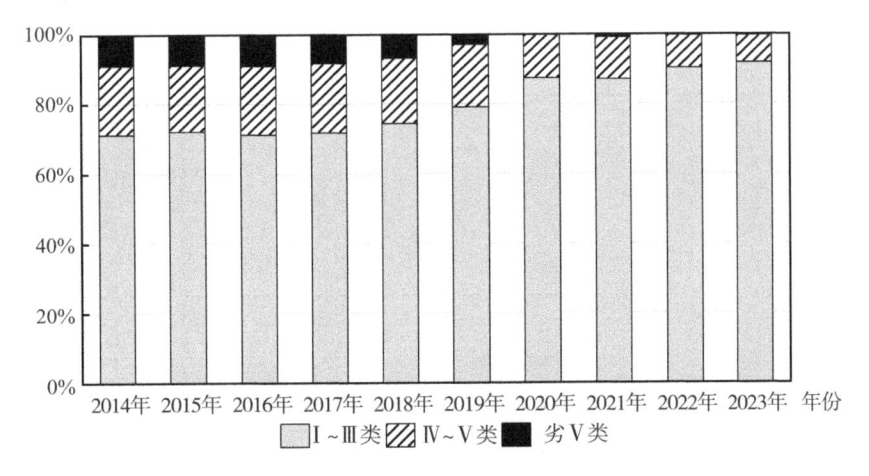

图1-11　2014—2023年七大流域和主要江河总体水质状况
(数据来源:《中国环境状况公报》《中国生态环境状况公报》)

据《中国环境状况公报》(2014—2016年)和《中国生态环境状况公报》(2017—2023年)数据显示,在我国重要湖泊(水库)监测的国控断面中,Ⅰ～Ⅲ类水质湖泊(水库)占比整体呈现上升趋势,由2014年的61.3%上升至2023年的74.6%;Ⅳ～Ⅴ类水质断面占比总体呈现下降趋势,从2014年的30.6%降至2023年的20.6%;劣Ⅴ类水质断面占比大体上缓慢减少,由2014年的8.1%降至2023年的4.8%(图1-12)。

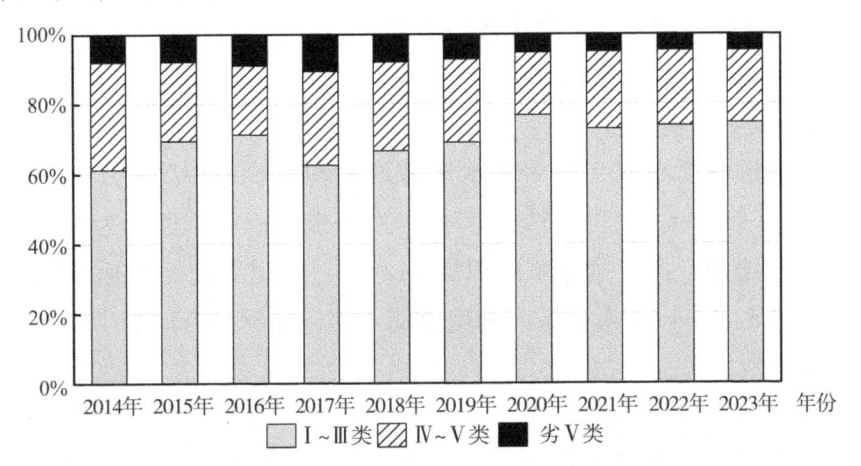

图1-12　2014—2023年全国重要湖泊(水库)情况统计表
(数据来源:《中国环境状况公报》《中国生态环境状况公报》)

2. 地下水环境质量

地下水环境质量涵盖了地下水体的物理、化学、生物学和放射性指标，依据《地下水质量标准》(GB/T 14848—2017)，地下水质量等级划分为 5 个等级：Ⅰ类、Ⅱ类、Ⅲ类、Ⅳ类和Ⅴ类。从《中国环境状况公报》(2014—2016 年) 和《中国生态环境状况公报》(2017—2023 年) 的数据可以看出，全国地下水水质总体保持稳定，地下水质量考核点位中Ⅰ~Ⅳ类水质点位占比从 2014 年的 83.9% 下降至 2023 年的 77.8%，而Ⅴ类水质点位占比则从 16.1% 上升至 22.2% (图 1-13)。

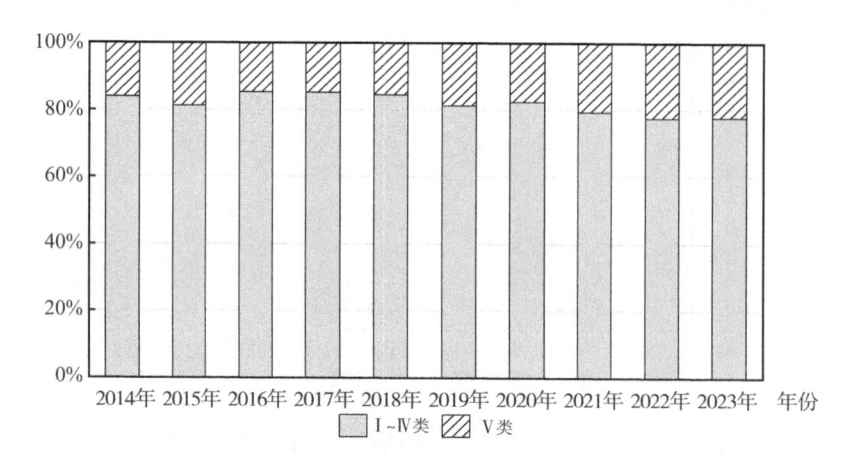

图 1-13　2014—2023 年全国地下水总体水质状况
(数据来源：《中国环境状况公报》《中国生态环境状况公报》)

我国地下水资源还面临局部超采和污染等问题。为了应对这些问题，2023 年 6 月 28 日，水利部和自然资源部印发《地下水保护利用管理办法》，以强化地下水的保护与合理开发。同时，通过综合治理，华北地区地下水水位下降的趋势已被有效控制。未来，我们需持续关注地下水保护，加强相关政策和管理措施的执行，以保障地下水资源的可持续利用和维护生态环境健康。

3. 海洋环境质量

(1) 管辖海域水环境质量

2023 年，我国管辖海域一类海水水质海域面积占比为 97.9%，较 2022 年上升 0.5 个百分点，呈现稳中向好的趋势。其中，东海未达标海域面积为 39 070 km²，与 2022 年相比有所增加，占未达标总面积的 61.2%，且主要超标指标依然是无机氮和活性磷酸盐。相比之下，渤海、黄海和南海的未达标面积则有所减少，显现出水环境污染治理成效。

(2) 近岸海域水环境质量

2023 年，全国近岸海域优良（一、二类）水质面积比例进一步提升至 85.0%，较 2022 年增长了 3.1%；同时，劣四类水质面积比例下降至 7.9%，较 2022 年下降了 1.0%。自 2016 年以来，全国近岸海域优良水质面积比例从 72.9% 持续上升至 85.0%，累计提升了 12.1 个百分点；而劣四类水质面积比例则从 11.3% 下降至 7.9%，累计下降了 3.4 个百分点（图 1-14）。这些数据表明，近岸海域水质总体呈现出稳步改善的趋势。然而，区域间的差异仍然显著。2023 年，辽宁、山东、广东等省份的近岸海域优良水质面积比例有所上升，劣四类水质面积比例有所下降；而上海、浙江等地的劣四类水质面积比例则有所上升，近岸海域水环境治理仍面临挑战。

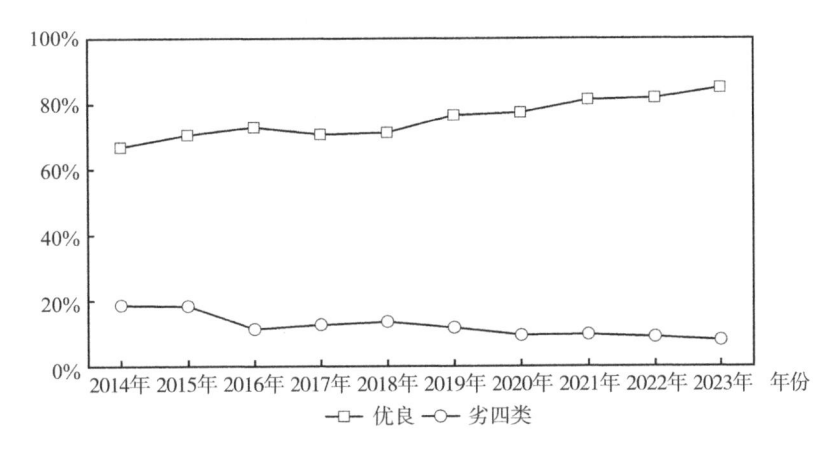

图 1-14　2014—2023 年全国近岸海域优良和劣四类水质面积比例变化
（数据来源：《中国环境状况公报》《中国生态环境状况公报》）

2023 年，我国通过"美丽海湾建设"和"重点海域综合治理攻坚战"等举措，积极推动近岸海域水质改善。然而，东海污染面积扩大、上海等地劣四类比例反弹、氮磷超标等问题依然突出。未来需加强流域-海域协同治理，强化入海排污口监管，推广海水养殖尾水排放标准，并深化第三次海洋污染基线调查成果的应用，以更全面地了解海洋污染状况，为制定更有效的治理策略提供科学依据。

五、中国水环境治理的国家需求

（一）水环境现状与污染问题

2023 年，我国的水环境质量整体呈现出稳中向好的趋势，但水生态环境保护依旧面临结构性、根源性、趋势性压力，水环境质量改善的不平衡和不协调问题依然突出。河湖生态用水保障不足，水生态破坏问题凸显，水生态环境风险依然较高。水环境污染事件时有发生，在非法排污方面，江西齐劲材料有限公司违法排污导致锦江流域铊污染重大突发事件。该公司因未依法依规处理生产废水，导致含有铊等有毒有害物质的废水排入锦江，造成了严重的环境污染和生态破坏。此外，非法倾倒废染料等污染物的行为也时有发生，这些污染物往往含有大量有毒有害物质，对水体生态系统造成巨大威胁。在城市水污染治理方面，仙桃市城区水污染治理不力的问题也引起了广泛关注。由于污水处理设施不完善、管网老化等原因，大量生活污水未经处理直接排入环境水体，导致水质恶化。这不仅影响了市民的日常生活和饮水安全，也对周边生态环境造成了严重破坏。

此外，一些城市的地表水考核断面水环境质量相对较差，如五家渠市、商丘市和开封市等。这些城市的水环境问题主要源于工业废水处理不达标、农业面源污染严重以及城市生活污水排放量大等。这些问题表明，虽然我国在水环境治理方面取得了一定的成效，但在工业废水处理、农业面源污染控制和地下水保护等方面仍需努力。为确保水资源的可持续利用和水生态的持久健康，我们需要进一步加强水生态环境保护工作，加大污染治理力度，推动绿色发展转型。同时，也需要加强公众环保意识教育，提高公众对水环境保护的认识和参与度，共同守护我们的绿水青山。

（二）政策导向与法律完善

近年来，我国出台了一系列旨在推动水污染防治与水资源保护的政策法规，为水环境治理提供了明确的法律框架和政策支持。其中，《水污染防治行动计划》（简称"水十条"）作为指导性文件，强调了通过控制污染物排放、推动经济结构转型升级和强化科技支撑等手段，改善水环境质量。同时，"十四五"规划高度重视生态文明建设，明确强调要加强水污染防治与水资源保护力度，致力于提升水环境质量。这些政策导向不仅为水环境治理指明了方向，还有力促进了相关行业的蓬勃发展和技术革新。

法律法规的完善同样是水环境治理不可或缺的一环。通过修订和出台一系列重要法律文件，如《中华人民共和国环境保护法》《中华人民共和国水污染防治法》以及关于污水处理减污降碳协同增效和实施国家水网建设的政策文件。我国构建了全面且具体的水环境治理法律体系。这些法律法规不仅明确了水环境治理的法律框架和具体措施，还通过规定排放标准、加强监管和执法力度，有效减少了水污染物的排放，保护了水资源和生态环境。

政策导向与法律法规的完善对我国水环境治理产生了深远的影响。一方面，它们推动了水环境治理行业的快速发展，市场规模不断扩大，技术水平不断提升；另一方面，它们促进了资源节约和环境保护意识的提升，推动了产业升级和绿色发展。通过推动污水处理厂的提标改造和新建建制镇污水处理设施，提高了我国污水处理设施的处理能力和处理效率，促进了水资源的循环利用和节约使用。

我国水环境治理的国家需求中，政策导向与法律完善是不可或缺的双重驱动。

它们不仅为水环境治理提供了明确的法律框架和政策支持，还推动了行业的快速发展和技术进步，为保护和改善水环境质量、保障水资源安全和推动绿色发展提供了有力支持。

（三）技术与创新需求

水环境治理的技术创新需求迫切，涉及多个方面，包括污染物减排、环境修复技术、水资源利用效率提升和先进污水处理技术的推广等。通过技术创新，可以有效应对水污染问题，提高治理效率和治理效果。

在污染物减排方面，近年来我国在污水处理领域取得了显著进展，新技术层出不穷。例如，粉末活性炭膜生物反应器结合靶向大孔树脂脱氮技术，有效解决了难降解有机污染物、总氮、总磷、氨氮等污染物的深度去除问题。在环境修复技术方面，我国开发了包括控源减污、基础生境改善、生态修复和重建、优化群落结构等水生态修复措施，涉及生态恢复、生态更新和生态控制等内容，充分利用水调度手段进行治理。在水资源利用效率提升方面，我国持续强化水资源刚性约束，深入实施国家节水行动，大力推进农业节水增效、工业节水减排和城镇节水降损。在先进污水处理技术推广方面，2022年，生态环境部办公厅发布了《国家先进污染防治技术目录（水污染防治领域）》，筛选了一批先进的水污染防治技术，如微氧循环流污水处理技术、高效节地复合生物膜污水处理技术和硫自养-异养协同深度脱氮污水处理技术等。要实现水资源的可持续利用和环境保护目标，不仅需要持续研发和应用新技术，还离不开政策的强有力支持以及行业间的紧密合作，这些综合措施将共同推动水资源管理和环境保护事业向前发展。

我国水环境治理的国家需求迫切，持续改善水环境质量对于保障国家水安全、促进绿色发展具有重要意义。通过实施更加严格的排放标准、推广清洁生产技术、加强水生态保护和修复以及提高公众参与度，可以有效提升水环境治理效果。建议加强政策执行力度，加大技术创新投入，推动水环境治理行业的高质量发展，实现水清岸绿、鱼翔浅底的美丽中国目标。

第二节　中国水环境治理产业政策导向和策略

一、中国水环境治理法律法规

（一）中国水环境治理法律法规体系

我国水环境治理法律法规体系主要包括法律法规、行政法规、部门规章、地方性法规等多种类型的法律法规。这些法律法规涵盖了水资源保护、水环境保护、水质监测、水污染治理等多个方面，共同构成了我国水环境治理法律法规体系的基本框架。

我国国民经济和社会发展五年规划与水环境治理政策的演变经历了多个重要阶段（表1-2）。从早期注重水资源的开发利用，到当前强调水资源的保护、污染治理和生态平衡；改革开放后展现了从注重经济增长到兼顾环境保护的显著转变，体现了国家对经济增长与环境保护并重的高度重视，以及实现高质量发展的坚定决心。

表1-2　我国国民经济规划与水环境治理政策的演变

时间	政策发展
20世纪80年代	我国在水环境治理方面开始启动相关工作，初期主要集中在城市污水处理和对重点河流的治理
20世纪90年代	随着经济的快速增长和城市化进程加快，水环境污染问题日益凸显。1997年，我国政府发布了《二次供水设施卫生规范》（GB 17051—1997），旨在保证向居民提供符合卫生要求的饮用水，防止水质二次污染
2000—2009年	我国政府将水资源保护和水环境治理提升到国家发展战略层面。2008年，修订了《中华人民共和国水污染防治法》，为水资源保护和水环境治理提供了法律依据
2010—2019年	我国政府启动了《中华人民共和国环境保护法》的修订工作，并将水环境治理与保护纳入其中。修订后的《中华人民共和国环境保护法》于2014年颁布，对水环境保护和治理提出了更为明确的要求。我国政府将水污染防治和水资源管理列为"十二五"规划的重点领域。2015年，国务院发布了《水污染防治行动计划》，提出了解决水环境污染问题的具体措施和目标
2020—2029年	随着对环境保护意识的不断增强，我国政府持续加大水环境治理的力度。政府不断出台新的政策和法规，加强水环境监测和执法力度，推动水环境治理工作向更深层次发展

早期的政策更多关注水资源的开发和利用，以支持国家的经济发展和人民生活需求。然而，由于当时的经济社会发展水平和技术条件限制，水环境治理政策主要侧重于水资源的开发和利用，以及初步的水污染控制。这一阶段，政策导向虽然开始关注水环境治理，但具体措施和力度相对有限。

随着改革开放的深入和经济社会的快速发展，水污染问题日益凸显，成为制约经济社会可持续发展的重要因素。这一时期，我国水环境治理政策的导向开始发生转变，从以水资源开发利用为主向水资源保护、水污染防治和水生态修复并重转变。主要表现在：（1）加强法律法规建设。制定并修订了一系列与水环境治理相关的法律法规，如《中华人民共和国水污染防治法》《中华人民共和国环境保护法》等，为水环境治理提供了法律保障。（2）推进水污染治理。实施了一系列水污染治理工程，如城市污水处理设施建设、工业废水治理等，有效改善了水环境质量。（3）强化水资源管理。实行最严格的水资源管理制度，严格控制用水总量和强度，提高水资源利用效率。

进入 21 世纪，随着生态文明建设的不断推进和"绿水青山就是金山银山"理念的深入人心，我国水环境治理政策的导向更加明确和深入。主要体现在以下几个方面：（1）坚持生态优先、绿色发展。将水环境治理与生态文明建设紧密结合，推动形成绿色发展方式和生活方式。（2）实施流域综合治理。从流域整体出发，统筹水资源、水环境、水生态治理，协同推进降碳、减污、扩绿、增长。（3）加强政策引导和支持。出台了一系列政策文件，如 2008 年《中华人民共和国水污染防治法》的修订，标志着我国在水污染防治领域的法律体系逐步完善；《水污染防治行动计划》（"水十条"）的颁布明确了一系列具体的水污染治理措施和目标，展现了国家对改善水环境质量的坚定决心；《关于推进污水处理减污降碳协同增效的实施意见》等，为水环境治理提供了政策支持和引导。（4）推动技术创新和产业升级。鼓励和支持水环境治理技术创新和产业升级，提高污染治理效率和水平。（5）强化监管和执法。加大水环境治理监管和执法力度，严厉打击违法排污行为，确保水环境治理政策得到有效执行。

2023 年，《中华人民共和国黄河保护法》和《中华人民共和国海洋环境保护法》（第二次修订）相继施行，我国政府在水环境治理方面的政策导向更加明确。这些法律不仅加强了针对水污染的防治措施，还特别强调了对特定流域和海洋环境的保护，体现了国家对水环境治理的全面和精准施策。

通过这一政策导向的演变，可以看到我国在水环境治理方面的战略思路：从单一的资源开发，到资源保护与污染治理并重，再到当前的生态修复与环境质量全面提升。这一演变过程不仅反映了我国水环境治理理念的不断成熟，也展示了我国在实现水资源可持续利用和水环境质量持续改善方面的决心和行动。这些政策和法规的实施，为水环境治理产业的发展提供了坚实的法律基础和政策支持，推动我国向生态文明建设的目标迈进。

（二）2023 年水环境治理领域新法律

2023 年，我国政府在环境保护领域展现出了前所未有的决心与行动力，通过修订或新出台一系列重要法律，特别是《中华人民共和国黄河保护法》和《中华人民共和国海洋环境保护法》，进一步细化和强化了国家对于水环境的保护与管理措施。这些法律的出台，不仅标志着我国环境保护法律体系的进一步完善，也体现了政府对于实现水资源可持续利用、维护生态安全、促进经济社会高质量发展的深远规划。

通过这些法律的修订与制定，明确了对水环境保护的全方位、多层次要求。《中华人民共和国黄河保护法》针对黄河这一重要河流专门立法保护，体现了政府对特定区域水环境问题的精准施策。《中华人民共和国海洋环境保护法》强化了对海洋环境的保护，确保海洋资源的合理开发与可持续利用，维护国家海洋权益。

这两部法律的实施不仅强化了国家对水资源开发与利用的监管，确保水资源的可持续利用；还加大了对各类水污染源头的治理力度，保护和改善水环境质量。同时，针对特定区域（如黄河流域）提出了更为具体和严格的保护措施，体现了精准施策与因地制宜的治理智慧。

1. 《中华人民共和国黄河保护法》

《中华人民共和国黄河保护法》自 2023 年 4 月 1 日起施行，旨在应对黄河流域生态环境问题，确保黄河安全，推进水资源节约集约利用，促进区域经济高质量发展，保护传承弘扬黄河文化，实现人与自然和谐共生。该法详细规定了水资源管理、生态保护与修复、防洪减灾及节水型社会建设等方面的具体措施。包括实行黄河流域河道采砂规划和许可制度，禁止在水土流失严重、生态脆弱区域开展可能造成水土流失的生产建设活动；制定淤地坝建设标准，加强黄河入海口整治及湿地生态保护；统筹防洪体系建设，明确河道治理措施以提高防洪能力；鼓励农业、工业和城镇节水，推广先进节水技术。这些条款的实施，为黄河流域的可持续发展奠定了坚实基础。

2. 《中华人民共和国海洋环境保护法》

《中华人民共和国海洋环境保护法》于 2023 年 10 月 24 日修订通过，并于 2024 年 1 月 1 日起实施，是一部旨在保护和改善海洋环境、有效防治污染的重要法律。新修订的法律涵盖海洋环境监督管理、海洋生态保护及陆源污染物污染防治等多个方面，强调陆海统筹和区域联动原则，全面加强污染防治，完善生态保护措施，并强化监督管理。其中，新修订的法律对海岸工程和海洋工程建设项目的环境保护要求进行了更为明确和统一的规定，以确保各类工程项目在建设过程中不对海洋环境造成损害。此外，该法还涉及了船舶污染防治及与其他法律法规的衔接，通过一系列严格的管理和保护措施，致力于保护我国海洋资源和生态系统，推动生态文明建设和经济社会的可持续发展。

（三）2023 年水环境治理领域新法规

2023 年，为推动水环境治理行业的高质量、可持续发展，我国出台了一系列新的法规和政策。例如，生态环境部发布了《环境监管重点单位名录管理办法》，自 2023 年 1 月 1 日起施行，旨在加强对环境监管重点单位的监督管理，强化精准治污。2023 年 6 月，水利部和国家发展改革委联合发布了《关于加强非常规水源配置利用的指导意见》，旨在提升水资源配置效率，推动高质量发展。2023 年 7 月，国家发展改革委、生态环境部、住房城乡建设部联合发布《环境基础设施建设水平提升行动（2023—2025 年）》，旨在全面提升环境基础设施建设水平，补齐短板弱项，推动美丽中国建设。这些新法规的出台旨在应对日益严峻的水环境问题，如水污染、水资源短缺和水生态破坏等。随着气候变化的影响加剧，水资源管理变得更加复杂，需要更加系统和综合的治理策略。因此，通过加强法规的实施，可以更有效地控制污染源、提升污水处理能力，并促进水资源的合理利用和保护。

这些新法规的实施对于改善水环境质量具有重要意义。全国地表水优良水质断面比例在 2023 年达到了 89.4%，超出"十四五"目标 4.4 个百分点。这表明，通过法规的推动，水环境治理取得了显著成效，不仅提升了水质，还促进了生态文明建设。这些成果不仅有助于保障公众健康和生态环境安全，也为实现美丽中国的目标奠定了坚实基础。

1. 《环境监管重点单位名录管理办法》

《环境监管重点单位名录管理办法》是生态环境部于 2022 年 8 月 15 日审议通过、2023 年 1 月 1 日起施行的关键法规，旨在提高对环境监管重点单位的监督与管理水平，实施精准治污以增强环境保护效能。该办法明确了筛选原则，聚焦重点排污因子和排污量大的企业，精简并限制了水、气环境重点排污单位的纳入条件，并新增了对生产、加工使用或排放重点管控新污染物清单所列化学物质企业的监管。该法规的实施标志着我国在环境监管方面的重要进步，为加强污染源监控、实现精准治污和改善环境质量提供了有力保障。

2. 《环境基础设施建设水平提升行动（2023—2025 年）》

《环境基础设施建设水平提升行动（2023—2025 年）》是 2023 年 7 月由国家发展改革委、生态环境部、住房城乡建设部等部门联合发布的关键政策文件，旨在全面提升环境基础设施建设质量，促进美丽中国目标的实现。该行动以习近平新时代中国特色社会主义思想为指导，提出到 2025 年显著提升环境基础设施处理处置能力的目标，包括新增污水处理能力 1 200 万 m^3/d，新增和改造污水收集管网 4.5 万 km，新建、改建、扩建再生水生产能力不少于 1 000 万 m^3/d，全国生活垃圾分类收运能力达到 70 万 t/d 以上等。同时，强调构建集污水、垃圾、固体废弃物、危险废物、医疗废物处理处置设施于一体的环境基础设施体系，以加快补齐重点地区和领域的短板。

3. 《关于加强非常规水源配置利用的指导意见》

《关于加强非常规水源配置利用的指导意见》是水利部和国家发展改革委于

2023年6月联合发布的，旨在通过科学规划、统一配置等措施，促进非常规水源的合理利用，以缓解水资源供需矛盾，并提高水资源利用效率。该指导意见提出，到2025年全国非常规水源利用量超170亿 m^3、地级及以上缺水城市再生水利用率达25%以上的目标，并展望2035年建立起完善的政策体系和市场机制，实现经济、高效、系统、安全利用。文件强调因地制宜、精准施策，制定配置方案，推动政策激励和市场驱动，加强计量统计、技术标准体系和科技支撑能力，以扩大非常规水源利用领域和规模，提升水资源保障能力。

二、中国水环境治理标准体系

（一）中国水环境治理标准体系概述

自中华人民共和国成立以来，我国水环境治理标准体系经历了从起步到成熟的多阶段发展过程。在早期，由于工业化和城镇化水平较低，水环境治理标准较为简单，主要以工程性和描述性标准为主，模仿苏联模式。随着1988年《中华人民共和国标准化法》的颁布，水环境治理标准化工作开始步入法制化管理的新阶段，更加注重法规的约束性和执行的规范性。

进入21世纪，我国经济的快速发展带来了工业化和城镇化进程的加快，水环境污染问题逐渐凸显，迫切需要更为严格和科学的水环境标准来控制污染。同时，随着科学技术的进步和国际交流的增加，我国水环境标准开始与国际接轨，更加强调科学性和系统性。例如，《地表水环境质量标准》(GB 3838) 的修订，以及《农田灌溉水质标准》(GB 5084) 的更新，都是为了适应新的环境保护需求，提高水质管理的科学性和有效性。

在这一发展过程中，推动水环境标准变化的原因多种多样。其中，经济发展和环境保护意识的提升是推动标准变化的重要动力。随着公众对健康和环境质量要求的不断提高，制定更加严格的水环境标准成为必然趋势。此外，国际合作与交流的增加也促使我国水环境标准不断与国际标准接轨，以适应全球化的挑战。

水环境治理标准体系的变化带来了积极的结果。首先，水质得到了显著改善，重要水体（如长江、黄河）的水质有了明显提升。其次，管理体系更加完善，形成了涵盖地表水、地下水、海水、饮用水等多个方面的较为完善的水环境标准体系。此外，这些变化还促进了水处理和污染控制技术的发展和应用，推动了科技创新。

为了推动这些标准的实施，政府加大了对水环境治理的财政投入，加强了监管和执法力度，确保标准得到有效执行。同时，鼓励科技创新，推动水环境治理技术的不断进步，并提高公众的环保意识，鼓励公众参与水环境的保护和监督。通过这些综合措施，我国的水环境标准体系不断完善，为实现水资源的可持续利用和水环境的长效改善提供了坚实的基础。

(二) 2023 年水环境治理标准体系的革新与发展

2023 年，为促进水环境治理标准体系的完善与提升，确保水资源的高质量保护与合理利用，我国发布和实施了一系列新的标准与指南。例如，2022 年，国家市场监督管理总局、国家标准化管理委员会发布了《生活饮用水卫生标准》（GB 5749—2022），自 2023 年 4 月 1 日起正式实施，该标准旨在进一步严格饮用水水质要求，保障人民群众饮水安全与健康。2023 年，《水生态健康评价技术指南》（GB/T 43476—2023）发布，旨在建立一套科学的水生态系统健康评估体系，为水生态修复与保护工作提供技术支撑。此外，2023 年 5 月，中共中央、国务院印发《国家水网建设规划纲要》，明确了未来一段时期内国家水网建设的总体要求、主要目标和重点任务，旨在优化水资源配置格局，提升国家水安全保障能力。

这些新标准与指南的发布，是针对当前水环境面临的诸多挑战，如水质下降、生态系统退化以及水资源分布不均等，提出的系统性解决方案。在全球气候变化的大背景下，水资源的可持续管理面临更加复杂的局面，要求标准体系更加精细化、综合化。通过实施这些新标准，能够更有效地指导水资源管理实践，促进水质改善与生态系统恢复，同时提升水资源的配置效率与利用水平。

新标准与指南的贯彻实施，对于推动我国水环境质量的持续改善发挥了关键作用。标准体系的完善与实施，不仅有效提升了水质状况，还加速了生态文明建设的步伐。这些积极变化不仅保障了公众的健康福祉与生态环境安全，也为我国实现绿色发展、建设美丽中国的宏伟蓝图提供了坚实保障。

1.《生活饮用水卫生标准》（GB 5749—2022）

《生活饮用水卫生标准》（GB 5749—2022）是由国家市场监督管理总局、国家标准化管理委员会于 2022 年发布、2023 年正式实施的核心标准，旨在全面提升我国生活饮用水的安全与质量水平，确保民众饮水健康。该标准详细规定了水质指标及限值，覆盖了感官性状和一般化学指标、毒理指标、微生物指标、放射性指标等多个方面，同时特别关注了对新型污染物的检测与控制。与以往标准相比，新标准更加严格和科学，不仅提高了部分原有指标的限值要求，还新增了对某些潜在健康风险物质的监测，体现了对饮用水安全性的更高追求。该标准的实施标志着我国在饮用水安全保障领域迈出了重要一步，为强化饮用水安全管理、保障公众健康和改善水质状况提供了坚实的法规依据和技术支撑。

2.《水生态健康评价技术指南》（GB/T 43476—2023）

《水生态健康评价技术指南》（GB/T 43476—2023）由国家市场监督管理总局、国家标准化管理委员会于 2023 年 12 月 28 日发布，并于 2024 年 4 月 1 日起实施。该指南是我国水生态健康评价领域的重要技术文件，旨在为水生态系统的保护与修复提供科学依据。指南详细阐述了评价原则、流程与方法，覆盖了从河流、湖泊到水库等多种类型的水生态系统，强调了生物多样性、水质安全、生态系统结构与功能稳定性等多个维度的评估。同时，指南还创新性地引入了硅藻指示值、大型底栖无脊椎动物分类单元等生物监测指标，以及生态系统完整性指数等综合评价方法。该指南的实施标志着我国在水生态健康评价领域的重大进展，为加强水生态系统管理、实现精准保护与生态修复、提升水环境质量提供了科学依据和技术支持。

3.《国家水网建设规划纲要》

《国家水网建设规划纲要》由中共中央、国务院于 2023 年中期印发，是可指导未来一段时期国家水网建设的关键规划文件，旨在通过构建现代化国家水网体系，全面提升我国水资源配置、供给、节约、保护及防洪排涝等综合能力。该纲要明确了总体要求、发展目标与主要任务，聚焦水资源优化配置、区域水资源均衡、水安全保障能力提升等核心领域，提出了加强水源工程建设、完善输配水网络、强化节水与水资源循环利用、推进水生态保护与修复等一系列具体措施。同时，纲要还强调了科技创新与智慧化管理的应用，以及形成跨部门、跨区域的协同合作机制。该纲要的实施标志着我国在国家水网建设方面的重大战略部署，为优化水资源配置格局、增强水安全保障能力、促进经济社会可持续发展提供了战略指引和行动指南。

三、中国水环境治理相关规划

（一）中国水环境治理规划概述

我国水环境治理规划经历了多个阶段的变化，从早期的基础治理到现代的系统化、综合化管理，体现了国家对水资源保护和利用的重视。

中华人民共和国成立初期，水环境治理主要集中在防洪抗旱、农田水利和河道疏浚等基础性工程上，以解决水灾频发的问题。然而，随着工业化进程的加快，水资源开发利用强度增加，水污染问题逐渐显现。1984 年，环境保护被确立为基本国策，并颁布了《中华人民共和国水污染防治法》，标志着我国开始系统性地进行水污染防治工作。

进入 21 世纪，特别是党的十八大以来，我国高度重视水生态环境保护，将其视为生态文明建设的关键环节。习近平总书记提出"节水优先、空间均衡、系统治理、两手发力"的治水思路，强调山水林田湖草沙系统治理，推动了水治理体制的改革。这一时期，我国在水环境治理方面取得了显著成效，水生态环境保护治理体系不断完善，碧水保卫战成效显著，河湖生态保护修复取得积极进展。

近年来，我国进一步深化水环境治理理念，从单纯的控源截污转向全水循环综合整治，注重水生态修复和循环发展。2023年，生态环境部等5部门联合印发《重点流域水生态环境保护规划》，将治理范围从"水污染防治"拓展到"水生态环境保护"，体现了水环境治理的全面性和系统性。

在解决历史水污染问题方面，我国通过实施《水污染防治行动计划》，对水资源的保护与治理进行了深入探索。同时，通过推进污水资源化利用，解决水资源短缺和水环境污染问题。全国水环境质量状况发生了转折性变化，"有河皆污，有水皆脏"的局面逐步改善。

在推动生态文明建设方面，我国注重人水和谐共生，积极推进水生态文明建设。通过建立河湖长制，统筹解决水灾害、水资源、水生态、水环境问题，治水取得了历史性成就和变革。这些措施不仅优化了水资源配置格局，还实现了江河湖泊面貌的根本性改善。

在水环境治理规划方面，国家不断深化对水资源保护和合理利用的重视程度，将其视为保障国家可持续发展和人民福祉的重要基石。为此，政府出台了一系列法律法规，旨在从源头上预防和控制水污染，严格规范水资源的开发和利用行为，确保水资源的清洁与安全。同时，国家还制定了一系列全面而细致的规划，这些规划不仅着眼于当前的水环境治理，更兼顾长远，致力于构建一个科学、合理、高效的水资源管理和保护体系。通过实施这些法律法规和规划，我国在解决历史遗留的水污染问题上取得了显著成效，许多曾经严重污染的水域得以恢复清澈，生态环境得到了明显改善。此外，这些努力也极大地推动了我国生态文明建设进程，使水资源保护和生态文明建设成为国家发展的重要支撑和亮点。

（二）中国水环境治理策略和方法

我国水环境治理的整体策略是通过综合治理和多方参与，实现水资源的可持续利用和水环境质量的持续改善。这一策略强调了政府的主导作用、市场的决定性作用以及公众的参与性作用，形成一个多元化、系统化的治理体系。

科技创新作为核心动力，在我国水环境治理中发挥了显著作用。国家通过加大研发投入，鼓励技术创新，促进水处理和水质监测技术的进步。例如，2023年12月12日，国家发展改革委、住房城乡建设部、生态环境部联合印发《关于推进污水处理减污降碳协同增效的实施意见》，提出坚持系统观念，锚定目标、聚焦重点，推动建立污水处理减污降碳协同增效新模式、新路径、新机制，通过减污和降碳的深度耦合和同频共振，实现污水处理提质增效，为各地水环境治理项目的建设指明了方向。

资金支持是水环境治理项目的基石。政府通过设立专项资金、发行绿色债券、提供政策性贷款等方式，为水环境治理项目提供了坚实的资金保障。例如，长江经济带的生态保护和绿色发展项目获得了中央财政的大力支持，用于实施一系列水污染治理和生态修复工程。同时，绿色债券的发行为污水处理和水利基础设施建设提供了低成本的资金，如中国水务集团发行的绿色债券，专门用于资助水资源管理和水环境改善项目。

市场化改革进一步激发了水环境治理产业的活力。通过水价改革和污水处理费征收制度的建立，市场化手段促进了水资源的合理配置和节约使用。在浙江省，通过实施阶梯水价制度，有效促进了居民和企业的节水意识，减少了水资源的浪费。此外，进行水权交易试点工作（如在宁夏回族自治区开展的水权交易），通过市场机制优化了农业和工业用水的分配，提高了水资源的利用效率。

公众参与和社会监督是确保水环境治理政策有效实施的关键。通过提高公众的水环境保护意识，鼓励公众参与水环境治理的决策过程，加强了社会监督，形成了政府、企业和公众共同参与的水环境治理格局。例如，民间环保组织"绿色江河"在青海省的水资源保护项目中，通过组织志愿者参与水质监测和环保教育活动，提高了公众对水资源保护的关注度和参与度。

国际合作为我国水环境治理产业的发展带来了新的视野和机遇。通过参与国际合作项目，引进了国外的先进技术和管理经验，同时也在国际舞台上分享了中国的成功实践，促进了全球水环境治理的共同进步。例如，中国与荷兰在水环境治理领域的合作项目，如中荷绿色水过程项目，引进了荷兰在水处理和水管理方面的先进技术和经验，提升了我国水环境治理的技术水平。

综上所述，我国的水环境治理策略和方法构成了一个多维度、互相促进的治理体系。这些策略和方法的实施，不仅提升了水环境治理的效果，也为产业的可持续发展奠定了坚实的基础。随着这些策略的深入实施和不断完善，我国水环境治理产业将更加有效地应对水环境挑战，为建设美丽中国做出更大的贡献。通过科技创新、资金支持、市场化改革、公众参与和国际合作等措施的综合运用，我国正朝着实现水资源的可持续利用和水环境质量的持续改善目标稳步前进。

（三）2023年水环境治理规划新举措

2023年，国家水务及水治理相关政策呈现出更加系统、全面和深入的特点，旨在推动水资源的高效利用、保护、治理以及可持续发展（表1-3）。

表1-3 水务及水治理相关政策梳理

发布时间	文件名称	发布单位	要点内容
2023年1月	《关于推进建制镇生活污水垃圾处理设施建设和管理的实施方案》	国家发展改革委、住房城乡建设部、生态环境部	提高生活污水收集处理能力，合理选择污水收集处理模式，科学确定污水处理标准规范，高质量推进厂网建设。到2035年，基本实现建制镇建成区生活污水收集处理能力全覆盖和生活垃圾全收集、全处理

续表

发布时间	文件名称	发布单位	要点内容
2023年2月	《关于落实党中央国务院2023年全面推进乡村振兴重点工作部署的实施意见》	农业农村部	统筹推进农村生活污水和垃圾治理。推动农村生活污水治理与改厕有机衔接。加力推进农村生活污水处理,因地制宜探索集中处理、管网截污、分散处置、生态治污等技术模式
2023年2月	《关于开展2023年农村黑臭水体治理试点工作的通知》	财政部办公厅、生态环境部办公厅	中央财政对纳入支持范围的城市,根据项目投资额和申报治理的农村黑臭水体总面积,给予2亿元、1亿元、5 000万元的分档定额奖补
2023年4月	《重点流域水生态环境保护规划》	生态环境部等5部门	对坚持山水林田湖草沙一体化保护和系统治理,坚持精准、科学、依法治污,统筹水资源、水环境、水生态治理,协同推进降碳、减污、扩绿、增长等方面提出明确要求
2023年5月	《国家水网建设规划纲要》	中共中央、国务院	坚持先节水后调水、先治污后通水、先环保后用水,增强流域间、区域间水资源调配能力和城乡供水保障能力;优化农村供水工程布局,强化水资源保护和水质保障,提升农村供水标准和保障水平;加快水网供水价格改革,创新完善公益性与经营性供水相结合的价格形成机制
2023年6月	《关于印发国务院2023年度立法工作计划的通知》	国务院办公厅	提请全国人大常委会审议矿产资源法修订草案、能源法草案。制定生态保护补偿条例、节约用水条例
2023年8月	《环境基础设施建设水平提升行动(2023—2025)》	国家发展改革委、生态环境部、住房城乡建设部	加快补齐城市和县城污水处理能力缺口;结合现有污水处理设施提标升级扩能改造,推进污水资源化利用;提升污泥无害化处理和资源化利用水平
2023年9月	《关于进一步加强水资源节约集约利用的意见》	国家发展改革委等7部门	提出"最严格水资源管理制度",包括严格用水总量和强度双控、强化取水管理、严格节水管理。加强省、市、县三级行政区域用水总量和强度控制指标管理
2023年12月	《关于全面推进美丽中国建设的意见》	中共中央、国务院	推动各类资源节约集约利用,强化用水总量和强度双控,提升重点用水行业、产品用水效率,积极推动污水资源化利用,加强非常规水源配置利用;加快补齐城镇污水收集和处理设施短板,建设城市污水管网全覆盖样板区,加强污泥无害化处理和资源化利用;强化固体废物和新污染物治理
2023年12月	《关于推进污水处理减污降碳协同增效的实施意见》	国家发展改革委、住房城乡建设部、生态环境部	提出协同推动污水处理减污降碳的目标任务、关键路径、政策措施,对深入打好污染防治攻坚战、推动温室气体减排、促进经济社会全面绿色转型具有重要意义

(资料来源:国务院、国家发展改革委、生态环境部、住房城乡建设部、水利部、农业农村部等网站)

近两年,国务院和多部委围绕水务及水治理密集颁布了多项政策,体系涵盖水资源保护、水污染治理、水生态修复、节水型社会建设等多个方面。

1. 水资源管理与保护

(1)水资源刚性约束制度。国家持续推动出台水资源刚性约束制度文件,加强各部门之间的沟通协调，确保制度的有效实施。这一制度旨在通过刚性约束手段，严格管理水资源的开发利用，防止过度开发和浪费，实现水资源的可持续利用。

（2）江河流域水量分配。水利部门加快江河流域水量分配工作，科学细化本地地表水可用水量，并制定完成跨省水量分配方案。这有助于实现水资源的空间均衡配置，提高水资源的利用效率，确保水资源的合理分配和使用。

（3）地下水管理。国家加强对地下水的管理，完成地下水取水总量、水位控制指标的确定工作，并加强地下水取水计量设施建设和管理。这有助于更好地保护和管理地下水资源，防止地下水过度开采和污染。

2. 节约用水与节水型社会建设

（1）节水行动与节水型社会建设规划。国家持续实施节水行动，并深入实施《"十四五"节水型社会建设规划》。通过加强农业、工业、城镇等领域的节水工作，提高水资源利用效率，推动节水型社会建设。

（2）用水总量强度双控。国家强化用水总量和强度双控，通过设定万元地区生产总值用水量、万元工业增加值用水量等关键用水指标，推动各地完成年度控制目标。这有助于遏制不合理用水需求，实现水资源的集约节约利用。

（3）节水政策与法规。2024年3月，国务院颁布《节约用水条例》，自2024年5月1日起施行。该条例针对节水工作存在的突出问题和薄弱环节，从加强用水管理、完善节水措施、强化保障监督、严格法律责任等方面，着力构建全面系统的节水制度体系。

3. 水污染治理与生态修复

（1）污水处理与资源化利用。国家出台多项政策推动污水处理设施的提标升级和扩能改造，加快补齐城市和县城污水处理能力缺口。同时，推进污水资源化利用，提高再生水利用率，缓解水资源供需矛盾。

（2）农村黑臭水体治理。生态环境部等部门发布《关于开展2023年农村黑臭水体治理试点工作的通知》，并公示支持城市名单。通过提供资金奖励和政策支持，鼓励各地积极开展农村黑臭水体的排查、治理和长效管护工作。

（3）水生态环境保护规划。生态环境部等部门印发《重点流域水生态环境保护规划》等文件，坚持山水林田湖草沙一体化保护和系统治理，统筹水资源、水环境、水生态治理，推动水生态环境的持续改善。

4. 信息化手段在水资源管理中的应用

（1）信息化手段应用。国家加强信息化手段在水资源管理业务中的应用，建设取水许可电子证照分析应用系统和数据治理平台，提高水资源管理的智能化水平。同时，建设生态流量、水量分配监测预警系统，实现重点河湖生态流量的实时监测和预警。

(2)水资源管理信息系统建设。依托全国一体化政务服务平台，完成取用水管理相关系统和信息资源的整合，基本建成取用水管理平台。该平台将实现数据信息的归集共享和动态监管，为水资源管理提供有力支撑。

综上所述，国家水务及水治理相关政策涵盖了水资源管理、节约用水、水污染治理、生态修复和水务投资等多个方面，旨在推动水资源的高效利用、保护和治理以及可持续发展。这些政策的实施将有助于提升我国水资源管理水平和水生态环境质量，为经济社会发展提供坚实的水资源保障。

5. 其他水务发展的相关因素

(1)水价浮动

水务行业具备很强的公益性、基础性和战略性，关系到居民生活、企业生产和环境生态。与完全竞争行业相比较，水务行业受到政府多部门的监管和宏观调控的影响，其中水价是政府宏观调控的主要手段。水费征收范围涉及多种行业，包含居民生活用水、生产经营用水（工业用水、行政事业用水、经营服务用水）和特种行业用水。居民生活用水水价整体最低，生产经营用水水价次之，特种行业用水水价最高。由于居民生活用水量在城市用水量中占比最高，水务企业供水收入主要来源于居民生活用水。

我国水价处于较低水平且各地差异较大，水价价格杠杆促进节水的作用尚不充分，预计2024年各种类型的水资源价格将进入调整的周期性窗口。污水处理费用征收水平较低，无法覆盖污水处理成本，污水处理厂存在收不抵支的情况。"十四五"期间，随着进一步落实价格机制改革，相关企业盈利能力有望提升。

水务企业在毛利率水平下降及间接费用较多的影响下，净利润水平总体不高且有所下滑。企业债务规模呈上涨趋势，财务杠杆水平增长但仍较稳健。受财政支付滞后的影响，部分污水处理企业收现情况较差。随着水务定价机制逐步完善，我国水务企业盈利情况或将有所改善。

(2)PPP新机制撬动环保公用发展新动能

2023年11月，国务院办公厅转发国家发展改革委、财政部《关于规范实施政府和社会资本合作新机制的指导意见》，PPP新机制出台实施，PPP新机制将撬动环保公用发展新动能。2024年5月，国家发展改革委办公厅印发了《政府和社会资本合作项目特许经营协议（编制）范本（2024年试行版）》，进一步明确了PPP项目的操作规范和流程，为水环境治理项目的融资和实施提供了更加清晰和可操作的指导。

政府和社会资本合作（PPP）模式在我国已实施多年，新文件的颁布将进一步推动体制改革，聚焦高质量项目，明确回报渠道，最大程度鼓励民企参与，规范保障高效与市场化。新机制最大程度鼓励民营企业参与，保护项目运营超额收益归经营者所有，充分激发民企活力，同时可期待项目迎来进一步明确的收费机制，护航PPP

项目高质量运营。商业模式改善带动现金流可持续性向好，环保公用等估值重估行业发展迎来新一轮驱动力。在PPP新机制推动下，民营企业份额提升，运营效率提高；央国企稳健运营，资本开支下降，分红率提升。

水务运营资产现阶段主要由央国企控制运营，经营表现良好。新机制鼓励民企参与，撬动水务板块投资，并有望进一步带动水费机制市场化，促进模式优化。

参考文献

[1] 王萍萍.人口总量有所下降　人口高质量发展取得成效[EB/OL].(2024-01-18)[2024-08-10]. http://www.ce.cn/xwzx/gnsz/gdxw/202401/18/t20240118_38870849.shtml.

[2] 国务院第七次全国人口普查领导小组办公室.2020年第七次全国人口普查主要数据[M].北京：中国统计出版社，2021.

[3] 熊丽.国民经济延续恢复向好态势[N].经济日报，2024-07-16(12).

[4] 高质量发展稳步推进　经济运行总体稳定[N].中国信息报，2024-05-20(1).

[5] 张蕾，张胜，王美莹，等.美丽中国，人与自然和谐共生[N].光明日报，2024-07-10(1).

[6] 韩宇平，李贵宝，汪磊.以法之名　守护黄河——黄河保护法要点解读[EB/OL].(2023-04-01)[2024-08-10]. https://www.mee.gov.cn/home/ztbd/2022/sthjpf/fgbzjd/202307/t20230711_1035847.shtml.

[7] 张璐.2023年，全国主要水污染物排放总量继续保持下降[EB/OL].(2024-08-30)[2024-10-01]. https://m.bjnews.com.cn/detail/1725001109129565.html.

[8] 中华人民共和国生态环境部.2023中国生态环境状况公报[R/OL].(2024-05-24)[2024-10-01]. https://www.mee.gov.cn/hjzl/sthjzk/zghjzkgb/202406/P020240604551536165161.pdf.

[9] 国家统计局.中华人民共和国2023年国民经济和社会发展统计公报[R/OL].(2024-02-29)[2024-08-01]. https://www.stats.gov.cn/xxgk/sjfb/tjgb2020/202402/t20240229_1947923.html.

[10] 中华人民共和国生态环境部.2023中国海洋生态环境状况公报[R/OL].(2024-05-10)[2024-10-01]. https://www.mee.gov.cn/hjzl/sthjzk/jagb/202405/P020240522601361012621.pdf.

[11] 中华人民共和国水利部.中国水资源公报2023[M/OL].北京：中国水利水电出版社，2024[2024-10-01]. http://www.mwr.gov.cn/sj/tjgb/szygb/202406/t20240614_1713318.html.

[12] 中华人民共和国住房和城乡建设部.中国城乡建设统计年鉴2023[M].北京：中国城市出版社，2024.

[13] 路瑞，马乐宽，杨文杰，等.黄河流域水污染防治"十四五"规划总体思考[J].环境保护科

学,2020,46(1):21-24+36.

[14] 黄润秋.统筹水资源、水环境、水生态治理 大力推进美丽河湖保护与建设[EB/OL].(2023-05-31)[2024-10-20].https://www.mee.gov.cn/ywdt/hjywnews/202305/t20230531_1031909.shtml.

[15] 刘峥延,毛显强,江河."十四五"时期生态环境保护重点方向和策略[J].环境保护,2019,47(9):37-41.

[16] 水利部办公厅.水利部办公厅关于印发2023年水资源管理工作要点的通知[EB/OL].(2023-02-16)[2024-05-10].https://slj.sxxz.gov.cn/zwyw/tzgg/202302/t20230216_3839309.html.

[17] 新华社.强化依法治水 携手共护黄河——黄河保护法施行开启依法治河新篇章[EB/OL].(2023-04-05)[2024-05-10].https://www.gov.cn/yaowen/2023-04/05/content_5750136.htm.

[18] 高吉喜,李广宇,张怡,等."十四五"生态环境保护目标、任务与实现路径分析[J].环境保护,2021,49(2):45-51.

[19] 赵英民.国务院关于2023年度环境状况和环境保护目标完成情况的报告[EB/OL].(2024-04-23)[2024-10-20].http://www.npc.gov.cn/npc////c2/c30834/202404/t20240424_436701.html.

[20] 高敬.统筹水资源、水环境、水生态治理 推动重点流域水生态环境保护——生态环境部水生态环境司负责人解读《重点流域水生态环境保护规划》[EB/OL].(2023-04-22)[2024-05-20].https://www.gov.cn/zhengce/2023-04/22/content_5752624.htm.

[21] 周文其,张文静,杨丁淼.黄河保护法正式施行 中国"江河战略"法治化全面推进[EB/OL].(2023-04-01)[2024-05-20].http://www.news.cn/politics/2023-04/01/c_1129486859.htm.

[22] 新华社.中共中央 国务院印发《国家水网建设规划纲要》[EB/OL].(2023-05-25)[2024-05-20].https://www.gov.cn/zhengce/202305/content_6876214.htm.

[23] 姜勇.水污染处理设施用地指标与规划管控研究[J].给水排水,2022,58(S1):206-209.

[24] 魏玉坤,韩佳诺.攻坚克难回升向好 夯基蓄能向新而行——解读2023年国民经济和社会发展统计公报[EB/OL].(2024-02-29)[2024-10-20].https://www.gov.cn///zhengce/202402/content_6935054.htm.

[25] 余璐.彭永臻院士:提高我国污水处理科技水平从跟跑、并跑到领跑[EB/OL].(2020-12-09)[2024-05-20].http://env.people.com.cn/n1/2020/1209/c1010-31961040.html.

[26] 刘潘.2023年中国水环境治理(污水处理)行业发展现状及发展趋势分析,行业发展将持续向好[EB/OL].(2023-11-03)[2024-05-20].https://www.huaon.com/channel/trend/938051.html.

第二章 中国水环境治理市场分析

第一节 中国水环境治理行业发展与市场现状

一、行业发展历程及成长轨迹

(一) 行业发展历程

中国水环境治理行业历经了多个发展阶段,其演变与我国的改革开放、环境保护意识的觉醒以及科技进步紧密相连。

改革开放初期,随着国家对环境保护的日益重视,水环境治理逐渐成为一个新兴的产业领域。在这一阶段,由于技术和经验不足,行业主要处于摸索和初步探索的状态,缺乏明确的发展模式和成熟的技术体系。

随着时间的推移,20世纪90年代至21世纪初,水环境问题的严重性日益凸显,促使政府加大水环境治理的投入。在这一时期,政府制定了更为明确的发展目标和策略,推动了相关技术的研发和应用。随着政府资金的注入和政策的引导,水环境治理行业进入了快速发展期,行业规模迅速扩大,逐渐形成了一定的产业链和市场竞争格局。

进入21世纪第二个十年,我国水环境治理进入了政策体系建立和政策引导的关键阶段。政府出台了一系列政策法规,明确了水环境治理的目标、任务和要求,为行业的健康发展提供了坚实的政策保障。在这一阶段,政策成为推动行业发展的重要驱动力,促使企业加大技术创新和模式创新的力度,以适应市场需求和政策变化。

水环境治理行业历经了多个发展阶段,取得了一定的成就和经验。未来,随着国家对水环境治理的重视程度不断提高和科技的不断进步,行业将迎来更加广阔的发展前景。然而,也需要清醒地认识到行业面临的挑战和问题,应不断加强技术创新、模式创新和政策引导等方面的工作,以推动水环境治理行业的持续健康发展,为中国的生态文明建设做出更大的贡献。

(二) 行业成长轨迹

1. 从单一治理到综合治理

随着水环境问题的日益严重，人们逐渐认识到单一治理手段的局限性。因此，水环境治理行业开始从单一治理向综合治理转变，这包括了对水污染、水资源和水生态环境的综合治理，以及从源头到末端的全程治理。这种转变使得水环境治理行业更加全面、系统和高效。

2. 从传统治理到绿色治理

随着环保意识的增强和可持续发展理念的普及，水环境治理行业开始从传统治理向绿色治理转变。绿色治理注重环境保护和资源节约，强调生态平衡和可持续发展。在这个过程中，环保新材料、新能源和新技术得到了广泛应用，推动了行业的绿色转型。

3. 从政府主导到市场化运作

在过去的很长一段时间里，水环境治理主要由政府主导和推动。然而，随着市场经济的不断发展和完善，水环境治理行业开始逐步向市场化运作转变。越来越多的企业和民间组织参与水环境治理事业，推动了行业的市场化和专业化发展。这种转变不仅提高了水环境治理的效率和质量，也促进了行业的可持续发展。

总之，水环境治理技术的演变与行业的成长轨迹是一个不断进步和发展的过程。在这个过程中，关键技术的突破起到了至关重要的作用，推动了整个行业的快速成长。未来随着科技的不断进步和环保意识的不断增强，水环境治理行业将会迎来更加广阔的发展前景。

二、行业发展及市场现状分析

(一) 政策现状分析

1. 政策历程

改革开放后，我国日益重视环境保护与水污染防治。随着1984年《中华人民共和国水污染防治法》等制度的推出，水环境治理行业政策日趋完善。1989年《中华人民共和国环境保护法》的诞生标志着我国水环境治理正式处于法律法规的监管下。水环境治理相关政策的发展经历了从启动初期到逐步完善和加强的过程。

水环境治理行业的政策与法规环境是支撑和保障行业发展的基石，其重要性不容忽视。近年来，随着国家对水环境治理工作的高度重视，政策与法规的制定和实施逐渐走向成熟，为行业健康发展提供了坚实的保障。

2. 国家层面出台的水环境治理行业政策

2018年以来，国家出台了一系列政策，推动我国水环境治理行业的高质量发展、可持续发展，鼓励水环境治理行业发展，也为我国水环境改善奠定了政策基础（表2-1）。

表2-1 国家层面相关政策、规划汇总

序号	发布时间	发布部门	政策名称
1	2023年5月	中共中央、国务院	《国家水网建设规划纲要》
2	2023年4月	生态环境部、国家发展改革委等5部门	《重点流域水生态环境保护规划》
3	2023年2月	财政部办公厅、生态环境部办公厅	《关于开展2023年农村黑臭水体治理试点工作的通知》
4	2023年2月	中共中央、国务院	《关于做好2023年全面推进乡村振兴重点工作的意见》
5	2023年1月	国家发展改革委、住房城乡建设部、生态环境部	《关于推进建制镇生活污水垃圾处理设施建设和管理的实施方案》
6	2022年12月	工业和信息化部、国家发展改革委、住房城乡建设部、水利部	《关于深入推进黄河流域工业绿色发展的指导意见》
7	2022年8月	生态环境部、国家发展改革委等17部门	《深入打好长江保护修复攻坚战行动方案》
8	2022年8月	生态环境部等12部门	《黄河生态保护治理攻坚战行动方案》
9	2022年5月	中共中央办公厅、国务院办公厅	《关于推进以县城为重要载体的城镇化建设的意见》
10	2022年5月	中共中央办公厅、国务院办公厅	《乡村建设行动实施方案》
11	2022年3月	财政部办公厅、生态环境部办公厅	《关于开展2022年农村黑臭水体治理试点工作的通知》
12	2022年3月	生态环境部、住房城乡建设部	《"十四五"城市黑臭水体整治环境保护行动方案》
13	2022年3月	住房城乡建设部、生态环境部、国家发展改革委、水利部	《深入打好城市黑臭水体治理攻坚战实施方案》
14	2022年3月	国家发展改革委	《2022年新型城镇化和城乡融合发展重点任务》
15	2022年2月	中共中央、国务院	《关于做好2022年全面推进乡村振兴重点工作的意见》
16	2022年1月	生态环境部、农业农村部、住房城乡建设部、水利部、国家乡村振兴局	《农业农村污染治理攻坚战行动方案（2021—2025年）》
17	2022年1月	国家发展改革委、水利部	《"十四五"水安全保障规划》
18	2022年1月	国家发展改革委	《"十四五"重点流域水环境综合治理规划》
19	2022年1月	国家发展改革委、生态环境部、住房城乡建设部等4部委	《关于加快推进城镇环境基础设施建设的指导意见》
20	2021年12月	生态环境部等7部委	《"十四五"土壤、地下水和农村生态环境保护规划》

续表

序号	发布时间	发布部门	政策名称
21	2021年12月	工业和信息化部、国家发展改革委、科技部、生态环境部、住房城乡建设部、水利部	《工业废水循环利用实施方案》
22	2021年11月	中共中央、国务院	《关于深入打好污染防治攻坚战的意见》
23	2021年10月	中共中央办公厅、国务院办公厅	《关于推动城乡建设绿色发展的意见》
24	2021年8月	国家发展改革委、住房城乡建设部	《"十四五"黄河流域城镇污水垃圾处理实施方案》
25	2021年6月	财政部	《水污染防治资金管理办法》
26	2021年6月	国家发展改革委、住房城乡建设部	《"十四五"城镇污水处理及资源化利用发展规划》
27	2021年3月	全国人大	《中华人民共和国国民经济和社会发展第十四个五年规划和2035年远景目标纲要》
28	2021年1月	国家发展改革委、科技部、工业和信息化部、财政部等10部门	《关于推进污水资源化利用的指导意见》
29	2020年7月	国家发展改革委、住房城乡建设部	《城镇生活污水处理设施补短板强弱项实施方案》
30	2020年6月	国家发展改革委、自然资源部	《全国重要生态系统保护和修复重大工程总体规划（2021—2035年）》
31	2020年6月	生态环境部	《关于在疫情防控常态化前提下积极服务落实"六保"任务 坚决打赢打好污染防治攻坚战的意见》
32	2020年4月	水利部	《关于做好河湖生态流量确定和保障工作的指导意见》
33	2019年9月	生态环境部	《关于进一步深化生态环境监管服务推动经济高质量发展的意见》
34	2019年7月	中央农办、农业农村部、生态环境部、住房城乡建设部、水利部等9部门	《关于推进农村生活污水治理的指导意见》
35	2018年9月	住房城乡建设部、生态环境部	《城市黑臭水体治理攻坚战实施方案》
36	2018年6月	中共中央、国务院	《关于全面加强生态环境保护 坚决打好污染防治攻坚战的意见》
37	2018年2月	水利部	《加快推进新时代水利现代化的指导意见》

3. 各省市出台的水环境治理行业政策

《中华人民共和国国民经济和社会发展第十四个五年规划和2035年远景目标纲要》提出，要持续改善环境质量，推进城镇污水管网全覆盖，开展水污染治理差别化精准提标，地级及以上缺水城市污水资源化利用率超过25%。"十四五"期间，国家将持续推动能源资源合理配置，加强末端污染综合治理。因此，我国水环境治理行业将进入高质量发展新时期。各省市也围绕"十四五"规划，纷纷出台地方水环境治理发展政策规划。部分省市的相关政策、规划如表2-2所示。

表 2-2 部分省市的相关政策、规划汇总

序号	省市	发布时间	政策名称
1	北京市	2023 年 2 月	《北京市推进供水高质量发展三年行动方案（2023 年—2025 年）》
		2023 年 2 月	《北京市深入打好污染防治攻坚战 2023 年行动计划》
		2023 年 2 月	《北京市全面打赢城乡水环境治理歼灭战三年行动方案（2023 年—2025 年）》
		2023 年 1 月	《北京市水生态区域补偿暂行办法》
		2023 年 1 月	《关于新时代高质量推动生态涵养区生态保护和绿色发展的实施方案》
		2022 年 9 月	《关于进一步加强水生态保护修复工作的意见》
		2022 年 6 月	《北京市落实〈农业农村污染治理攻坚战行动方案（2021—2025 年）〉实施方案》
		2022 年 6 月	《北京市"十四五"时期污水处理及资源化利用发展规划》
		2022 年 4 月	《关于深入打好北京市污染防治攻坚战的实施意见》
		2022 年 3 月	《北京市"十四五"时期提升农村人居环境建设美丽乡村行动方案》
		2022 年 3 月	《北京市"十四五"时期重大基础设施发展规划》
		2021 年 12 月	《北京市"十四五"时期生态环境保护规划》
		2021 年 8 月	《北京市"十四五"时期乡村振兴战略实施规划》
2	上海市	2023 年 2 月	《上海现代农业产业园（横沙新洲）发展战略规划（2023—2035 年）》
		2022 年 10 月	《上海市"十四五"节能减排综合工作实施方案》
		2022 年 10 月	《关于深入打好污染防治攻坚战迈向建设美丽上海新征程的实施意见》
		2022 年 9 月	《上海市"十四五"城镇污水处理及资源化利用发展规划》
		2022 年 7 月	《上海市农业农村污染治理攻坚战行动计划实施方案（2021—2025 年）》
		2021 年 8 月	《上海市生态环境保护"十四五"规划》
		2021 年 5 月	《上海市 2021—2023 年生态环境保护和建设三年行动计划》
3	广东省	2022 年 9 月	《广东省"十四五"节能减排实施方案》
		2022 年 9 月	《广东省加快推进城镇环境基础设施建设的实施方案》
		2021 年 12 月	《广东省推进污水资源化利用实施方案》
		2021 年 12 月	《广东省城镇生活污水处理"十四五"规划》
4	天津市	2022 年 8 月	《天津市推进污水资源化利用实施方案》
		2022 年 5 月	《天津市"十四五"节能减排工作实施方案》
		2022 年 1 月	《天津市生态环境保护"十四五"规划》
		2021 年 3 月	《天津市排水专项规划（2020—2035 年）》

续表

序号	省市	发布时间	政策名称
5	重庆市	2022年7月	《重庆市城市基础设施建设"十四五"规划（2021—2025年）》
		2022年6月	《重庆市水生态环境保护"十四五"规划（2021—2025年）》
		2022年5月	《重庆市污水资源化利用实施方案》
		2022年1月	《重庆市村镇建设"十四五"规划（2021—2025年）》
6	河北省	2022年4月	《关于加快推进城镇环境基础设施建设实施方案》
		2022年1月	《河北省生态环境保护"十四五"规划》
		2020年10月	《河北省农村生活污水治理工作方案（2021—2025年）》
7	山西省	2023年2月	《山西省"十四五"城镇生活污水处理及资源化利用发展规划》
		2022年12月	《山西省"十四五"节能减排实施方案》
		2022年7月	《关于加快推进城镇环境基础设施建设的实施方案》
		2022年4月	《山西省深入打好农业农村污染治理攻坚战实施方案（2021—2025年）》
8	吉林省	2022年1月	《吉林省生态环境保护"十四五"规划》
		2022年1月	《吉林省城镇生活污水处理及再生水利用设施建设"十四五"规划》
9	辽宁省	2022年7月	《辽宁省"十四五"节能减排综合工作方案》
		2022年1月	《辽宁省"十四五"生态环境保护规划》
		2021年9月	《辽宁省农村生活污水治理三年行动方案（2021—2023年）》
10	黑龙江省	2022年11月	《推进生态环境科技赋能助力深入打好污染防治攻坚战工作方案》
		2022年4月	《黑龙江省"十四五"节能减排综合工作实施方案》
		2021年12月	《黑龙江省"十四五"生态环境保护规划》
11	陕西省	2023年2月	《陕西省"十四五"节能减排综合工作实施方案》
		2022年4月	《陕西省蓝天保卫战2022年工作方案》
		2021年11月	《加快建立健全绿色低碳循环发展经济体系若干措施》
		2020年6月	《陕西省城镇污水处理提质增效三年行动实施方案（2019—2021年）》
12	甘肃省	2022年6月	《甘肃省"十四五"节能减排综合工作方案》
		2022年6月	《关于推进城镇环境基础设施建设的实施方案》
		2022年6月	《关于推动城乡建设绿色发展的实施意见》
		2022年3月	《甘肃省"十四五"推进农业农村现代化规划》
		2021年12月	《甘肃省"十四五"生态环境保护规划》

续表

序号	省市	发布时间	政策名称
13	山东省	2022年9月	《"十四五"山东省城镇污水处理及资源化利用发展规划》
		2022年4月	《山东省贯彻落实〈中共中央、国务院关于深入打好污染防治攻坚战的意见〉的若干措施》
		2021年8月	《山东省"十四五"生态环境保护规划》
		2021年4月	《山东省农村黑臭水体治理行动方案》
14	福建省	2022年6月	《福建省"十四五"节能减排综合工作实施方案》
		2021年10月	《福建省"十四五"生态环境保护专项规划》
		2021年9月	《福建省"十四五"城乡基础设施建设专项规划》
		2021年9月	《福建省加快建立健全绿色低碳循环发展经济体系实施方案》
		2021年6月	《福建省农村生活污水提升治理五年行动计划（2021—2025年）》
15	河南省	2022年10月	《河南省加快推进城镇环境基础设施建设实施方案》
		2022年2月	《河南省"十四五"生态环境保护和生态经济发展规划》
		2020年3月	《关于推进农村生活污水治理的实施意见》
16	湖北省	2022年7月	《湖北省农业农村污染治理攻坚战实施方案（2021—2025年）》
		2021年12月	《湖北省生态环境保护"十四五"规划》
		2021年11月	《湖北省城乡人居环境建设"十四五"规划》
		2021年4月	《关于全面推进乡村振兴和农业产业强省建设 加快农业农村现代化的实施意见》
17	湖南省	2022年8月	《湖南省"十四五"节能减排综合工作实施方案》
		2022年6月	《湖南省"十四五"长江经济带城镇污水垃圾处理实施方案》
		2021年9月	《湖南省"十四五"生态环境保护规划》
18	江西省	2022年7月	《关于加快推进城镇环境基础设施建设的实施方案》
		2022年6月	《江西省"十四五"节能减排综合工作方案》
		2021年12月	《江西省"十四五"生态环境保护规划》
19	江苏省	2022年6月	《关于加快推进城市污水处理能力建设全面提升污水集中收集处理率的实施意见》
		2022年4月	《关于深入打好污染防治攻坚战的实施意见》
		2022年1月	《关于加强农业农村污染治理促进乡村生态振兴行动计划》
		2021年11月	《江苏省推进污水资源化利用的实施方案》
		2021年9月	《江苏省"十四五"生态环境保护规划》

续表

序号	省市	发布时间	政策名称
20	安徽省	2023年1月	《安徽省农村净水攻坚行动方案》
		2022年6月	《安徽省"十四五"节能减排实施方案》
		2022年6月	《安徽省农业农村污染治理攻坚战实施方案（2021—2025年）》
		2022年3月	《安徽省乡镇政府驻地生活污水处理设施提质增效、农村生活污水和农村黑臭水体治理实施方案（2021—2025年）》
21	海南省	2023年1月	《海南省"十四五"节能减排综合工作方案》
		2021年7月	《海南省"十四五"生态环境保护规划》
		2021年5月	《海南省"十四五"水资源利用与保护规划》
22	四川省	2022年11月	《四川省"十四五"新型城镇化实施方案》
		2022年7月	《四川省"十四五"节能减排综合工作方案》
		2022年1月	《四川省"十四五"生态环境保护规划》
		2020年12月	《四川省城镇生活污水和城乡生活垃圾处理设施建设三年推进总体方案（2021—2023年）》
23	贵州省	2022年11月	《关于加快建立健全绿色低碳循环发展经济体系的实施意见》
		2022年9月	《贵州省城镇生活污水治理三年攻坚行动方案（2022—2024年）》
		2022年8月	《贵州省"十四五"节能减排综合工作方案》
		2021年11月	《贵州省扩大有效投资攻坚行动方案（2021—2023年）》
24	云南省	2022年9月	《云南省"十四五"产业园区发展规划》
		2022年6月	《云南省"十四五"节能减排综合工作实施方案》
		2022年6月	《云南省"十四五"环保产业发展规划》
		2022年4月	《云南省"十四五"生态环境保护规划》
		2022年4月	《云南省"十四五"农业农村现代化发展规划》
25	新疆维吾尔自治区	2021年12月	《新疆生态环境保护"十四五"规划》
		2021年4月	《农村生活污水处理技术规范》（DB 65/T 4346—2021）
26	宁夏回族自治区	2023年1月	《宁夏回族自治区加强入河（湖、沟）排污口监督管理工作方案》
		2022年1月	《宁夏回族自治区水生态环境保护"十四五"规划》
		2021年11月	《宁夏回族自治区水安全保障"十四五"规划》

续表

序号	省市	发布时间	政策名称
27	广西壮族自治区	2022年11月	《关于农村生活污水处理设施用电价格政策有关事项的通知》
		2022年9月	《广西"十四五"节能减排综合实施方案》
		2021年12月	《广西城镇污水处理及资源化利用建设"十四五"规划》
		2021年5月	《广西推进污水资源化利用实施方案》

（二）技术现状分析

水环境治理涵盖了多种技术手段。其中，物理处理技术是常见的方法之一，如过滤、沉淀和离心分离等。过滤通过滤网或滤料去除水中的悬浮颗粒和杂质；沉淀则是利用重力作用使固体颗粒在水中下沉，从而实现分离；离心分离是借助离心力将不同密度的物质分离开来。这些物理方法操作相对简单，能有效地去除较大颗粒的污染物，但对于溶解性污染物的去除效果有限。

化学处理技术在水污染防治中也发挥着重要作用。常见的化学方法包括中和、氧化还原和化学沉淀等。中和法用于处理酸性或碱性废水，通过添加酸碱物质使其pH值达到适宜范围；氧化还原法可以将有毒有害物质转化为无害物质；化学沉淀法则通过添加化学试剂使污染物形成沉淀而去除。化学处理技术能够快速有效地处理废水，但可能会引入新的化学物质，需要谨慎使用。

生物处理技术是一种较为环保和可持续的方法。利用微生物的代谢作用，将有机污染物分解为无害物质。例如，活性污泥法通过培养和利用微生物群体来处理污水；生物膜法则是让微生物在固体表面形成生物膜，从而对污水进行净化。生物处理技术对于有机污染物的去除效果较好，且成本相对较低，但处理周期较长，对环境条件有一定要求。

除了上述传统的处理技术，膜分离技术近年来也得到了广泛的关注和应用。膜分离技术通过半透膜的选择性透过作用，实现对污染物的分离和浓缩。例如，反渗透膜能够去除水中的大部分离子和小分子有机物，超滤膜则可以去除大分子有机物和微生物。膜分离技术具有高效、节能、无相变等优点，但膜的成本较高，容易受到污染和堵塞。

在实际的水污染防治中，往往采用多种技术的组合，以达到更好的处理效果。例如，物理化学生物联合处理工艺可以充分发挥各种技术的优势，提高废水的处理质量和效率。随着人们对生活质量要求的不断提高，在科学认识水环境污染的基础上，通过多种手段相结合的方式积极开展水环境的治理和维护。

(三) 市场需求分析

1. 市场需求规模

在深入探讨我国水污染防治行业的市场需求规模时，首先要关注几个核心领域：工业废水治理、生活污水处理以及农业面源污染控制。这些领域不仅是水污染的主要来源，也是防治工作的重中之重。

工业废水治理方面，随着工业化的快速推进，工业废水排放量逐年增加，对环境的压力日益加大。因此，工业废水治理市场需求迫切，且呈现出稳步增长的趋势。企业为了符合国家的环保法规，减少排污费用，纷纷加大废水治理投入，推动了该领域市场的扩大。

生活污水处理方面，城市化进程中人口集聚、生活水平提高，导致生活污水排放量激增。为了保护城市水环境，提升居民生活质量，各级政府纷纷投资建设污水处理厂，提高污水处理率。这使得生活污水处理市场需求持续旺盛，成为水污染防治行业的重要增长点。

农业面源污染控制方面，农业生产中的化肥、农药等使用不当，以及畜禽养殖污染等问题日益突出，导致农业面源污染严重。为了推动农业绿色发展，保障农产品质量安全，国家加大了对农业面源污染的治理力度，这促使农业面源污染控制市场需求不断增长，为水污染防治行业提供了新的发展机遇。

水环境治理行业的市场需求规模在不断扩大，且呈现出多元化的发展趋势。工业废水治理、生活污水处理和农业面源污染控制等领域将成为未来市场需求的热点和重点。

2. 市场增长趋势分析

2023年，全国水利建设完成投资11 996亿元，与2022年（10 893亿元）相比，增加了1 103亿元，创历史最高纪录。从项目类型看，流域防洪工程体系建设完成投资3 227亿元，占完成总投资的27%；国家水网重大工程建设完成投资5 665亿元，占完成总投资的47%；复苏河湖生态环境建设完成投资2 079亿元，占完成总投资的17%；水文基础设施、数字孪生水利建设等完成投资1 025亿元，占完成总投资的9%（图2-1）。在全年完成投资中，中央项目完成投资118亿元，地方项目完成投资11 878亿元。按项目性质分，新建项目完成投资9 167亿元，改扩建项目完成投资2 829亿元。

现阶段，水环境治理从单一细分领域向系统性、复合性转变，从单个污染源治理指标向整个环境治理体系效果转变。因此，在生态环境项目覆盖范围综合化、投资规模大型化、绩效要求高标准等趋势日趋显著的情况下，对企业技术实力、项目经验、资本运作能力等方面提出了更高的要求，部分水环境服务企业将趋于综合化、大型化、集团化方向发展，产业融合步伐加快。

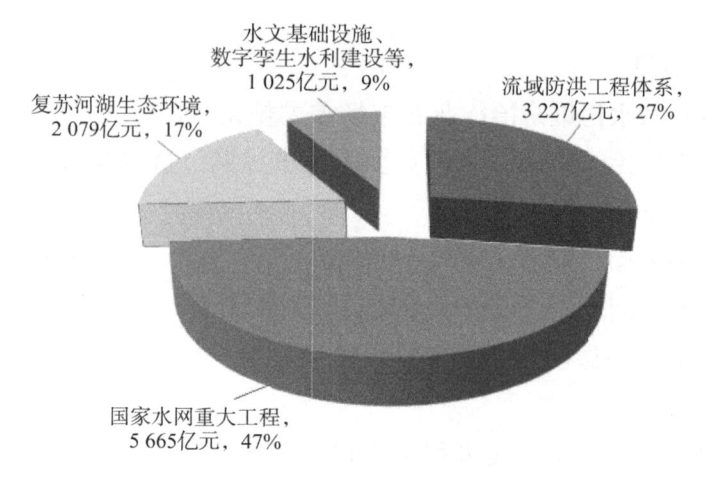

图 2-1　2023 年分项目类型完成投资情况

（数据来源：《2023 年全国水利发展统计公报》）

饼图数据：
- 流域防洪工程体系，3 227亿元，27%
- 国家水网重大工程，5 665亿元，47%
- 复苏河湖生态环境，2 079亿元，17%
- 水文基础设施、数字孪生水利建设等，1 025亿元，9%

2024 年 1 月 11 日，中共中央、国务院印发《关于全面推进美丽中国建设的意见》，对未来 5 年和到 2035 年美丽中国建设的目标任务进行全面部署。具体举措方面：意见强调要持续深入打好蓝天、碧水、净土保卫战，强化固体废物和新污染物治理，实施山水林田湖草沙一体化保护和系统治理，建设美丽中国先行区、美丽城市、美丽乡村，打造美丽中国建设示范样板。资金支持方面：在《关于 2023 年中央和地方预算执行情况与 2024 年中央和地方预算草案的报告》中提出，2024 年持续深入推进污染防治攻坚。围绕污染防治重点区域、重点领域、关键环节，支持打好蓝天、碧水、净土保卫战。中央财政污染防治资金安排共计 691 亿元，其中，水污染防治资金安排 267 亿元，加强大江大河、重要湖泊、重点海域保护治理；土壤污染防治专项资金安排 44 亿元，支持开展涉重金属历史遗留尾矿库治理和土壤污染源头防控；农村环境整治资金安排 40 亿元，扩大农村黑臭水体治理试点范围。总体来看，资金支持与 2023 年基本持平，略有增长，继续体现出中央财政对生态环境治理的支持与重视。环保督察方面：2023 年 12 月，第三轮第一批中央生态环境保护督察公开通报福建、河南、海南、甘肃、青海等 5 省在污水处理提质增效、水环境基础设施建设等方面存在的突出问题。2024 年 5 月，第三轮第二批中央生态环境保护督察聚焦长江大保护，公开通报了上海、浙江、江西、湖北、湖南、重庆、云南等 7 省（市）存在的黑臭水体排查治理不力、污水管网排查整改不到位、生活污水直排、生活污水溢流问题突出、工业污水收集处理不到位等典型问题。

《中华人民共和国国民经济和社会发展第十四个五年规划和 2035 年远景目标纲要》提出，坚持绿水青山就是金山银山理念，坚持尊重自然、顺应自然、保护自然，坚持节约优先、保护优先、自然恢复为主，实施可持续发展战略，完善生态文明领域统筹协调机制，构建生态文明体系，推动经济社会发展全面绿色转型，建设美丽中国。推动绿色发展、促进人与自然和谐共生，是水环境治理产业的重要组成部分，是生态文明建设和实现"碳达峰、碳中和"的重要支撑。在此背景下，水环境治理行业的政策环境将不断完善、服务模式不断优化、市场需求逐步提升，行业内的优质企业将迎来良好的发展态势和机遇。

（四）市场竞争格局分析

我国环保行业企业数量众多、企业竞争实力不断增强，在当下的水环境治理行业中，竞争格局显得尤为多元化。不同类型的企业纷纷加入这一领域的竞争，其中包括国有企业、民营企业以及外资企业，共同推动着行业的发展。行业主要竞争对手情况分析如下。

1. 主要企业的市场地位与竞争优势

国有企业凭借自身强大的资金后盾和技术实力，成为市场中的一股重要力量。这些企业通常与政府保持紧密的合作关系，并享受政策支持和资源优势，使得它们能够承担并推动大型项目的实施。国有企业往往拥有深厚的品牌影响力，且在技术研发、项目管理以及市场布局等方面也拥有丰富经验，为行业的可持续发展提供了强有力的支撑。与此同时，国有企业也面临着管理效率不高和创新能力稍显不足的挑战，这在一定程度上影响了其在市场中的竞争力。

相比之下，民营企业在水环境治理行业中表现出了极高的灵活性和创新能力。这些企业往往能够迅速捕捉到市场的变化，并灵活调整经营策略。民营企业通常更加注重创新，积极推动新技术和新方法的研发与应用。由于资金实力相对较弱，民营企业在规模扩张和业务拓展方面可能面临一定的挑战。

外资企业则凭借先进的技术和管理经验，在我国水环境治理市场中占据了一席之地。这些企业通常具备国际化的视野和跨文化的经营能力，能够为我国市场带来先进的治理理念和技术方案。但本土化也是外资企业需要面对的一大挑战，如何在文化、政策和市场等方面更好地融入我国市场，是其需要认真考虑的问题。

2. 企业在市场中的生存与发展策略

我国水环境治理行业的竞争日益激烈，各种类型的企业都在努力发挥自身优势，以期在市场中占据一席之地。各类企业凭借不同的战略布局，展现出了各具特色的市场竞争力。

国有企业凭借强大的技术储备和长期战略规划，积极引领产业升级和创新，致力于提升环境治理的整体效能。它们也积极参与国际合作，通过引进先进技术和管理经验，为行业的可持续发展注入新的动力。

民营企业则凭借敏锐的市场洞察力和灵活的运营机制，在市场中迅速捕捉机遇。它们通过提供差异化的竞争策略和专业化的服务，不断拓宽市场份额。在与国有企业和外资企业的合作中，民营企业也展现出了积极的姿态，通过优势互补和资源共享，共同推动环境治理行业的快速发展。

外资企业则采取本土化战略，深入了解我国市场的需求和特点，通过与我国本土企业的合作或设立合资企业等方式，降低市场准入成本，提高竞争力。它们在带来先进技术和管理理念的同时也为我国环境治理行业注入了新的活力。

在价格策略方面，企业根据市场需求和成本分析，灵活调整价格，以吸引消费者并实现市场营销目标。国有企业凭借其技术优势和品牌影响力，往往能够制定出更具竞争力的价格策略。而民营企业则更加注重成本控制和效率提升，通过优化生产流程和降低管理成本来降低产品价格，提高市场竞争力。

未来，随着技术的不断进步和市场的不断开拓，这一行业的竞争将会更加激烈和多元化，各类企业都在努力寻求突破和创新。通过不断提升技术水平、优化产业布局、加强国际合作等措施，共同推动着水环境治理行业的持续健康发展。

3. 核心竞争力

我国水环境治理行业中，主要企业的核心竞争力体现在多个维度。

技术创新是推动企业持续发展的关键因素，企业通过自主研发和引进先进技术，不断提升治理效果和效率，形成独特的竞争优势。品牌影响力则是企业赢得市场信任的重要资产，企业通过树立品牌形象，提升客户认可度，进一步扩大市场份额。市场份额的扩大是企业实力的重要体现，通过拓展业务范围、提升服务质量，企业能够在激烈的市场竞争中稳固自身地位。产业链整合能力也是企业核心竞争力的重要组成部分，企业通过整合上下游资源，优化产业链布局，实现成本控制和资源优化，提升整体竞争力。这些核心竞争力的构建和提升，不仅有助于企业在当前市场中保持领先地位，更为企业在未来发展中奠定了坚实基础。

面对日益激烈的市场竞争和不断变化的市场环境，企业需要不断关注市场动态和政策走向，灵活调整战略规划和业务模式，以适应市场需求的变化。企业还需要注重内部管理和人才队伍建设，提升员工素质和能力水平，以更好地推动企业的发展和创新。加强与行业内外的合作与交流，共享资源和技术，也是提升企业核心竞争力的重要途径。

水环境治理行业的主要企业在构建和提升核心竞争力方面，需要全面考虑技术创新、品牌影响力、市场份额和产业链整合能力等多个方面，以实现企业的持续发展和市场竞争优势。

第二节 中国水环境治理成效与面临的挑战

一、中国水环境治理成效

近年来，各地深入贯彻习近平生态文明思想，认真落实党中央、国务院决策部署，积极推进美丽河湖、美丽海湾保护与建设，涌现了一批具有全国示范价值的好经验、好做法。美丽河湖是美丽中国在水生态环境领域的集中体现和重要载体。2021年，生态环境部发布了首批18个美丽河湖优秀案例，2023年又组织筛选出了第二批共38个美丽河湖优秀案例。这批案例各具特色，在统筹水资源、水环境、水生态治理方面取得了良好成效，是水生态环境保护的典型。

（一）深圳茅洲河（图2-2、图2-3）

图 2-2 茅洲河治理前后对比图

图 2-3 昔日"墨汁河"今天泛清波

突出问题：茅洲河是深莞界河，流域面积 388 km²，干流长 31.3 km，流经深圳市光明区、宝安区和东莞市长安镇，汇入珠江口。长期以来，受经济、人口爆发式增长和环保基础设施滞后、环境管理薄弱等因素影响，茅洲河污染负荷远超环境承载力，全流域水质长期劣于Ⅴ类，氨氮、总磷甚至超过Ⅴ类标准十多倍，成为珠三角地区污染最严重的河流、深圳这座靓丽城市的"一道疤"，对市民生活和城市发展造成了严重影响。

主要做法：深莞两市连续 5 年高强度、大投入，把茅洲河治理作为重点治水任务来抓。一是推行全流域治理、大兵团作战的建设模式。采用 EPC+O（工程总承包+运营）等方式，充分发挥"大兵团包干"优势，高峰时期一线施工人员超过 3 万人、施工作业面 1 200 多个，单日敷设管网 4.18 km、单周敷设 24.1 km，有效补齐城镇污水收集处理设施短板。二是坚定不移推行"正本清源、雨污分流"的治理路线。逐个小区、逐栋楼宇、逐条管网排查改造。三是实施"全要素管控"、专业化管养。以水质为导向，统筹"厂、网、河、站、池、泥"6 大要素，实施挂图作战，做到源头管控、过程调控、结果可控，最大程度发挥设施系统的整体效能。四是创新"水产城"共治。建成 6 座生态湿地、24 个沿河驿站、45.6 km 休闲漫步道，以碧道为纽带串珠成链，重塑宜居宜业的城市发展空间。将滨海明珠工业园改造成中科院深圳理工大学校区，将 200 多家分散的电镀、线路板企业纳入江碧环境生态产业园集聚发展，吸引一批高新技术企业相继入驻，治水成为助推产业转型发展的"新引擎"。五是上下游、左右岸联防联治。针对跨市域河流治理难题，建立深莞茅洲河流域污染综合整治协调机制，共召开 16 次茅洲河深莞联席会议，通过会商调度、联合执法，有效推动茅洲河界河段清淤、塘下涌污染整治等重点工作，有效提升联防联治水平。六是建立全民参与、共治共享的治水模式。组织护河志愿者、"河小二"等民间群体巡河管理，发挥社会力量，形成治水合力。

治理成效：经过全方位综合整治，茅洲河流域水环境质量稳步提升，共和村国控断面氨氮由 2015 年的 23.3 mg/L 下降至 2020 年的 1.15 mg/L，实现从重度黑臭到地表水Ⅳ类的跨越；渚清沙白、水草丰美、白鹭翔集成为茅洲河今天的写照，消失多年的当地螺、蓝尾虾、黑鱼和彩色蜻蜓重回茅洲河，国家濒危植物野生水蕨被首次发现，流域水生生物多样性指数明显提高；停办多年的龙舟赛重新开赛，外迁 26 年的深圳船艇队终于"回家"；沿河生态长廊人流如织，小区居民自发挂出了"绿水青山就是金山银山"的大条幅。茅洲河不仅治出了秀水美景，更治出了百姓口碑。

经验启示：茅洲河流域治水之所以能成功，归根到底是始终坚持以习近平生态文明思想为指导，坚决贯彻"节水优先、空间均衡、系统治理、两手发力"治水思路，积极践行"绿水青山就是金山银山"的理念，探索运用"全流域统筹""大兵团包干""全要素管控"等治水新模式，坚持科学治污、精准治污、依法治污，有效破解了城市重污染河流治理难题，走出了一条人与自然和谐共生、流域经济高质量发展的新路子。茅洲河治理经验做法可为广东省乃至全国重污染河流综合整治提供示范和借鉴。

(二) 北京密云水库 (图 2-4)

突出问题：密云水库位于北京市密云区，是华北地区最大的水库和亚洲最大的人工湖，水功能区目标为Ⅱ类，水生态系统敏感，易受人为活动干扰。随着经济社会发展和城镇化进程加速，城镇生活污染、农业面源污染影响日渐明显，密云水库流域水生态环境保护压力不断增大。

图 2-4　密云水库优美画面

主要做法：在密云水库建成 60 周年之际，习近平总书记给建设和守护密云水库的乡亲们回信，指出密云水库作为北京重要的地表饮用水源地、水资源战略储备基地，已成为无价之宝。为守护好这一盆净水，密云区始终将保水作为首要政治职责，深化生态文明建设，改革创新，全方位保护首都生命之水。一是创新机制体制，构建保水新格局。在全国率先实现特定区域综合性执法，打破市区界限和部门界限，集中统筹行使 131 项涉水执法权，解决了多头执法、重复执法问题。建立区、镇、村三级保水体系，对库区实现全方位、全天候看护。二是实施水源保护工程，清洁库区环境。实施"退耕禁种、养殖退养、库中岛修复、矿山退出、涵养林建设"五大工程。三是建立长效管护机制，确保水质安全。推行网格化管理，网格化管理与河长制相结合，消除监管盲区。库区全封闭管理，建设 305 km 围网，彻底解决游人入库观光游玩、畜禽入库觅食等环境问题。打造智能监控系统，建立手工监测与自动监测相结合的监测体系，整治入河排污口，强化科技保水。四是深化流域联动协作，提升治理水平。北京市政府、河北省政府建立密云水库上游潮白河流域横向生态保护补偿机制，推动流域上下游水环境质量改善，保障密云水库水质水量安全。构建联建联防联控合作格局,"两市三区"建立了跨界水体联合监测、联合执法、工作会商交流机制和应急联动机制等8个方面协作,互补优势、互利共赢,强化生态环境联建联防联治。制定统一流域规划,增强"流域管理、区域落实"的示范效应。

治理成效:多年来,密云水库水质稳定保持在地表水Ⅱ类水平,达到国家饮用水水源地水质要求,生物多样性显著增加,过境候鸟总量由2005年的53种增加为2021年的153种,服务保障首都饮用水安全的职责功能进一步增强。2021年,密云水库蓄水量达到35亿 m³,突破历史最高纪录,通过实施生态补水,助力潮白河干流实现全线水流贯通,最大程度发挥了水库的综合效益。

经验启示:北京市坚定地将生态文明建设作为战略性任务来抓,实施水源保护工程,建设长效管护机制,推行上下游保水,守护好密云水库这个"无价之宝",为全国地表饮用水水源地保护工作提供了经验和借鉴。

(三)杭州千岛湖(图 2-5)

突出问题:千岛湖位于浙江省杭州市西南部,湖区面积 573 km²,库容量 178 亿 m³,是长三角地区最大的淡水人工湖,是杭州、嘉兴地区 1 000 多万居民的饮用水水源地。随着经济社会的不断发展,千岛湖面临着临湖地带生态空间不足、水质保优压力加大、水体富营养化风险增高等问题。

图 2-5 杭州千岛湖美景

主要做法:为保护千岛湖"一湖好水",杭州市开拓创新,探索大型湖泊兼饮用水源地保护管理、欠发达地区"两山转化"和共同富裕的做法,总结"千岛湖模式"。一是改革创新实现制度突破。建立特别生态功能区。二是生态修复筑牢环湖屏障。统筹推进保护与修复,完成多个"山水林田湖草"生态修复试点;出台《千岛湖临湖地带建设管控办法》,严格控制临湖地带开发强度,科学保护湖岸线、山脊线和天际线。沿湖 1 210 个人工湿地、各类生态缓冲带及大量自然岸线,形成陆域污染入湖的有效拦截带。三是控源减污推动水岸同治。制定政策措施和保护措施"两张清单",实施农业、林业、工业、生活4个污染防治方案,削减入湖污染负荷。打造全域"污水零直排区",建成农业面源污染和水土流失防治综合示范区。四是科技支撑助力全域保护。建成湖库类水质水华预测预警系统,创新开发淳安全域智治平台"秀水卫士"。建立千岛湖生态系统研究站,开展千岛湖生物多样性调查、网格化加密监测、农业面源治理技术、蓝藻水华防控和生态浮岛技术等研究,为千岛湖保护提供科学支撑。五是深绿发展促进共同保护。立足生态优势,创新开发"两山银行"数字驾驶舱应用,激活生态产品价值转化和实现机制。打造大旅游、大健康、大数据、水饮料等深绿产业体系,创新推动"本域保护、异地发展"的"飞地经济"模式。强化财政保障支持,开展新安江流域生态补偿,上下游签署合作备忘录,深入推动流域共保。

治理成效:近年来,通过采取扎实措施,高标准保护千岛湖,千岛湖水生态环境持续向好。千岛湖入湖生态流量目标为 7.7 m³/s,出湖生态流量为 19.5 m³/s,满足生态流量要求。水质从 2009 年的 II 类提升至 2022 年的 I 类。2022 年,千岛湖综合营养状态指数 28.9,为贫营养状态。千岛湖自然岸线率达到 90% 以上,水生动植物得到有效保护,现有鱼类 107 种,土著鱼类 98 种,具有较高的鱼类多样性。

经验启示:千岛湖始终坚定"生态优先、绿色发展"理念,按照"走在前列、成为示范"的要求,全面构建以千岛湖为核心,以山体、河流、湖岸、湿地为生态屏障的生态安全格局,可为跨界湖库型饮用水水源地保护提供借鉴。

二、中国水环境治理面临的挑战

"十四五"期间,各级政府加大了对水环境治理的投入,制定了一系列政策措施,明确了水环境治理的目标、任务和责任。同时,企业也积极参与水环境治理,通过技术创新和管理创新,提高水资源利用效率,降低污染物排放。经过多年的努力,让一条条河流、一个个湖泊都变了模样。

虽然水环境治理取得了显著的成就,但随着城市化与工业化的迅速推进,水环境治理面临着日益复杂的挑战。水环境治理工作的难度正逐渐加大,这不仅体现在治理对象的多样性和治理任务的繁重性上,更体现在治理要求的全面性和系统性上。这一趋势对治理工作提出了更高的要求,需要行业内外共同努力,探索出更加全面、系统的解决方案。

(一)区域发展不均衡

中国水环境治理产业存在区域发展不均衡的问题,主要体现在水资源分布不均、用水结构与水资源承载能力不平衡以及产业空间布局与水资源空间分布不匹配、部分区域汛期污染问题突出等。同时部分地区的污水处理设施建设和运营水平较低，影响了整体治理效果，需要加大对这些地区的投入和支持力度，推动区域间的均衡发展。

（二）资金短缺与投入不足

水环境治理需要大量的资金投入，包括设备购置、安装调试、运行维护等方面的费用。水环境治理产业的资金短缺与投入不足问题较为严重。尽管政府和社会资本合作的政策能引导社会资本加大投入，但实际效果仍有限；资金分散列支和缺乏整合导致使用效益低。此外，小型企业所有者和运营商因资金短缺面临基础设施维护困难的局面，影响了水务行业的可持续发展。近年来，我国对水环境保护管理的资金投入相对较少，影响了相关工作的落实。投入不足和资金渠道不畅是制约水污染治理的主要瓶颈因素。

（三）技术瓶颈与标准有待提高

尽管新一代水处理技术不断涌现，但仍然需要通过加强基础研究、推动产学研合作以及政策引导来解决水资源短缺和水污染问题。对于某些特定的污染物，现有的处理技术可能无法达到理想的去除效果。随着环保标准的不断提高，对水处理技术的要求也越来越高，需要不断研发新的技术来满足市场需求。此外，水环境标准的制定和改进也是当前的一个重要挑战，虽然我国已经建立了较为完善的水环境质量和排放标准体系，但仍需持续改进和升级以满足实际监控需求。

（四）市场竞争激烈

现状行业内企业众多，但普遍规模较小，市场集中度不高，缺乏绝对的领导者，这导致了激烈的市场竞争。随着水环境治理市场的不断扩大，越来越多的企业涌入该领域，市场竞争日益激烈。未来国家将通过重点项目建设、培育重点企业、扩大产业规模、提升企业核心竞争力等方式促进产业发展。企业需要不断提升自身的技术实力和服务能力以应对市场挑战，保持竞争优势。

（五）监管力度不足与执法难度大

执法监管能力不足，现代信息技术在环境治理领域的应用有待加强，应急管理能力也需要提升。部分环保部门对水环境污染企业的查处力度不够，监控措施不严格，导致污染源控制只是形式上的，监管后问题仍然存在。尽管有相关法律法规和政策的支持，但在实际执行中仍面临诸多挑战。部分地区监管力度不够，导致一些企业违法排放污水，对环境造成二次污染。未来将会加强监管力度和执法力度以保障水环境治理效果。

2035年我国人均GDP将达到中等发达国家水平，美丽中国目标为水环境保护提供了方向指引和重大机遇。只有充分把握机遇、积极应对挑战，才能推动水环境治理产业的持续健康发展。

三、中国水环境治理面临的机遇

（一）政策支持与法规完善

水环境治理产业的政策支持与法规完善是推动该行业高质量和可持续发展的关键因素。近年来，我国政府高度重视水环境治理，逐步建立和完善了一系列法律法规和政策措施，如《中华人民共和国水污染防治法》《水污染防治行动计划》等，为水环境治理产业的发展提供了坚实的政策保障。特别是"十四五"期间，国家明确提出要加强水环境治理，推动水资源节约集约利用，这为水环境治理产业带来了前所未有的发展机遇。各级地方政府被要求结合当前产业政策，研究制定切实有效的财政支持政策，加大对水污染防治重大技术攻关，新技术、新工艺推广等工作的支持力度。我国水环境治理领域形成了较为全面的法律框架和政策支持体系。这不仅有助于解决水污染问题，还能推动水环境治理产业的可持续发展，为实现生态文明建设和绿色发展目标提供坚实保障。

（二）市场需求持续增长

受益于国家政策的鼓励，中国水环境治理行业近年来快速发展，随着城镇化进程的加快和工业化水平的提升，污水排放量不断增加，对污水治理的需求也随之增长。2021年中国污水处理行业市场规模为1 369.6亿元，2022年增长至1 437.4亿元，同比增长4.95%，2023年市场规模约为1 500.1亿元，这一增长趋势预计在未来几年内将持续。未来污水资源化将成为推动高质量发展的重要因素。同时，公众对良好水环境的需求日益增强，对水污染问题的关注度不断提升，这也为水环境治理产业提供了广阔的市场空间。

（三）技术创新与产业升级

随着物联网、大数据和人工智能等先进技术的应用，水环境治理行业的技术水平得到了大幅提升。智能水务系统能够实时监测水质、水量和压力等数据，实现精准调度和管理，提高水资源利用效率。传统水务企业和IT技术企业进一步整合资源，提高市场占有率。跨界企业凭借其多元化的业务模式，快速切入市场，成为市场竞争的重要力量。新型、高效的水处理技术不断涌现，如纳米技术、生物技术、膜技术等前沿技术在水污染处理中的应用越来越广泛。这些技术的应用不仅提高了处理效率，还降低了处理成本，为水环境治理产业带来了新的增长点。水环境治理行业通过技术创新、绿色环保、市场化改革和政策支持等措施，有望在未来实现更高的效率、更好的服务质量和更可持续的发展。

（四）绿色低碳转型

在国家"双碳"目标的引领下，水环境治理产业将加快绿色低碳转型步伐。2023年12月，国家发展改革委等3部委联合印发的《关于推进污水处理减污降碳协同增效的实施意见》强调进一步强化顶层设计，部署推动污水处理行业全过程节能降碳和资源循环利用，全面提高污水处理综合效能。强调协同增效，提升污水处理减污降碳水平。聚焦减污，强化源头治理和精准治污；聚焦降碳，重点推动污水和污泥处理节能降碳；聚焦协同，强化减污降碳的目标协同、任务协同和政策协同。突出重点环节，构建全过程治理体系，强化源头节水增效，形成有利于减污降碳的水资源利用新模式；突出过程节能降耗，推动污水污泥处理设施绿色低碳化运行；推动末端治理回用，提高污水污泥资源化利用水平。污水处理减污降碳协同增效相关的政策、标准、导则等尚处于起步阶段，技术、资金、市场等要素支撑尚不完备，强化标准引导、完善政策激励、加大科技支撑、建设绿色低碳标杆水厂等措施会推动污水处理减污降碳协同增效一体的产业模式形成。

（五）产业链整合与协同发展

水环境治理产业链包括上游的设备制造与原材料供应、中游的工程建设与技术服务、下游的运营维护与终端服务等环节。水环境治理行业在政策的支持下市场规模迅速增长。2023年，中国水环境治理市场规模约为6 701亿元，其中，水污染治理设计施工市场规模约为677亿元，水污染治理设施运营市场规模约为3 618亿元，水污染治理产品市场规模约为1 460亿元，污水污泥循环利用市场规模约为946亿元。随着国家和各级政府在节水、管网、黑臭水体、水价等方向的产业政策的不断推动，将促进产业链的不断完善和协同发展，各环节之间的联系将更加紧密，资源将得到更加有效的配置和利用，能推动整个行业健康发展。

第三节　中国水环境治理市场前景分析

一、政策环境持续优化

2015年起，中国水环境治理相关产业政策密集发布，为行业提供了坚实的政策保障。2023年国家继续加大对水环境治理的政策支持力度，印发了多项重要文件，这些政策在优化设施布局、健全收集处理和资源循环利用体系、提升环境基础设施建设和运营水平等方面提出了具体要求。

"十四五"规划引领，2024年是实现"十四五"规划目标任务的关键一年，水环境治理行业将在这一规划的引领下迎来新的发展机遇。根据《国家水网建设规划纲要》和《"十四五"城镇污水处理及资源化利用发展规划》的指导，未来将继续补齐城市和县城污水处理能力缺口，提升污水资源化利用水平，建立合理价格机制，并推行数字化共享信息平台。这些规划的实施将推动水环境治理产业向更高质量、更可持续的方向发展。

二、技术创新驱动发展

技术创新作为水环境治理行业发展的核心驱动力，正引领行业的变革和升级。随着科技的不断进步，新型治理技术和装备层出不穷，为行业带来了前所未有的发展机遇。高效、低耗、环保的新型治理技术将成为未来发展的重点。例如，膜分离技术、高级氧化技术、纳米技术等在水污染处理领域展现出优异的应用效果。这些技术具有处理效率高、能耗低、无二次污染等优点，有望在未来得到更广泛的应用。此外，针对特定污染物的治理技术也将不断涌现，如重金属去除技术、有机污染物降解技术等，为解决复杂水环境问题提供有力支持。

技术集成和创新应用将成为推动行业发展的另一重要方向。单一技术往往难以解决复杂的水污染问题，而通过多种技术的集成与优化，可以实现更高效、更全面的治理效果。例如，将物理法、化学法和生物法相结合，形成综合处理系统，可以针对不同污染物的特性进行协同处理，提高整体处理效率。同时，随着物联网、大数据、人工智能等新一代信息技术的快速发展，水环境治理行业也将迎来智能化、信息化的变革。通过引入这些先进技术，可以实现水环境监测的实时化、精准化和治理过程的自动化、智能化，进一步提升水污染防治的效率和水平。

三、竞争格局多元化

水环境治理市场竞争激烈。随着水环境治理市场的不断扩大，越来越多的企业涌入该领域，市场竞争日益激烈。企业需要不断提升自身的技术实力和服务能力以应对市场挑战，保持竞争优势。根据企业规模和市场份额的不同，污水治理行业划分为不同的竞争梯队，梯队内部的竞争也很激烈。

跨区域整合与资源整合。随着市场竞争的加剧，跨区域整合和资源整合将成为企业提升竞争力的重要手段之一。一些具有实力的企业将通过并购、重组等方式扩大市场份额和影响力；同时，企业也将加强与其他行业的合作与联动，共同推动水环境治理产业的发展。

四、国内外市场需求持续增长

随着城市化进程的加快和人口的不断增长，人们环保意识的提高和政府对水环境治理的重视，水环境治理行业的市场需求将持续增长。特别是在城市污水处理、工业废水治理、农村水环境治理等领域，水环境治理行业市场需求更加迫切。这一趋势不仅为水环境治理行业提供了广阔的发展空间，也对行业的服务质量和治理效果提出了更高的要求。为了满足市场需求，水环境治理行业需要不断创新，提高治理效率和质量，同时还需要注重服务质量和客户体验，以满足客户多样化的需求。

五、关注投资机会

我国水环境治理行业市场为投资者提供了丰富的机会。随着行业市场规模的扩大和竞争格局的改变，投资者可以多关注具有创新能力和市场潜力的企业。投资者还需要关注行业政策的变化和市场需求的变化，以便及时调整投资策略和规避风险。

六、推进跨界合作

水环境治理既需要技术的支撑，也需要跨界合作的推进。近年来，在水环境治理领域中，不同产业领域之间的协作不断增加。例如，联合农业生产、工艺制造和建筑等领域中的补水计划和回收系统，实现用水和回收水的最大化。未来，跨界合作将成为解决水环境治理难题的关键所在。

七、推动可持续发展

我国水环境治理行业需要坚持绿色、低碳、循环的发展理念。企业要积极探索和推广水环境治理新技术、新材料和新工艺，提高资源利用效率，降低环境污染。行业还需要加强与政府、社会组织和公众的沟通和合作，共同推动水环境治理事业的健康发展。

综观水环境治理行业市场，该行业继续保持着快速发展的态势。随着政府对水环境治理工作的深入推进和市场需求的不断增长，行业将迎来更加广阔的发展空间，也将面临一些挑战，如技术创新压力、市场竞争压力以及环保法规的日益严格等。因此，行业内的企业和投资者需要保持敏锐的市场洞察力和创新意识，通过加大科技创新投入、优化服务模式、加强产业链整合以及拓展海外市场等举措，积极应对市场的变化和挑战，提升竞争力，实现可持续发展，为推动经济社会的可持续发展做出积极贡献。

参考文献

[1] 包晓斌. 我国水生态环境治理的困境与对策[J]. 中国国土资源经济, 2023, 36(4): 23-29.
[2] 侯秉含. 我国黑臭水体治理进展及思路[J]. 区域治理, 2023(7): 192-195.
[3] 王崇友. 城市水环境问题与治理方案探析[J]. 你好成都(中英文), 2023(24): 19-21.
[4] 王丽. 浅谈河湖水环境问题与治理对策[J]. 水上安全, 2023(10): 52-54.
[5] 钟成伟. 城市流域水环境综合治理思路和策略[J]. 中文科技期刊数据库(文摘版)工程技术, 2022(6): 75-77.
[6] 熊伶. 浅析流域水环境综合治理现状[J]. 中文科技期刊数据库(文摘版)工程技术, 2021(7): 133-134.
[7] 黄润秋. 推进生态环境治理体系和治理能力现代化[J]. 环境保护, 2021, 49(9): 10-11.
[8] 余忻, 黄悦, 张志果, 等. 水环境综合治理市场现状和发展形势分析[J]. 给水排水, 2020, 46(6): 85-88.
[9] 中华人民共和国生态环境部. 美丽河湖优秀案例[EB/OL]. [2024-10-30]. http://www.mee.gov.cn/home/ztbd/2023/mlhh2/yxal2/.

第三章 中小河流山洪灾害防治关键技术与应用

第一节 中小河流山洪灾害防治现状及问题

一、中小河流山洪灾害成因及特点

（一）我国中小河流山洪灾害成因

我国幅员辽阔，地形复杂多样，涵盖了平原、丘陵、山地、高原、盆地等五大基本地形，其中山地面积占全国面积的三分之一，山区（山地、丘陵、高原）面积则占全国面积的三分之二，多山是我国最显著的特点之一。我国地势西高东低，呈三级阶梯状分布，三级阶梯均有山地分布，第一阶梯、第二阶梯以山区为主，间有盆地分布，第三阶梯山区则穿插于平原之上。不同水平地带内的山区又各具不同的垂直带结构，进一步加深了山区自然条件的复杂与多样。

这样的地形条件，使自海洋形成东进的暖湿空气借地势深入内陆，形成更为复杂多样的气候特征。山区多和气候复杂的特点，使我国成为自然灾害最为严重的国家之一。自然灾害种类繁多、分布广泛、发生频率高、灾害损失严重。其中，山洪灾害是洪涝灾害致人死亡的主要灾种，也是我国防汛工作的难点和薄弱环节，严重制约着山丘区经济社会的发展。

山洪灾害是指由于暴雨、冰雪融化或拦洪设施溃决等原因，在山区沿河流、溪沟形成的暴涨暴落的洪水及伴随发生的滑坡、崩塌、泥石流的总称，是一种发生在山区的典型自然灾害。其发生多由降雨、地形地质、人类经济活动等多种因素共同作用的结果。

（1）降雨因素。降雨是诱发山洪灾害的直接因素和激发条件。受灾地区前期降雨持续偏多，使土壤水分饱和，遇局地短时强降雨后，降雨迅速汇聚成地表径流进而引发溪沟水位暴涨、泥石流、崩塌、山体滑坡。据研究分析，山洪灾害的发生与降雨量、降雨强度和降雨历时关系密切。降雨量大，多数情况下意味着雨强高、激发力强，在一定的下垫面条件下，易产生溪河洪水灾害、泥石流和滑坡灾害。降雨强度大，降雨会迅速汇聚成地表径流引发溪河洪水，泥石流的发生与前 10 min 和 1 h 的降雨强度关系十分密切。降雨历时长，产生的径流量就大，雨水对土体、岩体的侵蚀作用就强，山洪、泥石流、滑坡就比较严重。据统计，在暴雨频发的东部季风区山洪灾害发生次数约占全国灾害总数的 82%，其中溪河洪水灾害 66 018 次，占全国的 81%；泥石流灾害 10 558 次，占全国的 79%；滑坡灾害 14 566 处，占全国的 88%。此外，气温升高导致冰雪融化加快或拦洪工程设施溃决也是形成山洪的主要因素。

（2）地形地质因素。不利的地形地质条件是山洪灾害发生的重要因素。我国广大山区岭谷高差达 2 000 m 以上，山地坡度在 30°～50°之间，河床比降陡，多跌水和瀑布。这种地形通常表现为山势险峻、坡度陡峭、山谷深邃，地表切割深度大，侵蚀沟谷发育；地质构造复杂，断裂构造发育，以纵向构造和"歹"字形构造最为突出。大部分地区的土壤渗透性较差，在雨水作用下容易软化和崩解，这不仅加速了地表径流的形成，还有助于泥石流的形成和发展，成为引发山洪灾害的重要因素。

（3）人类经济活动因素。由于土地资源有限，加之对水土资源的过度利用，人类活动已经极大地改变了地表环境，并在一定程度上增加了发生山洪灾害的风险。例如，为了满足经济发展的需求，人们在山丘区进行了一系列的资源开发和建设活动，这些活动不仅改变了原有的地貌，还可能引发新的环境问题。人类加剧山洪灾害形成的行为主要有以下几种：①毁林开荒。一些不当的人类行为，如砍伐森林以扩大农业用地，不仅加速了地表水的流动，增加了洪灾发生的可能性，还加剧了水土流失，影响了水库和河流的蓄水和泄洪能力。②城市化。由于城市扩张和基础设施建设的不合理规划，低洼地区的洪水排放能力下降，增加了洪灾的损失。③违背自然规律的盲目开发。无视自然规律的无序开发，如随意挖掘、弃土弃渣以及限制河流的自然流动，都可能导致山洪灾害的加剧。

中国历史上，山洪灾害频发，呈现点多、面广的特征，给人民生命财产带来了巨大损失。根据资料，中国约有 487 万 km² 的山丘区需要进行山洪灾害防治，这占据了中国陆地面积的 51%左右。这些区域居住着约 5.5 亿人口，约占全国总人口的 42%。现就我国历史上典型山洪灾害事件简述如下。

1957 年 7 月 15 日，乌裕尔河流域普降暴雨，暴雨中心半小时内降雨量达到 100 mm。克山县境内集水面积仅 19.8 km² 的东大沟，短时间内洪峰流量就猛增到 700 m³/s，造成克山县城 60 人死亡、16 人受伤。

1981 年 7 月 9 日，成昆铁路利子依达沟暴发泥石流，流速高达 13.2 m/s，容重达 2.32 t/m³，其中包含了大量的巨砾，直径 8 m 以上者达数十块之多，冲毁了利子依达沟大桥，造成 422 次列车颠覆、300 余人遇难。

1983 年 3 月 7 日下午，甘肃省东乡族自治县洒勒山发生大滑坡，位于滑坡体上的 3 个村庄瞬间全部被覆埋。

1994年7月11日凌晨2—4时,陕西省潼关县西峪河(面积12.53 km^2)流域突降暴雨,西峪河流量短时间内从0.1 m^3/s急剧上升到240 m^3/s,仅2个多小时即造成51人死亡的重大灾害。

2005年6月10日,黑龙江省宁安市沙兰镇发生特大山洪灾害,此次洪水的暴雨重现期为200年一遇,估算洪峰流量为850 m^3/s、洪水总量为900万 m^3。因灾死亡117人,其中小学生105人,村民12人,严重受灾户982户,受灾居民4 164人,倒塌房屋324间,损坏房屋1 152间。经济损失达到2亿元以上。

2007年7月28—30日,河南省卢氏县发生山洪灾害。据分析,卢氏县7月份降雨量361 mm,远高于多年平均降雨量(138.7 mm),接近有资料以来最大降雨量(最大为1958年的368.8 mm)。受山洪影响,209、310国道,322、331、323省道部分路段毁坏断行,灾害造成78人死亡、18人失踪、10多万亩[①]农作物受灾、6 000多间房屋倒塌。此外,2010年7月24日卢氏县又发生了一次山洪灾害。

2010年8月7日,甘肃省舟曲县北部山区突降特大暴雨,降雨量达97 mm,持续40多分钟,引发三眼峪、罗家峪等多条沟道发生特大山洪地质灾害。形成的泥石流长约5 km,平均宽度300 m,平均厚度5 m,经过的区域几乎被夷为平地。舟曲"8·7"特大山洪灾害造成至少1 557人死亡、284人失踪。

2017年8月7日20时至8日8时,四川省普格县雨水乡和吉乐团结村普降暴雨,其中雨水乡降水量最大,为55.7 mm,最大小时降水量达到38.9 mm。这场暴雨导致荞窝镇耿底村四组、五组发生山洪灾害,造成157户577人受灾。灾害导致25人死亡、71间房屋倒塌,多处公路、河道、管线、桥梁被毁坏,直接经济损失1.6亿元。

2023年8月11日,陕西省西安市长安区滦镇街道喂子坪村鸡窝子组(位于秦岭分水岭210国道附近)因局地强降雨引发山洪泥石流。这次灾害造成24人死亡、3人失联。此外,还有2户民房损毁,210国道3处严重损毁、21处轻微受损,1条35 kV线路故障,55个通信基站停机。

2024年8月3日,四川省康定市二道水村、日地村和大河沟村突发山洪泥石流,致使雅康高速康定至泸定段日地1号隧道至2号隧道间桥梁垮塌和姑咱镇日地村部分房屋被冲毁,造成车辆坠落和人员失联。此次山洪灾害导致318国道、雅康高速2条进出甘孜州的主通道中断,2条10 kV线路停运,265户受影响。据统计,这次灾害中共有12人遇难、15人失联。

(二)我国中小河流山洪灾害特点

通过对历史山洪灾害事件的分析,并结合这些山洪灾害的成因,可以概括出我

---

① 1亩≈666.67 m^2。

国中小河流山洪灾害的一些显著特点。

1. 分布特点

（1）区域分布广泛。我国地域辽阔，地形复杂，中小河流遍布全国各个地区，特别是山区、丘陵区和岗地等地形起伏较大的区域分布更为密集。例如，在西南地区的云南、贵州、四川以及东南地区的福建、浙江等地，中小河流众多，山洪灾害发生的潜在风险较高。

（2）与暴雨中心区关联紧密。我国的暴雨分布具有明显的区域性，受季风气候等因素影响，东部季风区的暴雨较为集中。中小河流山洪灾害也主要集中在这些暴雨中心区域及其周边的中小河流流域，如长江中下游地区、珠江流域等，在夏季暴雨期间，中小河流山洪灾害频发。

2. 发生特点

（1）季节性强。山洪灾害主要受暴雨的影响，我国的暴雨主要集中在 5—9 月，因此中小河流山洪灾害也主要集中在这几个月，6—8 月更是多发期。在这几个月内，降水丰富、强度大，短时间内大量降水容易在中小河流流域形成山洪。

（2）来势迅猛。中小河流流域通常集水面积相对较小，河道狭窄，水流汇集速度快。一旦遭遇强降雨，雨水能迅速转化为地表径流并汇入河流，导致河流水位急剧上涨，山洪来势迅猛，短时间内就可能形成较大的洪水流量。

（3）成灾快。由于中小河流周边通常是山区或丘陵地带，居民点、农田、道路等基础设施分布较为分散且靠近河流。当山洪暴发时，洪水能够迅速淹没周边地区，对居民的生命财产、农田、道路桥梁等基础设施造成严重破坏，成灾速度快。

3. 危害特点

（1）人员伤亡严重。山洪的突发性和强大的破坏力，常常使人们来不及躲避，容易导致人员伤亡。例如，在一些偏远的山区，居民对山洪的预警信息接收不及时，或者缺乏有效的避险措施，一旦发生山洪灾害，很容易造成人员被困甚至死亡。

（2）财产损失巨大。山洪会冲毁大量的房屋、农田、道路、桥梁等基础设施，给当地的经济发展带来严重的影响。对于一些以农业为主的地区，农田被冲毁后，农作物减产甚至绝收，农民的经济收入受到极大的损失。

（3）生态环境破坏。山洪灾害还会对河流生态系统和周边的生态环境造成破坏。洪水冲刷会导致河岸坍塌、河床变形，破坏河流的生态平衡；同时，大量的泥沙、石块等随洪水而下，会淤积在河道中，影响河流的行洪能力，对下游的生态环境也会产生长期的影响。

二、我国中小河流山洪灾害防治历程

山洪灾害作为洪涝灾害的一种，自古便伴随着我国各个历史时期的发展。中华人民共和国成立后一段时间内，我国对山洪灾害防治没有单独、明确的定义，与防洪工作一起开展，对泥石流、滑坡等灾害也是分开应对，缺乏有机的总体联系。具体到防治工作中，由于缺乏科学合理的预警指标与预警手段，工作开展主要依据当地人员的经验，不确定性较大。

随着山洪灾害对经济社会的制约愈加严重，党中央、国务院对山洪灾害防治工作高度重视，在全国范围内启动了山洪灾害防治工作，标志着我国山洪灾害防治工作进入了一个新的阶段。

我国山洪灾害防治历程主要经历了4个阶段：早期探索阶段（20世纪90年代以前）、初步重视阶段（20世纪90年代—2009年左右）、快速推进阶段（2010—2015年左右）和巩固发展阶段（2016年之后）。

（一）早期探索阶段

在这一时期，我国尚未系统开展专门针对山洪灾害防治的相关工作，对于山洪灾害的认识和应对主要是基于一般性的洪涝灾害防治经验。

（二）初步重视阶段

（1）事件推动关注。20世纪90年代，陕西佛坪、福建建宁和湖南郴州等地山洪灾害暴发，引起了国家的高度重视，相关评估研究被纳入"十五"计划攻关课题。

（2）规划与制度起步。1999—2007年，山洪灾害死亡人数占全国洪涝灾害死亡人数的比例呈递增趋势，这使得山洪灾害防治的紧迫性日益凸显。2005年，国务院围绕汛期灾害防治、突发公共事件应对分别发布工作通知和应急预案，成为指导预防和处置各类突发公共事件的规范性制度保障；《中华人民共和国防汛条例》（2005修订）从法律层面首次明确了在山洪灾害易发地区开展预防监测、安全检查与撤离等方面的内容。

（3）专项规划启动。2006年10月，国务院印发《全国山洪灾害防治规划》，这是中国第一部围绕山洪灾害防治的专项规划，明确了"人与自然和谐相处""以防为主，防治结合""以非工程措施为主，非工程措施与工程措施相结合"的原则，明确了我国山洪灾害的分布范围，划分了重点防治区和一般防治区。

(三) 快速推进阶段

(1) 灾害事件引发提速。2010年8月，甘肃省舟曲发生特大泥石流灾害，造成重大人员伤亡和财产损失，这成为我国山洪灾害防治工作提速的一个重要原因。

(2) 大规模建设开展。2010年7月和9月，国务院召开两次常务会议，专门研究加快山洪地质灾害防治等问题。同年10月，水利部、财政部、国土资源部、中国气象局在2009年103个县开展试点的基础上，在全国2058个有防治任务的县开展了山洪灾害防治非工程措施建设。初步建成覆盖全国2058个山区县的山洪灾害防治区监测预警系统和群测群防体系。

(3) 建设内容不断完善。2013—2015年，在前期建设的基础上，对非工程措施进行补充完善。新开展山洪灾害调查评价，并对200 km² 以下的山洪沟进行工程措施治理。

(四) 巩固发展阶段

(1) 体系不断完善。随着山洪灾害防治工作的持续推进，我国在监测预警、群测群防、工程治理等方面不断加大投入和建设力度，山洪灾害防治综合体系不断完善。例如，全国水雨情监测站网不断加密，预警信息发布机制不断优化，基层责任制不断落实。

(2) 技术创新应用。积极探索和应用新技术、新方法，提高山洪灾害防治的科学性和有效性。如利用大数据、人工智能等技术，提高降雨预报的精度和时效性，提升山洪灾害预警的准确性和及时性。

(3) 理念不断更新。从单纯的灾害防治向综合防灾减灾转变，强调与生态环境保护、乡村振兴等工作相结合，实现山洪灾害防治的可持续发展。同时，更加注重提高公众的防灾减灾意识和自救互救能力。

2016年9月，国家防汛抗旱总指挥部办公室印发《山洪灾害预警指标检验复核技术要求（试行）》，指导全国开展针对前期山洪灾害调查评价成果的预警指标检验复核工作，旨在利用发生的较大洪水资料，检验复核水位流量关系、分析设计暴雨洪水计算方法适用性及参数合理性等，进一步提高预警指标的科学合理性。

2017年，水利部印发《全国山洪灾害防治项目实施方案（2017—2020年）》，进一步巩固提升山洪灾害防治非工程措施，开展重点山洪沟（山区河道）防洪治理，进一步巩固完善"以防为主、专群结合"的防御体系和防御机制，基本解决山洪灾害防治尚存的突出薄弱环节，山洪灾害防治区基本建成非工程措施为主的防灾减灾体系，开展了山洪灾害补充调查评价工作。

2020年12月，水利部印发《全国山洪灾害防治项目实施方案（2021—2023

年）》，要求持续开展重点山洪沟防洪治理，继续巩固完善已建非工程措施，进一步健全山洪灾害防治体系，补充完善山洪灾害调查评价，提升监测能力，提高监测预警水平。同时提出要建立危险区动态管理清单，开展预警指标动态分析等工作，进一步健全完善山洪灾害防治体系。

2023年12月，水利部水旱灾害防御司、全国山洪灾害防治项目组编制《山洪灾害补充调查评价技术要求（风险隐患调查与影响分析）（试行）》，指导全国开展以小流域为单元的风险隐患调查与影响分析工作，进一步对山洪灾害调查评价进行补充完善。

自2010年正式开展县级山洪灾害防治措施非工程措施建设以来，以宣传、培训、演练、现地监测、预警、指示为核心的群测群防工作就是全国山洪灾害防治工作的重要组成部分，也是仍在并将持续开展的工作内容。

三、中小河流山洪灾害防治工作成效

通过十多年的现代式山洪灾害防治工作的开展，我国山洪灾害防治工作取得了预期效果，发挥了较好的防灾减灾效益。

（一）初步建成山洪灾害综合防治体系

（1）全面开展了山洪灾害调查评价工作。在全国2 058个山洪灾害防治县开展山洪灾害调查评价，摸清了山洪灾害的基本成因及特点、划定了山洪灾害危险区、评价了重点沿河村落的防洪现状、明确了转移路线和临时避险点、确定了山洪灾害预警指标及阈值。

（2）初步建成山洪灾害监测网络。对山洪灾害防治区实现雨量监测的基本覆盖，并在重点沟道建设有水位监测站点，初步解决了我国山洪灾害防御缺乏监测手段和设施的问题。部分重点防治区已依据近年山洪灾害事件开展深入的站点优化研究。

（3）初步建成基层预警系统。全国山洪灾害防治区基本配备现地报警设施设备，实现了多途径、及时有效发布山洪灾害预警信息，极大提高了预警到户到人的预警能力。

（4）初步建成省、市、县各级监测预警平台，并能实现对重点乡镇视频会商系统的延伸。实现了基础数据、各类监测数据、预警信息的及时入库，实现了自动监测、动态分析、统计查询、在线预警的功能。

（5）持续开展并完善基层群测群防体系。编制覆盖县、乡、村的山洪灾害防御预案，制作安装警示牌、宣传栏，发放明白卡及山洪知识读本，组织开展宣传、培训、

演练，增强了基层干部群众的防灾减灾意识，提高了基层防灾自救和互救能力。

（6）开展重点山洪沟（山区河道）的防洪治理，探索出小流域非工程措施与工程措施相结合的山洪灾害综合防治体系。

（二）山洪灾害防治体系防灾减灾效益显著

根据近年来山洪灾害防御工作实际，山洪灾害防治体系能够准确监测降雨信息，及时发出预警信息，帮助山洪灾害防御工作人员迅速反应，并指导山洪影响区域迅速开展转移避险等，极大减少了人员伤亡。据统计，截至2015年，累计发布转移预警短信5 800多万条，启动预警广播58万次，指导转移人员2 100万人次，避免人员伤亡数十万人次。

（三）取得了一系列原创性成果

（1）建立了山洪灾害防治技术标准体系。印发了《全国山洪灾害防治项目建设管理办法》《山洪灾害防治非工程措施运行维护指南》等文件，出台了监测预警系统、群测群防体系、山洪沟防洪治理、调查评价相关工作的多项技术要求与工作指南，制定了《山洪灾害监测预警系统设计导则》（SL 675—2014）、《山洪灾害防御预案编制导则》（SL 666—2014）、《山洪灾害调查与评价技术规范》（SL 767—2018）等多项行业标准。

（2）取得了防治理论和技术的诸多原创成果。构建了我国山洪灾害防治的总体技术路线、技术框架和实施方案，初步形成了适合国情的山洪灾害防治理论技术体系，在小流域下垫面条件提取、产汇流特征分析、无资料地区小流域暴雨洪水和预警指标确定方法、水雨情监测站网布设、监测预警信息管理平台、预警设施设备、群测群防模式等方面取得了一系列原创成果，组织刊发了100余篇山洪灾害有关学术专题、经验总结、交流论文。

（四）持续深入研究山洪灾害防治技术

借助天-空-地一体化技术手段，深入研究提高监测能力的监测方法与设备，并优化布局，针对不同流域特征的站点布设，充分挖掘和延长预警时间；研发更为先进的现地监测预警设备，提高网络、通信在故障、中断情况下基层的预警能力；持续验证、改进预警指标及阈值，提高预警水平；持续升级各级预警监测平台，进一步加强山洪灾害防治工作信息化水平。

四、中小河流山洪灾害防治工作存在的问题

在持续运行、不断发挥防灾减灾效益的同时，山洪灾害防治体系也从工作实际上暴露出山洪灾害防治工作当前存在的不足与问题。

（1）山洪灾害防治尚未实现全覆盖。一方面，山洪防治规划任务并未完全实施；另一方面，山洪防治区之外的地区时有山洪灾害发生。从防治内容及防治对象上看，山洪灾害防治仍存在个别的遗漏之处，尚未实现全覆盖。

（2）随着近年来的不断治理以及人类活动、经济社会的不断变化，山洪灾害的致灾因素也有了较大变化，原山洪灾害调查成果已不能完全支撑当前山洪灾害防治工作，甚至会降低山洪灾害防治体系防灾减灾效益的发挥。

（3）水雨情监测现状与山洪灾害精准防御需求不匹配。因投资、施工、运维等多种原因，山洪灾害防治项目新建雨量监测站多布置在村部，极少顾及上游雨量监测，这将导致上游发生局地降雨时，位于村部的雨量站无法监测到真实的降雨量以致无法及时预警、转移。相比雨量监测站，水位站的数量偏少，仅重要河段、沟道建有水位站，更多的山洪沟道没有有效的水位监测手段，进一步削弱了监测站网对山洪灾害防治的支持作用。

（4）预警指标体系及阈值需不断优化更新。当前预警指标包括降雨量和水位，且以降雨量为主，预警指标相对单一，不能对山洪灾害进行多角度的预警，同时因山洪灾害致灾因素的变化，各预警指标阈值也会受到影响，需要根据实际变化进行不断的优化更新。

（5）山洪灾害防治工作仍处在初级阶段。从山洪灾害防治对象、危险区划分、调查评价、监测预警、避险转移、灾后救助、工程措施等各环节来说，山洪灾害防治工作仍处在初级阶段。功能上基本实现了预期功能，但诸多细节问题尚未得到精细化处理。

（6）社会化服务产品偏少。山洪灾害防治工作目前还是更多依赖于政府体系自上而下的决策部署和自下而上的自救互救及工作反馈，缺乏成熟完善的社会化服务产品。

第二节　中小河流山洪灾害防治政策导向

一、我国中小河流山洪灾害防治工作的政策变化

在不同的历史时期，我国山洪灾害防治政策经历了显著的变化，这些变化反映了不同时代背景下的防治重点。

（一）中华人民共和国成立前

中华人民共和国成立前，由于历史条件的限制，山洪灾害的防治几乎处于无防治状态。当时，防灾的重点更多地放在了预防重大疫情和灾难上，山洪灾害防治作为其中的一部分，并没有得到特别的关注。缺乏对山洪灾害的明确界定和系统的监测预警系统，虽然山区居民可能积累了一些预警经验，但由于信息传递和组织能力的局限，导致预警经验难以广泛应用，同时难以有效组织实施防灾减灾措施。

（二）中华人民共和国成立后—2001年

随着我国经济社会逐步恢复和发展，对自然灾害的防治工作也开始逐步展开。然而，在这一时期，山洪及其灾害（如滑坡、崩塌、泥石流等）仍未得到明确的定义和独立的防治，山洪灾害的防治工作缺乏明确的指导框架和防治体系。尽管如此，为了应对各类洪水灾害，我国开始建设一系列水库工程，特别是那些位于山区的水库和堤防，在一定程度上减少了山洪灾害的发生及其带来的损害。

（三）2002—2005年

随着山洪灾害的日渐频发与灾害损失的日渐增大，党中央、国务院对山洪灾害防治工作也愈加重视。2002年9月，时任国务院副总理温家宝对山洪灾害防御工作做出重要批示，要求水利部会同国土资源部、中国气象局、建设部、环保总局成立全国山洪灾害防治规划领导小组和编写组，组织编写《全国山洪灾害防治规划》。我国山洪灾害防治工作进入快速发展的现代化治理阶段。

2005年，国家防办组织12个县开展山洪灾害防御试点工作，旨在探索山洪灾害防御的有效途径和方法，同步开启了县一级山洪灾害防御体系及制度的建立，并对山区乡镇监测预警系统进行了探索研究，取得了显著效益，为《全国山洪灾害防治

规划》的编制实施积累经验，也为后续山洪灾害治理工作提供了建设经验。

（四）2006—2009 年

《全国山洪灾害防治规划》在 2006 年得到国务院正式批复，规划明确了山洪灾害防治的近期、远期目标。近期目标即初步建立山洪灾害防灾减灾体系，减少群死群伤事件和财产损失；远期目标为全面建成山洪灾害综合防灾减灾体系，使山洪灾害防治能力与山丘区全面建设小康社会的发展要求相适应。在本阶段中，山洪灾害、防治区、危险区、工程措施、非工程措施、监测系统、预警系统等与山洪灾害防治相关的概念逐步清晰，以预案、宣传等为核心的群测群防体系也初具其形。

随着对山洪灾害、山洪灾害防御工作认识的加深，2009 年全国 103 个县进行了山洪灾害防御试点工作，并取得了十分显著的防灾减灾效益。这为后续全国范围内大规模开展山洪灾害防治工作提供了工作基础与建设经验。县级山洪灾害防治工作思路也日趋明显，体现了《全国山洪灾害防治规划》坚持以人为本，"全面规划、统筹兼顾、标本兼治、综合治理"的要求。

（五）2010—2015 年

2010 年 10 月，《国务院关于切实加强中小河流治理和山洪地质灾害防治的若干意见》中要求力争用 5 年时间，基本解决防洪减灾体系中薄弱环节的突出问题，使防灾能力显著增强。同年 11 月，水利部、财政部、国土资源部、中国气象局共同启动全国山洪灾害防治县级非工程措施建设项目，计划用 3 年时间（2010 年起），初步建成覆盖《全国山洪灾害防治规划》确定的 1 836 个县的山洪灾害防御非工程措施体系，尽快提高基层防御山洪灾害的能力，最大程度减少人员伤亡和财产损失。

国家发展改革委 2010 年会同有关部门编制了《全国中小河流治理和病险水库除险加固、山洪地质灾害防御和综合治理总体规划》，要求在 1 836 个县级行政区山洪灾害防治措施非工程措施建设任务的基础上，中央和地方继续加大对山洪灾害防治的投入力度，开展山洪灾害调查评价，进一步补充完善山洪灾害防治非工程措施体系（项目县增至 2 058 个），建成完善的山洪灾害防治非工程措施体系，同时启动重点山洪沟治理试点，全面提高我国山洪灾害防御能力。

在本阶段，全国山洪灾害防治工作全面铺开，在前期试点工作的基础上，增加了山洪灾害调查评价、非工程措施体系补充完善、重点山洪沟治理等工作，同时开展国家、省、市级山洪灾害监测预警平台即会商系统建设，全国山洪灾害防治工作由探索试验阶段进入全面深入发展阶段。此阶段末，实现了山洪灾害综合防治体系的初步建立，调查评价、监测系统、预警系统、监测预警平台、群测群防体系、重点山洪沟（山区河道）的防洪治理等山洪灾害防治体系主要构成部分也完成初步建立。

本阶段过程中，前期建设项目防灾减灾效益的发挥也日渐显著。

(六) 2016—2019 年

在这一阶段，山洪灾害防治工作的重点在于巩固前期取得的成果，并在此基础上进行优化和提升。以下是几个关键方面的工作：首先，持续开展重点山洪沟防洪治理、群测群防体系建设等工作，持续完善山洪灾害综合防治体系。其次，非工程措施的维修养护工作，对山洪灾害调查评价工作进行查漏补缺，对尚未开展调查评价的沿河村落、城集镇进行补充调查评价。第三，开展检验复核工作，进一步优化提升原建设成果。

在本阶段，山洪灾害防治工作发展相对平稳，在山洪灾害综合防治体系初步建立的基础上查缺补漏，进一步完善规划中尚未完成的工作任务。同时，开展预警指标检验复核等体系优化工作，进一步提升山洪灾害防御工作的水平。此外，通过经验总结，制定了山洪灾害调查评价的行业标准，进一步固化了项目成果并规范了相关工作的开展。

(七) 2020 年以来

此阶段是山洪灾害防治工作持续开展并进一步深化的阶段。2020 年 12 月，水利部印发《全国山洪灾害防治项目实施方案（2021—2023 年）》，其中提出要建立危险区动态管理清单，开展预警指标动态分析等工作，进一步健全完善山洪灾害防治体系；2023 年 12 月，水利部水旱灾害防御司、全国山洪灾害防治项目组编制《山洪灾害补充调查评价技术要求（风险隐患调查与影响分析）（试行）》，指导全国开展以小流域为单元的风险隐患调查与影响分析工作，进一步对山洪灾害调查评价进行补充完善。

本阶段进一步结合山洪灾害防治实际进行有针对性的工作，如危险区动态管理清单、预警指标动态分析等，这是对前期项目建设的深入发展与优化；小流域风险隐患调查与影响分析更是对山洪灾害调查评价工作的补充与优化。

纵观我国山洪灾害防治工作的历程及不同时期的工作重点，不难发现，我国山洪灾害防治工作的政策变化经历了由无到有、由粗到细、由面到里的过程，由早期经验性、粗放性的防治，到随着对山洪灾害认知的深入，后续山洪灾害防治工作全面快速开展，始终秉持着立足当前、着眼长远，以防为主、防治结合，突出重点、合理安排的原则。各阶段工作重点各有侧重，但总体上是探索总结、稳步推进的过程，这也是山洪灾害防治体系能够发挥显著防灾减灾效益的原因所在。

二、当前中小河流山洪灾害防治工作的政策导向

根据《全国山洪灾害防治规划》，山洪灾害防治的近期、远期目标，分别为力争到 2010 年，在山洪灾害重点防治区初步建立以监测、通信、预报、预警等非工程措施为主并与工程措施相结合的防灾减灾体系，减少群死群伤事件和财产损失。到 2020 年，在山洪灾害重点防治区全面建成非工程措施与工程措施相结合的综合防灾减灾体系，在山洪灾害一般防治区初步建立以非工程措施为主的防灾减灾体系，最大限度地减少人员伤亡和财产损失，山洪灾害防治能力与山丘区全面建设小康社会的发展要求相适应。

截至目前，我国已初步建成山洪灾害综合防治体系，全面开展了山洪灾害调查评价工作，初步建成山洪灾害监测网络，初步建成基层预警系统和省、市、县各级监测预警平台，并能实现对重点乡镇视频会商系统的延伸，持续开展并完善基层群测群防体系，开展重点山洪沟（山区河道）的防洪治理，并取得显著的防灾减灾效益。

针对山洪灾害防治工作实际及防治体系运行现状，我国当前山洪灾害防治工作的政策导向主要表现在以下几方面。

（1）坚持生命至上、以人为本，坚持以防为主、防治结合，坚持风险防控、协调联动的基本原则

坚持以人民为中心的发展思想，增强全民防灾减灾意识，坚决守住山洪灾害防御安全底线；坚持日常防治与应急处置相结合，坚持非工程措施与工程措施相结合；围绕山洪灾害防治工作的短板和薄弱环节，加强风险源头控制；坚持基层地方政府为主体、部门之间协同配合，充分发挥各部门的专业指导和基层组织能力。

（2）完善工作体系、夯实防御基础、强化监测预警

进一步完善山洪灾害防御机制和山洪灾害群测群防体系；加强风险源头控制、优化提升监测预警系统功能，核定危险区，科学确定预警指标，强化运行维护管理，加强重点山洪沟治理；要强化风险提示预警、实时监测预警、简易监测预警、避险转移预警，加强值班监视与信息报送等。

（3）持续推动建设、重点优化防治体系

持续开展防治体系运行维护管理和群测群防体系建设，开展山洪灾害补充调查，开展重点山洪沟防洪治理，对监测预警系统提质升级等。针对当前极端天气、人类活动影响剧烈等情况，需要对山洪灾害防治体系进行重点优化，如建立危险区动态管理清单，开展预警指标动态分析，开展小流域风险隐患调查及影响分析等。在持续推动建设、优化山洪灾害防治体系的过程中，应充分结合实际，积极探索数字孪生技术、人工 AI 智能技术的引入与应用，提高山洪灾害防治工作的信息化水平。

第三节　中小河流山洪灾害防治工作重点内容与关键技术

一、中小河流山洪灾害防治重点内容

根据我国山洪灾害防治工作以人为本的原则以及稳步推进的政策导向，山洪灾害防治工作仍需在当前山洪灾害综合防治体系的基础上持续开展，同时应在社会服务等方面开展进一步研究以期在群专结合的山洪灾害防治工作之外，可以面向社会提供更多的社会服务产品。此外，针对极端天气频发、人类活动加剧的现状，还需解决一些亟待解决的问题。总体而言，山洪灾害防治工作的重点内容包括非工程措施等。

（一）非工程措施

1. 调查与评价

山洪灾害调查以县级行政区为基本单位，以沿河村落、集镇、城镇或小流域为单元，围绕科学深入开展山洪灾害防治工作的具体需求，完成如下几方面的山洪灾害调查任务。

（1）水文、气象资料收集。收集与山洪灾害相关的水文和气象资料，如降雨量、洪水位、风速等，为风险评估和预警预报提供基础数据。

（2）社会经济统计资料收集。收集区域内的人口、产业、基础设施等社会经济统计资料，评估山洪灾害对社会经济的影响。

（3）小流域下垫面和暴雨洪水特征调查。对小流域内的地形、地貌、土地利用、植被覆盖等情况进行调查，分析暴雨洪水的形成和演化过程。

（4）危险区调查。识别出易受山洪影响的区域，如低洼地带、河流两岸、滑坡隐患区等，评估这些区域的风险等级。

（5）涉水工程调查。调查区域内与水有关的工程设施，如水库、堤防、水电站等，分析它们对山洪的影响和作用。

（6）河道断面测量和居民户宅基高程测量。对河道进行断面测量，对居民户宅基进行高程测量。

（7）历史山洪灾害调查。调查历史上发生的山洪灾害事件，了解灾害的发生规律和演变趋势。

(8) 历史洪水调查。收集历史洪水的相关资料，分析洪水的频率、强度等特征。

(9) 需工程治理山洪沟调查。识别出需要工程治理的山洪沟，评估治理需求和可行性。

(10) 山洪灾害防治非工程措施建设成果统计。统计已建成的非工程措施（如预警系统、应急预案等），评估其效果和不足之处。

(11) 水利普查资料利用。利用水利普查获得的数据和信息，为山洪灾害防治工作提供支持，如了解区域内水利工程的分布和功能。

山洪灾害分析评价是在山洪灾害调查成果的基础上，深入分析山洪灾害防治区暴雨特性、小流域特征和社会经济情况，研究历史山洪灾害情况，分析小流域洪水规律，以山洪灾害重点防治区内沿河村落、集镇、城镇为对象，采用各地设计暴雨洪水计算方法和水文模型等分析方法，完成如下几方面的山洪灾害分析评价任务。

(1) 小流域设计暴雨洪水分析。利用收集到的水文气象资料，结合小流域的自然条件和人类活动影响，进行设计暴雨洪水计算，为后续预警指标设定提供依据。

(2) 沿河村落水位流量关系分析。对沿河村落进行水位流量关系的分析，了解在不同水位和流量条件下，村落的防洪能力如何，从而找出潜在的风险点。

(3) 沿河村落现状防洪能力评价。根据现有的防洪设施和措施，评估沿河村落的防洪能力，找出存在的问题和不足之处。

(4) 危险区划分。根据调查结果和分析评价，将山洪灾害防治区内沿河村落、集镇、城镇划分为不同的风险等级区域，明确哪些区域面临的风险更高。

(5) 沿河村落、集镇、城镇的预警指标和阈值分析。根据历史洪水和山洪灾害数据，以及小流域的设计暴雨洪水分析结果，确定各个区域的预警指标和阈值，为预警系统的建设和运行提供科学依据。

(6) 危险区图制作。绘制详细的危险区图，标明不同风险等级区域的位置和范围，为政府决策和公众了解风险提供直观的参考。

除上述县级山洪灾害调查评价工作内容外，省、市两级关于山洪灾害调查评价的主要工作包括以下几方面。

(1) 明确省、市、县各级建设任务。根据国家和上级部门的要求，结合本地区实际情况，明确省、市、县三级在山洪灾害调查评价中的具体任务和目标。

(2) 明确调查评价工作组织方式，确定承建单位和资质条件。制定山洪灾害调查评价工作的组织方案，明确各级政府、部门和单位的责任和分工，确保工作顺利开展。

(3) 确定技术支撑单位，明确技术服务内容。选择具有相应资质和能力的单位作为项目承建单位，确保调查评价工作的质量和效果。

(4) 建设审核汇集系统运行环境。建设必要的硬件和软件平台，确保调查评价工作所需的信息系统能够正常运行。

（5）协调水文气象部门，协助收集水文气象资料。与水文、气象等部门建立合作关系，让其协助收集和分析水文气象资料，为山洪灾害调查评价提供数据支持。

（6）加强调查评价工作督促检查。定期对山洪灾害调查评价工作的进展情况进行检查和督促，确保各项工作按时完成并达到预期效果。

（7）指导协调市、县山洪灾害调查评价工作。对市、县两级的山洪灾害调查评价工作进行指导和协调，解决其在工作中遇到的问题和困难，确保工作质量。

2. 监测预警

（1）监测预警系统

监测预警系统主要包括水雨情监测系统、各级监测预警平台、预警发布系统。

①水雨情监测系统建设是根据当地交通、通信、植被、地形地貌和社会经济状况，以小流域为单元，在山洪灾害易发区布设监测站点，建立自动遥测与人工简易观测相结合的水雨情监测站网，以实现对暴雨洪水的实时监测。

②监测预警平台利用调查评价的数据、底图，依托计算机、网络等信息技术，实现了水雨情实时入库、自动分析、动态监测、在线查询、在线监视、在线预警发布等功能，并实现国家、省、市、县互联互通和信息共享。

③预警发布系统主要是为县、乡、村配置预警设备，除通过人工敲锣、鸣哨、手摇警报器等传统方式发布预警信息外，还要充分利用短信群发、有线及无线广播、电视等现代化手段，以及针对山洪灾害预警量身定做专用设备，着力解决预警信息"最后一公里"问题，确保预警信息能够及时快速发布，传送到基层千家万户。

（2）监测预警工作清单

①省级监测预警工作清单

提早安排部署。在接到重要天气报告及气象预警信息后，及时向有关区市、县传达部署，提醒其做好山洪灾害监测预警工作。

风险提示预警。开展山洪灾害（气象）风险预警工作，及时向有关部门和地区通报预报预警信息。

站点监视提醒。利用山洪灾害监测预警信息管理系统开展值班值守，实时监视水雨情数据。发现异常站点，应及时通过自动化运维模块通知相关地区核实并维护整改，尽快恢复功能。

平台监视抽查。利用平台软件查看或督促运行管理单位查看市、县级监测预警平台工作状态，跟踪、了解市、县两级预警平台上报的预警信息，并不定期进行抽查和督查。

组织信息报送。在遭遇突发山洪灾害时，应第一时间向省级人民政府和水利部报告，并组织市、县对灾害发生时间、地点、人员伤亡情况、水雨情监测情况、预警发布情况、人员转移情况等进行梳理分析，并及时续报。

灾害调查分析。对于因山洪灾害导致人员死亡失踪的事件，省级水利部门应组织开展灾害调查，分析成灾原因，总结经验教训，并按要求上报调查报告。如果导致人员死亡失踪10人以上（含），则应配合水利部或水利部流域管理机构开展灾害现场调查分析。

②市级监测预警工作清单

及时安排部署。在收到重要天气报告及气象预警信息后，及时向辖区内区、县传达，提醒其做好应对准备。视情组织会商或发出通知，部署山洪灾害监测预警工作。

风险提示预警。有条件的市，可开展山洪灾害（气象）风险预警工作，联合"三大运营商"或其他媒体发布规范简洁、通俗易懂的预警信息，提醒社会公众加强防范。

站点监视提醒。利用山洪灾害监测预警信息管理系统开展值班值守，实时监视水雨情数据。发现异常站点时，要及时通过自动化运维模块通知相关区、县核实并维护整改，尽快恢复功能；发现降雨较大或洪水陡涨时，提醒区、县核实并及时发布预警。

平台监视检查。利用平台软件，查看县级监测预警平台工作状态，如发现异常情况，要及时提出并督促整改。跟踪、了解县级山洪灾害监测预警平台上报的预警信息，定期组织检查。对县级平台新产生预警信息未及时处理的，应及时提醒相关区、县。

组织信息报送。所辖县、区遭遇突发山洪灾害后，要第一时间向本级人民政府和省级水利部门报告，并按要求迅即核实山洪灾害基本信息。遇重大及以上山洪灾害时，可越级直接报水利部。组织相关区、县按要求及时上报山洪灾害监测预警情况及效益情况。

灾害调查分析。山洪灾害事件导致人员死亡失踪3~9人的，市级水利部门配合省级水利部门开展灾害调查；导致人员死亡失踪不足3人的，市级水利部门组织或督促指导县级水利部门开展现场调查，并及时报送防御、处置情况。

③县级监测预警工作清单

迅速应对部署。在收到重要天气报告及气象预警信息后，及时对辖区内山洪灾害监测预警工作进行针对性部署。

加强排查巡查。根据部门职责分工，组织或配合基层地方政府和有关部门，督促乡镇、村组开展隐患排查。定期组织或提请基层地方政府组织相关部门对水雨情自动监测站点、简易监测设备、预警广播等山洪灾害监测预警设施和平台、站点报汛情况等进行检查，及时解决存在问题。

风险提示预警。有条件的县可联合"三大运营商"或其他媒体针对风险区域对社会公众发布（或转发）预警信息，提醒公众提高防范意识，减少出行，规避风险，并做好避险自救准备。

严格值班值守。认真履职尽责，强化值班值守，通过山洪灾害监测预警平台监视自动监测站点是否在线、雨量（水位）监测数值是否合理。对异常站点要及时整改、修复，或督促运行管理单位及时开展故障处理，确保安全管用。

预警信息发布。值班人员通过山洪灾害监测预警系统实时监测本县域及相关流域上下游、左右岸水雨情，当监测值超过预警指标产生预警时，应立即核实报告并发布预警信息。紧急情况下，值班人员初步预判后，可直接发布预警信息。积极探索建立红色预警"叫应"机制。

提请转移避险。紧盯山洪灾害预警和汛情发展态势，遇强降雨过程或产生红色预警，及时向县政府或县防汛抗旱指挥部报告，提请基层地方政府和有关部门做好危险区域群众转移避险工作。

指导群测群防。按照职责分工，指导乡镇、村做好预案修订、培训、演练以及简易监测预警等群测群防工作。督促指导乡镇、村加强危险区巡查值守，发现灾害征兆及时发布预警。

信息统计报送。认真做好监测预警信息统计报送，包括预警级别、预警发布对象、发布次数和人次，及时上报上级水利部门；积极向有关部门了解应急响应和人员转移避险、伤亡等情况，及时上报本级人民政府和上级水利部门，必要时可越级上报；突发山洪灾害事件造成人员伤亡的，要立即组织开展灾害监测预警调查分析，并按照要求上报上级水利部门。

配合灾害调查。一次山洪灾害事件导致人员死亡失踪 3 人以上（含）的，县级水利部门配合开展事件调查；一次山洪灾害事件导致人员死亡失踪不足 3 人的，县级水利部门配合市级或按要求及时开展现场调查，并报送防御、处置情况。

加强运行维护。积极争取资金，督促运维单位开展山洪灾害防治非工程措施运行维护，做好设备更新改造等工作。

3. 群测群防体系

群测群防是山洪灾害防御工作的重要组成部分，与专业的监测预警系统相辅相成、互为补充，共同发挥作用，形成"群专结合"的山洪灾害防御体系。该体系包括责任制体系、防御预案、监测预警、宣传、培训和演练等内容。群测群防体系的核心是建立健全责任制，实时掌握水雨情信息并发布预警，确保危险区群众及时转移，提高避险意识，最大限度减少人员伤亡。

为指导并规范群测群防体系建设，国家防办组织制定了《山洪灾害群测群防体系建设指导意见》，明确要求山洪灾害群测群防体系建设范围涉及县、乡（镇）、村，重点为村。山洪灾害防治区内的行政村应按照"十个一"建设群测群防体系：建立1套责任制体系，编制1个防御预案，至少安装1个简易雨量报警器（重点区域适当增加），配置1套预警设备（重点行政村配置1套无线预警广播），制作1个宣传栏，每年组织1次培训、开展1次演练，每个危险区相应确定1处临时避险点、设置1组警示牌，每户发放1张明白卡（含宣传手册）。

（1）责任制体系

责任制体系是群测群防体系中的重要组成部分，它明确了各级政府、部门和单位在山洪灾害防御工作中的责任和分工，形成了一个以预防为主、专群结合的防御体系。

①山洪灾害防御工作按照防汛抗洪工作行政首长负责制，建立县包乡、乡包村、村包组、干部党员包群众的"包保"责任制体系，将责任层层分解，确保每个环节都有明确的责任人。

②与已有的社区管理体系相结合，实现网格化管理。将山洪灾害防御工作纳入社区管理体系，实现网格化管理，提高工作效率和覆盖面。

③县级、乡（镇）级防汛指挥机构应根据山洪灾害防御工作的需要，设立信息监测、调度指挥、人员转移、后勤保障和应急抢险等工作组。根据山洪灾害防御工作的需要，设立多个工作组，各司其职，协同作战。

④有山洪灾害防御任务的行政村成立山洪灾害防御工作组，落实相关人员负责雨量和水位监测、预警发布、人员转移等工作，汛前要重点核实人员变化情况、通信方式等。

⑤山洪灾害防治区内的旅游景区、工矿企业等单位均应落实山洪灾害防御责任，并与当地政府、防汛指挥机构保持紧密联系和沟通，确保信息畅通。

通过建立完善的责任体系，可以确保山洪灾害防御工作的顺利开展，提高群众的防范意识和自救互救能力，形成"群专结合"的山洪灾害防御体系，最大限度减少人员伤亡和财产损失。

（2）防御预案

防御预案是群测群防体系中的重要组成部分，它明确了山洪灾害防御工作的目标、措施和流程，为应对山洪灾害提供了指导和参考。

按照《山洪灾害防御预案编制导则》（SL 666—2014）的要求编制县、乡（镇）、村山洪灾害防御预案，并根据区域内相关情况变化及时修订。

县级山洪灾害防御预案由县级防汛抗旱指挥部负责组织编制，由县级人民政府批准并及时公布，报上一级防汛指挥机构备案；乡（镇）级、村级山洪灾害防御预案由乡（镇）级人民政府负责组织编制，由乡（镇）级人民政府批准并及时公布，报县级防汛抗旱指挥部备案。县级防汛抗旱指挥部负责乡（镇）级、村级山洪灾害防御预案编制的技术指导和监督管理工作。

县级山洪灾害防御预案包括基本情况、组织机构、人员及职责、监测预警、人员转移、抢险救灾及灾后重建、宣传演练等内容；乡（镇）级、村级山洪灾害防御预案应简洁明了、便于操作，重点明确防御组织机构、人员及职责、预警信号、危险区范围和人员、转移路线等，附山洪灾害危险区图。

通过编制和完善防御预案，可以确保山洪灾害防御工作的顺利开展，提高群众的防范意识和自救互救能力，形成"群专结合"的山洪灾害防御体系，最大限度减少人员伤亡和财产损失。

(3) 现地监测预警

监测预警是群测群防体系中的重要组成部分，它通过简易雨量报警器、简易水位站等监测设施，实时监测水雨情信息，及时发布预警信息，提醒群众做好防范措施。监测预警有助于提高社会整体的防灾减灾能力，最大限度减少人员伤亡和财产损失。

①简易雨量报警器布设在山洪灾害防治区每个乡（镇）、行政村、重点自然村。报警装置须安置在室内，按照山洪灾害防御预案中的预警指标设定报警值。汛期有雨每天至少观测2次，发生较大降雨时应加密观测频次，并填写相应观测记录。日常维护应注意定期清理室外承雨器筒内异物，检查翻斗是否翻转灵活，检查通信状态，及时更换电池，测试各项功能是否正常。

简易水位站布设在山洪灾害防治区沿河村落，根据实际情况可增加自动报警功能。建桩的简易水位站，水尺桩应设置为混凝土或石柱型，埋设深度要保证坚固耐用，地上部分长度要超过历史最高洪水位，并刷上"警戒水位""危险水位""历史最高水位"等特征水位线和标识。不建桩的简易水位站，选择离河边较近的固定建筑物（如桥墩、堤防）或岩石，用防水耐用油漆刷上特征水位线和标识。

配备简易雨量报警器、水位监测设施的村，应同时配备锣号、手摇报警器、高频口哨、无线预警广播等发布预警信息的设施设备。

放置于野外的监测预警设施设备应有防盗、防破坏的标识，如"防汛设施，严禁偷盗""防汛设施，严禁破坏"等，要求警示文字清晰、简洁。

在简易雨量报警器、无线预警广播等设施设备的显著位置张贴操作使用说明卡。操作使用说明卡应说明设备操作流程和方法、各提示信号代表的意义、日常维护方法等。

②预报有暴雨天气时，县、乡（镇）、村应提前组织做好山洪灾害防御的各项准备工作。

当监测雨量或水位值达到预警指标时，预警人员要按照设定的预警信号迅速向预警区域发布预警信息，并组织群众做好转移准备或立即转移。人员转移避险后要避免出现威胁未解除前擅自返回的情况发生。

③汛期山洪灾害防治区内的旅游景区和施工工地要采取设立警示牌、发放宣传材料、小区广播等方式，提醒游客和施工人员注意防范山洪，了解转移路线、避险地点，尤其要避免贸然涉水等情况发生。

（4）宣传、培训、演练

①宣传

在山洪灾害防治区应布设宣传栏、宣传挂图、宣传牌、宣传标语等。宣传栏、宣传挂图布设于乡（镇）政府、村委会等公共活动场所；宣传牌、宣传标语布设于交通要道两侧等醒目处。宣传栏应公布当地山洪灾害防御的组织机构、山洪灾害防御示意图、转移路线、临时避险点等内容；宣传牌、宣传标语应用精炼、醒目的文字宣传山洪灾害防御工作；宣传挂图应以图文并茂的方式宣传山洪灾害防御知识，提升群众防灾减灾意识。宣传栏、宣传挂图、宣传牌、宣传标语版面应整齐、统一、规范。各类宣传材料都应有醒目的水利、防汛标识。

在山洪灾害危险区醒目位置设立标牌标识，如警示牌、转移路线指示、特征水位标识等。警示牌应标明危险区名称、灾害类型、危险区范围、临时避险点、预警转移责任人及联系电话等内容。转移路线指示应标明转移方向、临时避险点名称、责任人及联系电话等。特征水位标识包括历史最高洪水位、某一特定场次洪水位、预警水位等，准备转移、立即转移水位应用不同颜色标注。各类标牌标识应醒目、直观、易见，并考虑满足夜间使用要求。

在山洪灾害危险区内，应以户为单位发放山洪灾害防御明白卡。明白卡应包括家庭成员信息及联系电话、转移责任人及联系电话、临时避险点、预警信号等。明白卡版面应当简洁、直观，材料应防雨、防晒、防腐蚀。

②培训

在有关培训会议和当地电视台播放山洪灾害防御宣传短片。短片应包含山洪灾害基本常识和危害性、监测预警、避险措施及注意事项等内容。

鼓励根据当地的实际情况，采用其他丰富多彩的宣传方式（如折扇、日历、歌曲、戏曲、语音广播、公益广告等）宣传山洪灾害防御知识。

切实加强对中小学生的宣传教育，积极争取将山洪灾害防御和避险自救纳入课外教材中，并通过多种形式加强宣传教育。

定期举办山丘区干部群众山洪灾害防御常识培训，培训主要内容包括山洪灾害基本常识和危害性、避险自救技能等。

定期举办基层山洪灾害防御责任人培训，培训主要内容包括山洪灾害防御预案、监测预警设施设备使用操作、监测预警流程、人员转移组织等。

③演练

县级每年要组织乡（镇）举办山洪灾害防御综合演练，内容包括监测、预警、人员转移、抢险救灾等。

村级山洪灾害演练以应急避险转移为主，包括简易监测预警设备使用、预警信号发送、人员转移等。

(5) 搬迁管理

作为山洪灾害防治重点、难点地区防治山洪灾害的补充手段，应适当考虑山丘区人员的搬迁管理。对处于山洪灾害易发区，生存条件恶劣、地势低洼且治理困难地区的居民，考虑农村城镇化的发展方向及满足全面建成小康社会的发展要求，结合易地扶贫、移民建镇，引导和帮助他们实施永久搬迁。此外，进一步规范山丘区人类社会活动，使之适应自然规律，主动规避灾害风险，避免不合理的人类社会活动导致山洪灾害。

(二) 工程措施

山洪灾害防治工作是以非工程措施为主，在调查评价的基础上，强化水雨情监测及预报预警，从而提高防治区山洪灾害的应对能力。但对于部分受山洪灾害威胁的区域，仅靠非工程措施难以取得较好的防灾减灾效果，需要通过一定的工程措施来进一步加强其山洪灾害防御能力。目前，山洪灾害防治工程措施主要是重点山洪沟防洪治理。

山洪沟防洪治理是对直接威胁城镇、集中居民点、重要基础设施安全，且难以实施搬迁避让的重点山洪沟，采取建设护岸、堤防等措施，必要时辅以河道护堤、陡坡、跌水等消能措施，提高山洪防御能力。

山洪沟防洪治理总体原则为山洪沟治理工程措施主要布设在县城村镇、人口密集居民点、重要基础设施等处，以治点为主，以护岸消能防冲为重点，根据山洪沟所在的地形地质条件、植被及沟壑发育情况，因地制宜，综合治理，形成以护岸及堤防工程、截洪沟及排洪渠工程、沟道清淤疏浚工程、分洪道及排洪渠工程为主，必要时设立谷坊、格栅坝、陡坡跌水、滞洪带等为辅的综合防治体系。

(三) 亟待解决问题

结合山洪灾害防治工作实际以及当前山洪灾害防治工作面临的新挑战，及时总结山洪灾害防治体系运行情况，根据运行状态或新的需求及时发现并解决存在的问题；对山洪灾害防治体系重点方面进行优化升级，进一步提高山洪灾害综合防御体系防灾减灾效益的发挥。

一方面是继续持续开展危险区动态管理清单，开展预警指标动态分析，开展小流域风险隐患调查及影响分析等已经启动的工作任务；另一方面需针对本章第一节提出的山洪灾害防治工作存在的问题，有针对性地补充、完善。

二、中小河流山洪灾害防治关键技术

（一）既有关键技术

我国尤其是近十多年山洪灾害防治工作的开展，在积极发挥防灾减灾效益的同时，也取得了一系列技术成果。比如，建立了山洪灾害防治技术标准体系，出台了监测预警系统、群测群防体系、山洪沟防洪治理、调查评价相关工作的多项技术要求与工作指南，制定了《山洪灾害监测预警系统设计导则》(SL 675—2014)、《山洪灾害防御预案编制导则》(SL 666—2014)、《山洪灾害调查与评价技术规范》(SL 767—2018)等多项行业标准。

山洪灾害防治工作的诸多技术问题可以从上述成果中得到解决，总体来说，已在山洪灾害防治工作实践中陆续开展探索并得到应用的关键技术，涉及技术指标、防治区划、防治措施等3个方面，如包括全国山洪灾害临界雨量分析计算研究，全国山洪灾害防治规划降雨区划、地形地质区划、经济社会区划、综合区划研究，全国山洪灾害防治区水文气象站网布设研究、全国山洪灾害监测预警系统设计方案研究、山洪灾害防御预案编制研究、山洪灾害防治效益分析计算方法研究等。

（二）关键技术发展的新挑战与机遇

随着对山洪灾害防治工作的要求不断提高，关键技术在监测感知、预报预警、模拟分析以及演练等方面面临着新的挑战和机遇。

在监测感知系统方面，结合先进的卫星遥感、雷达测雨等技术，可以有效补充传统的雨量监测手段，实现从天空到地面的全方位雨量监测。这种监测方式不仅提高了雨量数据的全面性和精确度，还有助于延长预报预警的预见期，为后续应对措施提供了宝贵的时间窗口。

预报预警系统的优化则需要将极端天气、人类活动等影响因素纳入考量，不断构建和完善降雨、洪水预报模型。此外，针对具体的山洪灾害事件，对预警指标及其阈值进行精细调整，能够显著提升预报预警的准确性与及时性。

在模拟分析方面，利用丰富的地理信息数据和强大的计算机大数据处理能力，结合降雨过程模拟、洪水演变过程模拟以及受灾区域/淹没范围的变化过程模拟等，可以更好地理解和预测山洪灾害的发展趋势。

在演练方面，目前的监测数据展示、预报业务系统、预警发布、避险转移及灾情处置等环节往往各自独立开展，未能形成系统有效的解决方案。为了更有效地与预防、预测、预警、预演"四预"工作相结合，亟须发展一体化解决方案，以提高应对山洪灾害的整体效能。

(三) 新形势下的关键技术

1. 山洪灾害调查评价

山洪灾害调查评价主要从山丘区人员分布、社会经济、水文气象、地形地貌及山洪灾害范围、威胁程度、防御现状等方面进行山洪灾害调查；围绕现状防洪能力、临界雨量和预警指标危险区划定等核心内容进行分析评价。通过普查、详查、现场测量、分析计算、综合评价，掌握我国山洪灾害的区域分布、影响程度、风险区划以及不同区域的预警指标等。

山洪灾害调查评价的关键技术包括两方面。一方面，根据高精度数字线划地图（DLG）、数字高程模型（DEM）等国家基础地理信息数据，2.5 m 分辨率的近期卫星遥感影像数据、土地利用和植被类型数据、土壤类型和土壤质地类型数据、1∶20 万水文地质数据和乡（镇）界线数据等数据，对防治区小流域单元进行范围划分、属性提取，分析其产汇流特征。另一方面，采用大数据和人工智能技术，对调查评价成果数据进行融合汇集、综合分析、挖掘凝练，总结分析山洪灾害区域规律性和特点，进一步分析山洪灾害时空特征和规律、山洪灾害趋势变化及规律性等，开展基于调查评价成果数据的山洪灾害风险识别与评估、缺资料小流域暴雨洪水分析和山洪灾害预报预警模型研发等，为山洪灾害综合防御和风险管理、制定区域经济发展布局规划、支撑不同行业或部门重点基础设施规划设计和运行管理提供重要技术成果和数据支撑。

2. 监测预警系统

目前，山洪灾害防治监测系统已初步构建，基本实现防治区的全覆盖，平均站点密度达 29.2 km^2/站，重点防治区自动雨量站达到 25～50 km^2/站、自动水位站达到 100 km^2/站，一般防治区自动雨量站达到 50～100 km^2/站、自动水位站达到 200 km^2/站。监测站点密度已达到全球较高水平。

然而，我国监测系统以地面监测站点为主，其技术水平与国际仍有一定差距。例如，部分发达国家和地区已实现了卫星雷达、X 波段测雨雷达和地面站网综合监测，尤其在面雨量监测频次、精度和时效性等方面保持领先。为了缩小这一差距，我国山洪灾害监测系统发展的关键技术方向包括推动山洪要素监测预警设备向非接触式、智能化、小型化、网络化方向升级；加强卫星和测雨雷达、短时临近天气预报技术在山洪灾害防御中应用，以实现局部短历时强降雨的有效探测和降雨场次的快速监测。

对于山洪灾害预警工作而言，其关键技术包括两方面。一方面是构建山洪灾害预警模型，由于山洪的形成机制复杂，构建适用于缺乏资料的小流域山洪预警系统是关键技术之一。不仅需要考虑山洪的复杂形成机制，还需要根据不同受山洪灾害威胁地区的具体特点进行优化。另一方面是确定山洪灾害预警指标及其阈值，目前我国山洪灾害预警指标主要以静态降雨量为主，指标体系相对简单，存在进一步优化的空间。

此外，更多稳定可靠的预警信息发布技术同样是未来山洪灾害预警工作发展的关键技术之一。特别是在网络信号不畅的情况下，如何丰富面向社会的山洪灾害预警产品，以及如何提高预警产品的可靠性，是特别需要关注的重点领域。

3. 群测群防体系

群测群防体系是山洪灾害防治非工程措施的重要组成部分，已形成以责任制体系、防御预案、现地监测预警、宣传培训演练等为核心的体系构建。结合运行效果，未来发展的关键技术方向包括以下3方面。

一是需要持续开展群测群防体系。省市县各级政府要积极统筹财政资金，确保群测群防体系能够持续开展实现其防灾减灾效益。同时，乡村等基层要做好群测群防体系的落实工作，确保体系的有效运作。

二是要进一步扩大体系覆盖范围。在原有沿河村落、重点城集镇的基础上，进一步扩大群测群防体系的覆盖范围，将旅游景区、交通道路沿线、施工场所等人员聚集地纳入体系之中，确保这些区域同样能得到有效的山洪灾害预警和防护。

三是重点加强演练工作。重点提高演练的针对性，针对山洪灾害的不同特点与表现形式，组织相应的演练，确保居民在面对山洪灾害时能够保持冷静、熟练应对。此外，应扩大演练的范围，从目前的示范性演练逐渐扩展至所有沿河村落、重点城镇集镇以及景区等，确保每一位居民都参与并熟悉本地的防山洪措施，做到在紧急情况下能保持冷静，自救互救。

4. 工程措施

山洪沟防洪治理作为山洪灾害防治的工程措施，目前仅在重点山洪沟得到实施。山洪沟防洪治理的关键技术包括以下两方面。

一是评估与规划。结合已开展的防洪治理的成效，对各个工程措施的效果进行全面评估，包括单个工程、多个工程效益的评估，以及工程措施与非工程措施相结合的效果评估。在此基础上，提出后续山洪灾害防治工程措施的规划、建议，确保工程措施的有效性和可持续性。

二是研究与应用。进一步研究更多工程措施在山洪灾害防治中的应用效果，目前主要工程措施包括建设堤防、护岸，清淤疏浚等。此外，可以探索撇洪渠、排洪渠、截洪沟等其他工程措施的应用，以丰富防山洪可采用的工程措施，提高山洪灾害的整体防御能力。

第四节　中小河流山洪灾害防治发展方向及市场策划

一、中小河流山洪灾害防治发展方向

中小河流的山洪灾害防治工作是一个长期而复杂的过程，需要持之以恒地开展。结合当前的政策导向和存在的问题与不足，未来中小河流山洪灾害防治工作的发展方向主要有以下几方面。

(1) 持续完善已初步建立的山洪灾害综合防治体系

我国山洪灾害综合防治体系虽然已经初步建立，但还需要根据《全国山洪灾害防治规划》和防治现状，持续稳步推进山洪灾害综合防治体系的进一步优化与完善。这包括：山洪灾害调查评价的补充及更新，监测系统的布局优化及技术手段升级，预警系统的运维与提质升级，群测群防体系的持续开展，重点山洪沟防洪治理的更多覆盖及手段的丰富等。

(2) 基础信息、预警指标的动态更新

进一步优化山洪灾害防治区、重点防治区、危险区、沿河村落、重点城集镇等基础数据的更新机制及落实保障，确保山洪灾害防治工作所立足的基础信息是实时有效的。同时，根据水雨情及山洪灾害致灾因素的变化，全面梳理目前静态的山洪灾害预警指标，进行检验复核，并实现预警指标的合理优化及动态更新。

(3) 实现山洪灾害防治工作的"四预"

水利业务的"四预"工作为水利工作的开展提供了直观与高质量的指导作用，山洪灾害防治工作属于水利业务的组成部分，其工作流程同样可通过"四预"来进行分解和指导。这包括：统筹监测系统、预报模块实现水雨情、灾情的预报；在预报的基础上，更好地发挥预警作用；通过预演为山洪灾害防治工作的决策提供更科学合理、直观有效的支持；实现预案编制的合理有效并能落实执行等。

结合"四预"要求，对中小河流的山洪灾害防治工作进行拆分细化，统筹各环节现有成果及后续工作开展，实现其防治工作的"四预"。

通过分析这些发展方向，可以确保山洪灾害防治工作的持续开展和优化升级，提高社会整体的防灾减灾能力，最大限度减少人员伤亡和财产损失。

二、我国中小河流山洪灾害防治市场策划

（一）明确项目目标和定位

根据当地山洪灾害的特点和防治需求，确定项目的总体目标和具体任务。例如，提高监测预警能力、减少人员伤亡和财产损失等。

明确项目的定位是侧重于工程治理还是非工程措施建设，或者是两者相结合。

（二）整合资源，突出亮点

整合水利、气象、国土等多部门资源，共同推进山洪灾害防治项目。将山洪灾害防治项目与其他相关项目进行整合，如中小河流治理、生态修复等，提高项目的综合效益。

突出项目的亮点和特色，如采用先进的监测技术、创新的预警方法、生态治理理念等，提高项目的吸引力和竞争力。

（三）编制详细的项目方案

制定详细的项目实施方案，包括项目建设内容、技术路线、进度安排、资金预算等。

进行项目可行性研究，分析项目的技术可行性、经济合理性和社会效益，为项目申报和实施提供依据。

（四）加强项目宣传和推广

制作项目宣传资料，介绍项目的背景、目标、建设内容和预期效益等，提高项目的知名度和影响力。

积极参加各类项目推介会、招商会等，向社会各界宣传推广项目，吸引投资和合作伙伴。

（五）争取政策支持和资金投入

了解国家和地方政府的相关政策，积极争取政策支持和资金投入。可以通过申报国家和地方的专项资金、争取银行贷款、引入社会资本等方式筹集项目资金。

加强与上级部门的沟通和协调，及时汇报项目进展情况和存在的问题，争取上级部门的支持和帮助。

参考文献

[1] 魏永强,盛东,董林垚,等. 山洪灾害防治研究现状及发展趋势[J]. 中国防汛抗旱,2022,32(7):30-35.

[2] 张志彤. 我国山洪灾害特点及其防治思路[J]. 中国水利,2007(14):14-15.

[3] 刘樯漪,程维明,孙东亚,等. 中国历史山洪灾害分布特征研究[J]. 地球信息科学学报,2017,19(12):1557-1566.

[4] 邱瑞田. 全国山洪灾害防御试点建设成效显著[J]. 中国水利,2007(14):56-58+76.

[5] 尚全民,吴泽斌,何秉顺. 我国山洪灾害防治建设成就[J]. 中国防汛抗旱,2020,30(Z1):1-4.

[6] 张志彤. 山洪灾害防治措施与成效[J]. 水利水电技术,2016,47(1):1-5+11.

[7] 何秉顺,黄先龙,郭良. 我国山洪灾害防治路线与核心建设内容[J]. 中国防汛抗旱,2012,22(5):19-22.

[8] 吴泽斌,徐萌萌,楚中柱. 中国山洪灾害防治政策的演进、特征与展望[J]. 资源科学,2023,45(4):776-785.

[9] 孙东亚,刘昌军,何秉顺,等. 山洪灾害防治理论技术研究进展[J]. 中国防汛抗旱,2022,32(1):24-33.

[10] 丁留谦,郭良,刘昌军,等. 我国山洪灾害防治技术进展与展望[J]. 中国防汛抗旱,2020,30(Z1):11-17.

[11] 中华人民共和国水利部. 全国山洪灾害防治项目实施方案(2017—2020年)[R]. 北京:中华人民共和国水利部,2017.

[12] 中华人民共和国水利部. 全国山洪灾害防治项目实施方案(2021—2023年)[R]. 北京:中华人民共和国水利部,2020.

第四章　基于雨污水的非常规水资源开发利用关键技术研究与应用

第一节　雨污水作为非常规水资源开发利用背景

一、我国水资源量及用水需求情况

（一）水资源量

2023 年，全国平均年降水量为 642.8 mm，与多年平均值基本持平，比 2022 年增加 1.8%。从水资源分区看，与多年平均值相比较，从水资源一级分区看，海河区、松花江区、淮河区、北方 6 区的降雨量偏多，辽河区接近，东南诸河区、西南诸河区、珠江区、西北诸河区、南方 4 区、长江区降雨量偏少；从行政分区看，与多年平均值比较，16 个省（直辖市）降水量偏多，其中河南、北京、吉林 3 个省（直辖市）分别偏多 34.7%、27.8% 和 20.1%；西藏、江西接近多年平均值；13 个省（自治区）降水量偏少，其中云南偏少 16.8%。

2023 年，全国水资源总量为 25 782.5 亿 m^3，比多年平均值偏少 6.6%，比 2022 年减少 4.8%。其中，地表水资源量为 24 633.5 亿 m^3，折合年径流深为 260.4 mm，比多年平均值偏少 7.2%，比 2022 年减少 5.2%；地下水资源量为 7 807.1 亿 m^3，比多年平均值偏少 2.6%，比 2022 年减少 1.5%，其中，平原区地下水资源量为 1 844.3 亿 m^3，山丘区地下水资源量为 6 197.8 亿 m^3，平原区与山丘区之间的重复计算量为 235.0 亿 m^3。地下水与地表水资源不重复量为 1 149.0 亿 m^3。

（二）供水量

2023 年，全国供水总量为 5 906.5 亿 m^3，占当年水资源总量的 22.9%。其中，地表水源供水量为 4 874.7 亿 m^3，占供水总量的 82.5%；地下水源供水量为 819.5 亿 m^3，占供水总量的 13.9%；非常规水源供水量为 212.3 亿 m^3，占供水总量的 3.6%。与 2022 年相比，供水总量减少 91.7 亿 m^3，其中，地表水源供水量减少

119.5 亿 m³，地下水源供水量减少 8.7 亿 m³，非常规水源供水量增加 36.5 亿 m³。

在地表水源供水量中，蓄水工程供水量占 31.0%，引水工程供水量占 31.8%，提水工程供水量占 32.8%，水资源一级区间调水量占 4.4%。在地下水源供水量中，浅层地下水占 97.7%，深层地下水占 2.3%。在非常规水源供水量中，再生水、集蓄雨水利用量分别占 83.7%、5.1%。

（三）用水需求

2023 年，全国用水总量为 5 906.5 亿 m³。其中，生活用水量（包括居民用水）占用水总量的 15.4%，工业用水量占 16.4%，农业用水量占 62.2%，人工生态环境补水量占 6.0%。与 2022 年相比，用水总量减少 91.7 亿 m³。生活用水量增加 4.1 亿 m³，工业用水量增加 1.8 亿 m³，农业用水量减少 108.9 亿 m³，人工生态环境补水量增加 11.3 亿 m³。

2023 年全国人均综合用水量为 419 m³，万元国内生产总值（当年价）用水量为 46.9 m³。耕地实际灌溉亩均用水量为 347 m³，农田灌溉水有效利用系数为 0.576，万元工业增加值（当年价）用水量为 24.3 m³，人均生活用水量为 177 L/d，人均居民生活用水量为 125 L/d。

（四）供需变化趋势

自 1997 年以来，全国供水总量呈现稳步增长的趋势，但在 2013 年之后，这一增长趋势变得相对平稳。在 2013—2023 年这十年间，地表水源供水量在全国供水总量中的占比略有波动，维持在 80.7%～83.3% 之间，这一现象与气候变化和用水结构的调整密切相关，同时也凸显了我国供水系统对地表水源的依赖性。与此同时，地下水源供水量占比从 2013 年的 18.2% 逐步下降至 2023 年的 13.9%，显示出从增长转为减少的趋势。非常规水源供水量占比则从 2013 年的 0.8% 增长至 2023 年的 3.6%，虽然每年增长幅度不大，但这一持续增长的趋势表明我国在非常规水源的开发和利用方面取得了积极进展。

自 2013 年以来，全国用水总量基本保持稳定，但用水结构发生了显著变化。生活用水在全国用水总量中的占比从 12.1% 持续增长到 15.4%，反映了人口增加和生活水平的提高导致了对水资源需求的上升。与此同时，工业用水在全国用水总量中的占比从 22.8% 降低到 16.4%，这可能归因于产业结构的优化升级和节水技术的广泛应用。农业用水在全国用水总量中的占比在 61%～64% 之间波动，长期数据显示出一定的稳定性。

1997 年以来全国用水效率明显提高，这从万元国内生产总值用水量和万元工业增加值用水量的显著下降趋势中可见一斑；耕地实际灌溉亩均用水量受降水量影响，年际间有波动变化，长期来看，总体呈缓慢下降趋势。人均综合用水量基本维持在 400~450 m³ 之间。

二、雨污水等非常规水资源的开发利用现状

（一）政策标准体系

国家层面高度重视非常规水源的开发利用工作，并已制定一系列政策标准来推动其发展。《中华人民共和国水法》明确规定，在水资源短缺地区鼓励使用非常规水源。《国家节水行动方案》提出加强再生水、海水等非常规水多元、梯级和安全利用，强制推动非常规水纳入水资源统一配置。《"十四五"节水型社会建设规划》要求加强非常规水源配置，目标是到 2025 年，全国非常规水源利用量超过 170 亿 m³。

2023 年 6 月，水利部、国家发展改革委联合印发《关于加强非常规水源配置利用的指导意见》，明确了我国污水资源化利用的发展目标、重要任务和重点工程，标志着污水资源化利用上升为国家行动计划。该意见进一步明确了将非常规水源纳入水资源统一配置的原则，并提出了强化配置管理、促进配置利用、加强能力建设、健全体制机制等措施，以扩大非常规水源利用领域和规模，为缓解水资源供需矛盾、提升水安全保障能力提供支撑。

各地方政府也积极响应国家战略及政策，纷纷出台相关的地方标准和规程。北京市、广东省、湖北省等省市不断推出相关技术标准体系，使非常规水源的利用更加合理、可行；甘肃省、广州市、中山市等省市已经制定了地方性政策，确定雨污水等非常规水资源的发展目标，加快发展进程。

总体来看，我国非常规水资源政策标准体系建设正逐步完善，但仍需持续推进相关法规的制定和修订，加强跨部门协作，提升公众意识，以实现非常规水资源的高效利用。

（二）雨污水等非常规水源的综合利用情况

2023 年，我国在非常规水源的综合利用方面取得了显著进展，多个地区在再生水等非常规水源的利用上实现了突破。例如，陕西省非常规水源利用量达到 7.11 亿 m³，其中再生水利用量高达 5.32 亿 m³，西安市以工业利用、景观环境、绿地浇灌、城市杂用、农田灌溉 5 大领域为重点，再生水利用率达 34.3%，在水利部组织的典型地区再生水利用配置试点中期评估中，西安市位列全国优秀试点城市第一名；北京市再生水利用量达到 12.77 亿 m³，再生水使用量占总用水量比重已经超过 30%，成为稳定可靠的"第二水源"；广东省的再生水利用量高达 39.2 亿 m³，城市再生水利用率达到 42.97%，广州市黄埔区、深圳市、东莞市被评为国家再生水利用配置试

点；山东省非常规水利用量达到 18.57 亿 m^3，其中 80% 为再生水，全省城市污水处理厂再生水利用率达到 50%；浙江省全省用水总量为 169.6 亿 m^3，其中非常规水源利用量 5.8 亿 m^3；山西省非常规水供水总量 6.2 亿 m^3，约为全省供水总量的 9%；内蒙古自治区本级许可水量 6 577.91 万 m^3（不含河道内取水），其中配置再生水 870.67 万 m^3、疏干水 1 926.98 万 m^3，非常规水源配置占总配置水量的 42.53%；新疆生产建设兵团市政再生水利用总量达到 1 900 万 m^3。

根据 2013—2023 年发布的《中国水资源公报》，2013—2023 年期间，我国非常规水源年利用量从 49.5 亿 m^3 增加到 212.3 亿 m^3，非常规水源利用量占供水总量比重由 0.8% 增加到 3.6%。总体上非常规水源利用水平仍然不高，以利用量占比最大的再生水为例，2022 年我国城镇污水排放量约 754 亿 m^3，再生水利用量为 151 亿 m^3，尽管我国在非常规水源的开发利用方面已经取得了一定的进展，但再生水的利用水平仍然有待提高，再生水后续开发利用潜力巨大。

（三）智慧化水平

智慧海绵城市是一种创新的水管理理念，它将新一代信息技术与海绵城市的概念相结合，旨在通过智能化手段有效降低城市内涝风险、缓解水体污染，并提升城市水环境的整体质量。随着物联网、大数据、云计算等技术的快速发展和广泛应用，海绵城市与智慧城市的融合日益紧密，形成了以智慧海绵城市为导向的新型城市建设模式。在智慧海绵城市的建设中，物联网体系架构扮演着核心角色，通常基于底层的感知设备、地理信息系统（GIS）以及浏览器/服务器（B/S）架构相融合的技术思路。主要技术架构自下而上划分为信息感知层、智能决策层、业务应用层。智慧海绵城市的建设不仅能够提高城市对极端天气的适应能力，还能促进城市可持续发展，提升城市居民的生活质量。

智慧水务平台通过整合设备、仪表和数据，消除信息孤岛，提升运营效率和安全性。它支持运营人员分析数据、控制成本、优化管理，并助力工艺优化人员从经验判断转向结合理论与经验的运行模式。该平台为再生水厂量身定制，以数据为核心，构建从采集到应用的多层结构，确保软硬件及业务与技术的紧密结合，满足不同水厂的智慧化需求。其中，再生水"数智治理平台"通过全流程管理，提高关键数据的采集和处理效率，利用智能传感和数字孪生技术监控水厂运行，智能控制工艺和设备，优化供水调度，减少能源消耗，实现效益最大化，形成低碳、长效、动态的运营管理体系。这一平台整合了再生水的全链条利用，以数字化手段提升水资源集约利用，提高城市节水水平，并将再生水应用于多个领域，有效节约优质水资源。

三、非常规水资源开发利用面临的形势及挑战

党的二十大报告强调，要推动绿色发展，促进人与自然和谐共生，实现降碳、减污、扩绿、增长的协同推进。这一理念为新时期水生态环境保护工作指明了方向，也对非常规水资源的开发利用提出了新的更高要求。在推动我国经济社会高质量发展的进程中，非常规水资源的开发利用正面临着前所未有的挑战。

（1）政策及标准体系不健全

目前，非常规水资源利用缺乏完善的标准规范体系，需要制定和完善相关的规划指南、运行维护规范导则，以及加快制定、修订相关水质标准等，通过政策引导和激励措施，鼓励和支持非常规水源的利用，如推动落实减免水资源税（费）、企业所得税等税费优惠政策，降低非常规水源生产和使用成本。

（2）区域水资源差异显著

我国水资源的分布呈现出明显的地域差异，这种不均衡性对水资源的合理配置和管理提出了严峻的挑战。西北内陆地区由于气候干旱、降水稀少，水资源严重匮乏，导致该区域的水资源约束极为紧张；黄淮海、松辽流域用水竞争激烈，水资源的过度开发和不合理利用，常常导致水资源供需矛盾加剧，甚至引发跨区域的水事纠纷；而南方地区虽然总体上水资源较为丰富，但由于缺乏有效的水资源综合调控机制，水资源的利用效率不高，导致水资源的浪费现象严重。因此，在水资源管理上必须采取差异化的策略。

（3）配置水平有待提高

我国非常规水源的配置和利用尚未形成规模化和系统化，一些地区尚未充分利用再生水的潜力，导致水资源的浪费。政策和公众认识不足，这限制了其在水资源配置中的作用，与建设节水型社会和推动经济社会全面绿色转型的目标不符。要提高非常规水源的配置水平，如通过政策激励和市场驱动，完善相关激励与保障政策，加快推进水价和用水权改革，发挥市场在非常规水源配置中的决定性作用。

（4）利用量占比不足

非常规水源的利用受到技术、经济和政策等多方面因素的限制。从技术层面来看，非常规水资源的处理和利用需要较高的技术水平和成本，我国在这些领域的技术研究和应用上还存在一定的短板，需要进一步的技术创新和突破；非常规水资源的收集、储存、输送、处理等环节都需要相应的基础设施建设，这需要大量的资金投入，由于缺乏有效的经济激励政策，企业和投资者的积极性不高，导致非常规水资源的开发利用进展缓慢。

(5) 重点领域用水效率亟待提升

面对严峻的水资源短缺形势和突出的供需矛盾，我国在城镇、工业等重点领域的水资源集约节约利用水平仍然偏低，仍然有较大的提升空间。例如，城市化进程的加快导致城镇用水量不断攀升，供水管网漏损问题严重，需要通过升级改造供水设施、推广节水型器具、加强水资源的综合管理等措施来降低损耗，提高用水效率。而作为用水大户的工业领域，提升工业用水效率是缓解水资源供需矛盾的关键。

(6) 智能化水平有待提高

随着科技的发展，智能化管理是提高非常规水源利用效率的关键。目前，非常规水源的智能化管理水平尚需提升，包括水质监测、水量调度、设施运维等方面的智能化应用。需要通过加强计量统计能力，依托用水统计调查制度和用水计量监控体系建设，加强非常规水源计量监测，完善统计体系中非常规水源统计规则和数据质量。

(7) 体制机制不健全

非常规水资源开发利用涉及多个主管部门，如水利、住建、发改、工信、生态环境、自然资源、农业农村等，但目前缺乏有效的统筹协调机制，难以形成有效的管理合力。国家对雨污水等非常规水资源开发利用的目标方向、开发利用方式、建设运营体制、监管方式等全方位的顶层设计和统筹规划尚不足。另外，自来水价格普遍偏低，而再生水等非常规水资源的开发利用成本较高，价格机制尚未形成，市场在资源配置中的决定性作用未能充分显现。

第二节　雨污水作为非常规水资源的政策导向

一、政策文件

（一）国家政策

进入 21 世纪，城市化进程的加速和水资源短缺的现状促使非常规水源的保护和利用愈发受到更多关注。2021 年，国家发展改革委、科技部等 10 部门联合发布了《关于推进污水资源化利用的指导意见》，此文件是国家层面首次针对污水资源化出台的具有统领性的重要文件。2023 年 6 月，水利部与国家发展改革委联合印发的《关于加强非常规水源配置利用的指导意见》，为雨水资源的合理开发以及再生水的有效利用提供了有力的政策支持和明确的方向指引，在推动非常规水资源可持续利用方面发挥着重要的纲领性作用。同年 9 月，国家发展改革委等部门再度联合印发《关于进一步加强水资源节约集约利用的意见》，进一步强调了污水资源化利用与非常规水源的统一配置，并且将海绵城市建设理念纳入规划，以提升雨水集蓄利用能力。上述这些政策体现了国家对雨污水利用的系统性推进以及高度重视。已颁布的国家层面雨污水非常规水资源利用政策详见表 4-1。

表 4-1 国家层面雨污水非常规水资源利用政策及主要内容一览表

序号	文件名称	发布时间	主要内容
1	《关于推进污水资源化利用的指导意见》	2021 年 1 月	到 2025 年，全国污水收集效能显著提升，县城及城市污水处理能力基本满足当地经济社会发展需要，水环境敏感地区污水处理基本实现提标升级；全国地级及以上缺水城市再生水利用率达到 25% 以上，京津冀地区达到 35% 以上；工业用水重复利用、畜禽粪污和渔业养殖尾水资源化利用水平显著提升；污水资源化利用政策体系和市场机制基本建立。到 2035 年，形成系统、安全、环保、经济的污水资源化利用格局
2	《住房和城乡建设部办公厅关于进一步明确海绵城市建设工作有关要求的通知》	2022 年 4 月	针对海绵城市建设认识不到位、理解有偏差、实施不系统等问题，影响海绵城市建设成效的情况，提出深理解海绵城市建设理念、明确实施路径、科学编制海绵城市建设规划、因地制宜开展项目设计、严格项目建设和运行维护管理、建立健全长效机制等内容
3	《关于加强非常规水源配置利用的指导意见》	2023 年 6 月	到 2025 年，全国非常规水源利用量超过 170 亿 m³，地级及以上缺水城市再生水利用率达到 25% 以上；到 2035 年，建立起完善的非常规水源利用政策体系和市场机制，非常规水源经济、高效、系统、安全利用的局面基本形成
4	《关于进一步加强水资源节约集约利用的意见》	2023 年 9 月	到 2025 年，全国年用水总量控制在 6 400 亿 m³ 以内，万元国内生产总值用水量较 2020 年下降 16% 左右，农田灌溉水有效利用系数达到 0.58 以上，万元工业增加值用水量较 2020 年降低 16%。到 2030 年，节水制度体系、市场调节机制和技术支撑能力不断增强，用水效率和效益进一步提高
5	《住房城乡建设部办公厅关于印发海绵城市建设可复制政策机制清单的通知》	2024 年 5 月	通过对我国 90 个城市开展的海绵城市建设试点、示范工作，形成了一批可复制可推广的政策机制，总结了地方在工作组织、统筹规划、全流程管控、资金保障、公众参与等 5 个方面的探索实践，为今后的海绵城市建设提供良好的指导

（二）地方政策

在一系列关于非常规水资源利用的政策文件出台后，为切实落实国家政策及规划要求，各省市依据自身实际情况，相继提出相应的规划政策与实施方案，明确本地非常规水资源利用的目标以及重大工程。

部分省市已经颁布的非常规水资源利用政策见表 4-2。

表4-2　部分省市非常规水资源利用政策及主要内容一览表

序号	文件名称	发布时间	主要内容
1	天津市《关于推进海绵城市建设工作方案》	2016年3月	明确加快海绵城市建设，最大限度地减少城市开发建设对生态环境的影响，将75%以上的降雨就地消纳和利用。到2020年，建成区20%以上的面积达到目标要求；到2030年，建成区80%以上的面积达到目标要求
2	《福建省节水型社会建设"十四五"规划》	2022年6月	明确加强非常规水源配置。拓宽非常规水源利用途径和利用方式，根据不同水质合理确定非常规水源用途，结合区域（流域）水资源利用规划，推动将非常规水源纳入水资源统一配置，逐年提高非常规水源利用比例。到2025年，全省非常规水源利用量超过2.2亿 m^3
3	《苏州市城市非常规水资源利用规划（2035）》	2022年6月	明确到2025年，节水型生产和生活方式初步建立，节水产业初具规模，非常规水资源的利用效率和效益进一步提高；到2035年，形成健全的节水政策法规体系和标准体系，全面建成节水型社会，形成水资源利用与发展规模、产业结构和空间布局协调发展的现代化新格局
4	《广东省"十四五"用水总量和强度管控方案》	2022年6月	明确到2025年，全省用水总量控制在435亿 m^3 以内，其中地下水取用水量控制在13.03亿 m^3 以内，非常规水源利用量不低于8亿 m^3；万元地区生产总值用水量和万元工业增加值用水量较2020年降幅不低于20%和10%，农田灌溉水有效利用系数不低于0.535
5	《北京市"十四五"时期污水处理及资源化利用发展规划》	2022年6月	提出到2025年，全市污水处理能力达到800万 m^3/d，污水处理率达到98%，农村生活污水得到全面有效治理；到2035年，全市城乡污水基本实现全处理，全市再生水利用率达到70%以上，全面实现污泥无害化处置
6	青海省《关于进一步加强水资源管理工作的实施意见》	2023年2月	明确到2025年，全省用水总量控制在29.6亿 m^3 以内，万元GDP用水量和万元工业增加值用水量较2020年分别下降10%，农田灌溉水有效利用系数提高到0.51以上，非常规水源利用量达到1.2亿 m^3。到2030年，制约全省高质量发展的水资源、水生态、水环境等方面突出问题得到有效解决
7	《河北省非常规水源配置利用实施方案》	2023年8月	明确到2025年，全省非常规水源利用量达到15亿 m^3 以上，非常规水源配置能力持续增强；到2035年，非常规水源利用配置能力进一步提升，政策体系和市场机制基本完善，经济、高效、系统、安全利用的局面基本形成
8	《天津市再生水利用规划》	2023年12月	明确到2025年，天津市再生水利用率达到50%以上，有条件地区进一步扩大再生水利用规模，初步形成先进、适用的再生水配置利用模式；到2035年，天津市再生水利用率达到60%以上，经济、高效、系统、安全利用的局面基本形成，在全国起到先进示范作用上
9	《鄂尔多斯市区域再生水循环利用试点实施方案》	2024年1月	明确全市城镇污水处理厂再生水利用率达到75%，水环境突出问题得到有效解决，河湖水质明显提升，国、区、市控断面水质全部达标，国控断面优良比例提升至85.7%；水生态系统得到有效恢复与保护，遗鸥国家级自然保护区、东红海子湿地保护区范围内湿地面积不减少。人工湿地水质净化工程建设与保护标准全面提升，人工湿地恢复（建设）面积增加
10	《重庆市进一步加强水资源节约集约利用实施方案》	2024年2月	明确到2025年，重庆市年用水总量控制在79.9亿 m^3 以内，万元国内生产总值用水量、万元工业增加值用水量均较2020年下降15%左右，非常规水利用量达到1.5亿 m^3 以上，节水法规政策、组织管理、技术标准、激励约束、监督考核、宣传培训等"六大体系"构架基本建立。到2030年，重庆市用水效率和效益进一步提高，节水"六大体系"健全完善

续表

序号	文件名称	发布时间	主要内容
11	《2024年上海市节约用水和水资源管理工作要点》	2024年4月	明确强化非常规水配置管理和利用，着力扩大非常规水利用领域和规模。在完成"一区一点"污水资源化利用项目的基础上，各区进一步拓展污水资源化利用渠道，提升全市再生水利用量和利用率。开展2024年度上海市工业水重复利用及雨水综合利用案例评选

二、法律法规

我国在非常规水资源利用方面制定了一系列法律法规，旨在进行水资源的可持续利用与保护。然而，目前我国尚未对雨污水资源化利用进行专门立法。

（一）国家法律法规

《中华人民共和国水法》（2016年修正）构建了雨水和再生水利用的法律框架，积极鼓励在水资源短缺地区收集利用雨水和微咸水，以及对海水进行利用和淡化，同时强调提高污水再生利用率。《中华人民共和国循环经济促进法》对使用再生水予以支持，并在缺水地区大力推广节水型农业以及雨水集蓄利用。《城市节约用水管理规定》和《城镇排水与污水处理条例》要求实现工业用水的重复利用，鼓励优先使用再生水用于多种用途，同时明确了污水处理与再生利用的规划和设施建设责任。上述法律法规共同促进了雨水和再生水的高效利用，以此提升用水效率并保护水资源。

（二）地方法规及规章

各地目前尚未发布非常规水资源的专门法规。其中，涉及再生水利用的相关内容多包含于城市排水管理、水资源节约集约利用等法规中，涉及雨水利用的相关内容多包含于海绵城市建设、节水计划中。

已颁布的雨污水资源化利用的部分法律法规见表4-3。

表4-3 涉及雨污水资源化利用的部分法律法规文件一览

类别	名称	施行/修正时间
法律	《中华人民共和国水法》（2016年修正）	2016年9月1日
法律	《中华人民共和国循环经济促进法》（2018年修正）	2018年10月26日
行政法规	《城镇排水与污水处理条例》	2014年1月1日
行政法规	《城市节约用水管理规定》	1989年1月1日

续表

类别	名称	施行/修正时间
地方性法规	《天津市城镇排水和再生水利用管理条例》	2024年4月1日
	《西安市城市污水处理和再生水利用条例》	2012年12月1日
	《银川市城市供水节水条例》	2015年1月1日
	《呼和浩特市再生水利用管理条例》	2020年1月1日
	《宁波市城市排水和再生水利用条例》	2021年7月1日
	《北京市节水条例》	2023年3月1日
	《菏泽市黄河水资源节约集约利用促进条例》	2023年4月1日
	《聊城市黄河水资源节约集约利用办法》	2023年4月1日
地方规章	《青岛市城市再生水利用管理办法》	2004年2月1日
	《唐山市城市再生水利用管理暂行办法》	2006年11月1日
	《北京市排水和再生水管理办法》	2010年1月1日
	《合肥市再生水利用管理办法》	2018年10月1日
	《邯郸市城市再生水利用管理办法》	2020年2月1日
	《沈阳市再生水利用管理办法》	2020年3月1日
	《汉中市城市非常规水利用管理办法》	2020年10月10日
	《福州市非常规水资源开发利用规定》	2021年3月22日
	《阳江市非常规水资源管理办法》	2021年6月15日
	《南阳市中心城区非常规水源开发利用管理办法》	2022年4月22日
	《湛江市水务局关于湛江市非常规水资源管理办法（试行）》	2021年10月14日
	《宁夏回族自治区非常规水源开发利用管理办法（试行）》	2022年7月7日
	《漳州市城市供水节水管理办法》	2023年3月1日
	《陕西省水利厅关于加快我省非常规水源利用的通知》	2023年11月3日
	《甘肃省非常规水源开发利用管理办法》	2024年1月1日
	《包头市再生水管理条例》	2024年3月1日
	《宿州市非常规水资源开发利用管理办法（修订版）》	2024年5月15日

三、技术标准体系

（一）国家及行业层面

1. 雨水集蓄利用

我国有关雨水集蓄利用的国家标准规范主要聚焦城镇雨水调蓄技术和海绵城市建设。为了规范城镇雨水调蓄工程的设计、施工及运行管理；明确海绵城市建设的内涵，加强对海绵城市建设的认识、细化概念理解并落实系统实施，国家颁布了多项设计规范。已颁布的雨水集蓄利用相关标准及规范见表4-4。

表4-4 雨水集蓄利用相关标准及规范一览表

序号	标准及规范名称	实施时间	发布单位
1	《雨水集蓄利用工程技术规范》（GB/T 50596—2010）	2011年2月1日	中华人民共和国住房和城乡建设部、中华人民共和国国家质量监督检验检疫总局
2	《城镇雨水调蓄工程技术规范》（GB 51174—2017）	2017年7月1日	
3	《城镇内涝防治技术规范》（GB 51222—2017）	2017年7月1日	
4	《建筑与小区雨水控制及利用工程技术规范》（GB 50400—2016）	2017年7月1日	
5	《海绵城市建设评价标准》（GB/T 51345—2018）	2019年8月1日	中华人民共和国住房和城乡建设部、国家市场监督管理总局
6	《低影响开发雨水控制利用 基础术语》（GB/T 39599—2020）	2020年12月14日	国家市场监督管理总局、国家标准化管理委员会
7	《低影响开发雨水控制利用 设施分类》（GB/T 38906—2020）	2020年12月1日	
8	《低影响开发雨水控制利用 设施运行与维护规范》（GB/T 42111—2022）	2022年12月30日	

2. 污水资源化利用

在我国，涉及污水资源化利用的标准规范主要以国家推荐标准、行业标准为主。我国已发布多项标准和规范来规范再生水利用，其中包括《再生水水质标准》（SL 368—2006）、《城镇污水再生利用工程设计规范》（GB 50335—2016）、《城镇污水再生利用设施运行、维护及安全技术规程》（CJJ 252—2016）等。自2002年起，我国还发布了《城市污水再生利用》系列标准，该系列标准涉及再生水的分类以及各类用水的水质要求，为再生水在地下水回灌、工业用水、农田灌溉、绿地灌溉、景观环境和城市杂用等领域的安全回用提供了依据，同时也支持地方制定相应的水质标准。

已颁布的污水资源化利用相关标准及规范见表4-5。

表4-5 污水资源化利用相关标准及规范一览表

序号	标准及规范名称	实施时间	发布单位
1	《城市污水再生利用 分类》(GB/T 18919—2002)	2003年5月1日	中华人民共和国国家质量监督检验检疫总局
2	《城市污水再生利用 地下水回灌水质》(GB/T 19772—2005)	2005年11月1日	中华人民共和国国家质量监督检验检疫总局、中国国家标准化管理委员会
3	《城市污水再生利用 工业用水水质》(GB/T 19923—2024)	2024年10月1日	国家市场监督管理总局、国家标准化管理委员会
4	《再生水水质标准》(SL 368—2006)	2007年6月1日	中华人民共和国水利部
5	《城市污水再生利用 农田灌溉用水水质》(GB 20922—2007)	2007年10月1日	中华人民共和国国家质量监督检验检疫总局、中国国家标准化管理委员会
6	《城市污水再生利用 绿地灌溉水质》(GB/T 25499—2010)	2011年9月1日	
7	《化学工业污水处理与回用设计规范》(GB 50684—2011)	2012年5月1日	中华人民共和国住房和城乡建设部、中华人民共和国国家质量监督检验检疫总局
8	《城镇污水再生利用工程设计规范》(GB 50335—2016)	2017年4月1日	
9	《城镇污水再生利用设施运行、维护及安全技术规程》(CJJ 252—2016)	2017年5月1日	中华人民共和国住房和城乡建设部
11	《建筑中水设计标准》(GB 50336—2018)	2018年12月1日	中华人民共和国住房和城乡建设部、中华人民共和国国家质量监督检验检疫总局
12	《农村生活污水处理工程技术标准》(GB/T 51347—2019)	2019年12月1日	中华人民共和国住房和城乡建设部、国家市场监督管理总局
13	《城市污水再生利用 景观环境用水水质》(GB/T 18921—2019)	2020年5月1日	国家市场监督管理总局、中国国家标准化管理委员会
14	《城市污水再生利用 城市杂用水水质》(GB/T 18920—2020)	2021年2月1日	国家市场监督管理总局、国家标准化管理委员会
15	《农村生活污水处理设施建设技术指南（发布稿）》(T/CAEPI 50—2022)	2022年11月1日	中国环境保护产业协会
16	《水回用导则 再生水利用效益评价》(GB/T 42247—2022)	2023年4月1日	国家市场监督管理总局、国家标准化管理委员会
17	《水回用导则 再生水厂水质管理》(GB/T 41016—2021)	2022年7月1日	
18	《水回用导则 污水再生处理技术与工艺评价方法》(GB/T 41017—2021)		
19	《水回用导则 再生水分级》(GB/T 41018—2021)		

（二）地方层面

1. 雨水集蓄利用

北京、广东、湖北等地纷纷推出并完善与本地雨水集蓄利用发展基础相契合的地方标准或技术指引，因地制宜地指导当地雨水集蓄利用工作。

北京市发布了《城镇雨水系统规划设计暴雨径流计算标准》（DB11/T 969—2016）、《海绵城市建设设计标准》（DB11/T 1743—2020）等多项地方标准，有力地推进了雨水利用的进程，确保了雨水系统的安全与高效，同时也减少了城市内涝的发生。

广东省积极投身于雨水利用改造，颁布了《海绵城市建设项目施工、运行维护技术规程》（DB4403/T 25—2019）等标准，为雨水利用改造提供技术指导，提高了雨水收集和利用的效率。

湖北省出台了《湖北省海绵城市规划设计规程》（DB 42/T 1714—2021）等技术规范，对雨水利用工程进行规范化管理，确保海绵城市建设具有科学性和系统性。

这些标准共同发挥作用，推动了城市雨水资源的有效管理和充分利用。

2. 污水资源化利用

各地关于污水资源化利用的技术标准体系建设正在积极推进中，旨在推动污水资源化利用的高质量发展，实现水资源的可持续利用和水环境的有效保护。

北京市自 2020 年起陆续发布了《再生水利用指南》系列标准，对再生水在多个领域的应用进行了规范。2023 年 5 月，北京市又推出了《北京市污水处理和再生水利用服务效能考核管理暂行办法》，以提升污水处理和再生水利用的服务质量。

广东省发布了《农村生活污水处理排放标准》（DB 44/2208—2019）和《广东省农村生活污水资源化利用技术指南（试行）》，旨在指导农村生活污水的处理和资源化利用，提高水资源利用效率。

黑龙江省于 2023 年 7 月 21 日发布了《农村生活污水资源化利用技术规程》（DB23/T 3558—2023），旨在规范农村生活污水资源化利用的技术和操作。

这些技术标准、指南及规程的发布和实施，为地方雨污水资源化利用的技术标准体系建设提供了坚实的基础，同时也为雨污水资源化利用项目的规划、设计、运营、评价和管理等工作提供了专业的指导和规范。随着这些技术标准体系文件的推广和应用，雨污水资源化利用的技术水平和效率将得到进一步提升。

第三节 基于雨污水的非常规水资源开发利用的关键技术

一、雨水资源化开发利用关键技术

雨水作为非常规水资源开发有渗透、储存、调节、转输、截污净化多种手段与技术措施,这些措施是实现雨水的有效收集、处理与回用,进而缓解水资源短缺问题,提高水资源利用效率等方面的重要环节。本小节对雨水资源的开发利用关键技术做介绍。

雨水作为非常规水资源开发利用的主要技术路线如图 4-1 所示。

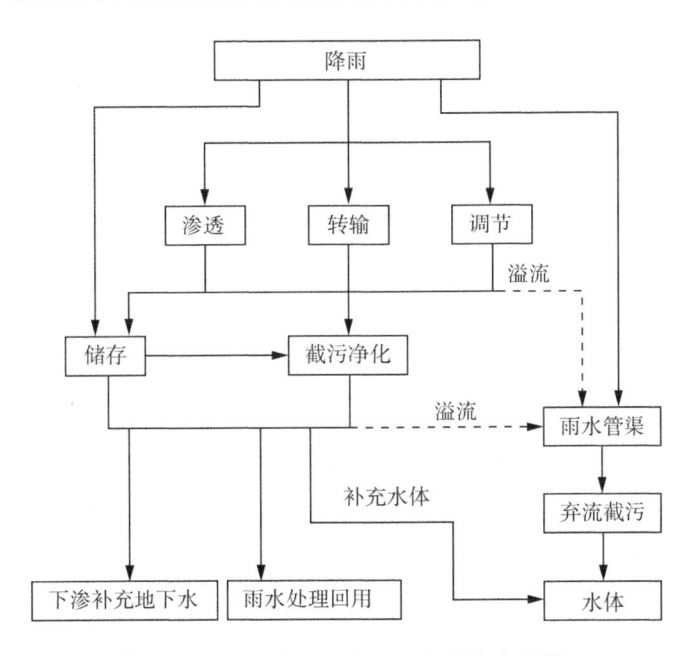

图 4-1 雨水资源开发利用主要技术路线

(一)渗透技术

雨水渗透技术主要是指利用土壤的自然渗透能力,将雨水回灌土地,补充地下水的技术。雨水渗透技术及渗透设施在补充地下水资源、缓解城市内涝、改善生态环境、减少水污染以及经济效益等方面均表现出显著的优势。目前主要的渗透技术包括透水铺装(透水路面)、渗透管(渠)、渗透井等。

1. 透水铺装

透水铺装是目前海绵城市建设的一种主要铺装形式，通过采用大孔隙结构层或排水渗透设施使雨水能够通过铺装结构就地入渗，进而减小地面径流量及峰值流量，实现雨水回补地下水的目的。相较于一般道路及场地而言，透水路面在施工造价方面有所增加，但能大大减轻城市雨天内涝的压力，减少路面积水，减轻城市排水系统的负担，同时提高了城市水资源利用率，具有良好的社会经济效益。透水铺装按照面层不同可分为透水砖铺装、透水水泥混凝土铺装和透水沥青混凝土铺装；嵌草砖，园林铺装中的鹅卵石、碎石铺装等也属于渗透铺装。

透水砖铺装和透水水泥混凝土铺装主要适用于广场、停车场、人行道以及车流量和荷载较小的道路，如建筑与小区道路、市政道路的非机动车道等；透水沥青混凝土路面可用于机动车道。

2. 渗透管（渠）

渗透管（渠）是指具有渗透功能的雨水管（渠），可采用穿孔塑料管、无砂混凝土管和砾（碎）石等材料组合而成。在城市建设中，渗透管一般结合人行道透水铺装使用。降雨时，雨水通过地面雨水系统集中在渗透管中，后经过穿孔渗透管流入碎石层，再进一步向碎石层以外的土壤层渗透扩散。

由于渗透管（渠）的孔隙较小、渗透能力有限，因此其更适用于建筑、小区及公共绿地内转输流量较小、土壤渗透性能较好的区域；不适用于地下水位较高、径流污染严重、易出现结构塌陷等区域。

3. 渗透井

渗透井是指通过井壁和井底进行雨水下渗的设施，为增大渗透效果，可在渗井周围设置水平渗排管，并在渗排管周围铺设砾（碎）石，形成辐射渗井。目前，渗透井广泛应用于海绵城市的建设中，并与雨水花园、植草沟等低影响开发设施相结合，形成完整的雨水管理系统，是雨水资源利用和地下水资源补充的重要设施。一般来说，为防止渗透系统堵塞，通常在雨水通过渗透井下渗前设置植草沟、植被缓冲带等对雨水进行预处理。

渗透井主要适用于建筑与小区内建筑、道路及停车场的周边绿地内等易于维护且渗透性能良好的区域。当渗透井应用于径流污染严重的区域或渗透井距离建筑物较近时，应采取必要的防止次生灾害发生的措施。

（二）转输技术

雨水转输技术是指在城市排水系统中，将降雨从起始端通过一系列措施和技术手段输送至处理点或排放点的技术。

1. 转输型植草沟

利用转输型植草沟宽阔的沟体可迅速有效地将雨水从城市表面（如屋顶、道路、停车场等）传输到下游的雨水处理系统或自然水体中。在雨水传输过程中，转输型植草沟内植被的枝叶可以拦截部分悬浮物，土壤则通过其物理和化学性质（如吸附、离子交换等）去除雨水中的部分污染物，如重金属、有机物和部分营养盐。此外，土壤中的微生物还能参与部分污染物的生物降解过程。与传统的硬质排水渠道相比，转输型植草沟能为城市提供额外的绿地空间，有利于保护生物多样性，还能美化城市环境。

转输型植草沟适用于建筑与小区内道路、广场、停车场等不透水地面的周边，但不适用于径流污染严重、地下水位较高、空间条件受限及维护管理困难的区域。

2. 卵石明沟

卵石明沟是一种结合了自然排水原理与人工构造的排水设施。它主要由沟体、卵石层组成。需要时可在卵石层下铺设过滤层，雨水经过卵石层中的空隙能够去除部分悬浮物，下部的过滤层可进一步提高过滤效果，定期清理卵石层和过滤层中的杂物即可保持其良好的排水和过滤性能。一般卵石明沟的沟体设置较宽，一方面可以迅速有效地收集并转输雨水，另一方面也减少了因水流过快而导致的冲刷和侵蚀问题。另外，卵石耐久性好，因此其维护成本较低。

卵石明沟主要应用在小区、公园、城市广场等人员扰动较少的区域，也可应用于河流、湖泊等水体的生态修复或融入城市景观设计中，一方面能增加城市景观与河湖景观的生态功能，另一方面也能实现雨水的有效转输。

（三）调节技术

应用雨水调节技术可在降雨期间储存一定量的雨水，削减下游洪峰流量，延长排放时间，减小洪峰过境对下游的影响。常用的雨水调节设施中，自然调节设施以雨水调节塘为代表，人工调节设施以雨水调节池为代表。近些年，国内一些发达城市（如武汉、广州、上海等）由于地上建筑密集、地下浅层空间无利用条件，采用了适合当地实情的深层隧道调蓄工程。

1. 雨水调节塘

调节塘也称干塘，通常由进水口、调节区、出口设施、护坡及堤岸等几部分构成，具有较大的表面积和深度，以便能够容纳大量的雨水，具有削减峰值流量、控制径流总量的主要功能。雨水调节塘也可通过合理设计使其具有渗透功能，起到一定的补充地下水和净化雨水的作用；还可作为城市绿地和生态景观的一部分，发挥其生态功能。

雨水调节塘的建设可结合自然水体布置设计，在一定程度上可节约建设成本，雨水调节塘还具有日常维护简单、生态效益良好等优点；但其占地面积较大，故适用于建筑与小区、城市绿地等具有一定空间条件的区域，不适用于占地受限、渗透性能过强及环境敏感的区域。

2. 雨水调节池

雨水调节池是雨水调节设施的一种，主要用于调节暴雨情况下雨水径流量，发挥滞洪作用、削减峰值流量，便于后续雨水的综合利用；也可用于控制径流污染，通过设置接收池或通过池，完成初期雨水的进一步净化处理或沉淀净化、利用或溢流。

雨水调节池虽然可以削减峰值流量或初步控制径流污染，但其功能单一、建设及维护费用较高，宜利用下沉式公园及广场等与湿塘、雨水湿地等设施合建，构建多功能调蓄水体。

3. 深层隧道调蓄

深层调蓄隧道是一种埋设在地面以下深层地下空间的大型排水隧道，一般与常规城市排水系统有机结合，当降雨超过常规排水设施排水能力的时候，雨水进入调蓄隧道可提高城镇排水系统的排水能力、削减洪峰流量并有效控制雨水的径流污染。与传统排水调蓄池相比，隧道调蓄具有以下特点：（1）可建造在地面以下大于 20 m 的地层中，避开了市政基础设施及建筑物基础，节约浅层地下空间。（2）蓄水容积大，部分隧道直径可达 10 m；调蓄容量大，可有效降低径流峰值，极大程度上降低城市内涝的风险。（3）深层调蓄隧道兼具调蓄与转输的功能，但其也具有工程量大、建设投资高、施工难度大、运行维护要求高等缺点。

深层调蓄隧道由于其较大的结构尺寸和较高的造价，一般适用于地上建筑密集、地下浅层空间已无利用条件且经济条件较好的地区；不适用于地下地质条件复杂、地下水位高、生态环境敏感、经济条件差的地区。

（四）储存技术

雨水储存的主要目的是为了解决水资源短缺问题、提高水资源的利用效率、减轻城市排水系统的压力。在干旱时期，储存的雨水可作为备用水资源补充地下水，缓解区域用水压力，改善生态环境；在汛期，雨水储存可减少水患风险，提高城市防洪排涝能力。目前，雨水储存常采用雨水罐、蓄水池（调节塘或调节池）、深层隧道等方式实现。

1. 雨水罐

雨水罐也称雨水桶，是一种简单而有效的雨水收集设施。其储存的雨水经过简单的处理后可以用于冲厕、洗车等日常用途，进一步节约水资源。雨水罐的储存主体可用塑料、玻璃钢或金属等材料制成，分为地上式与地下封闭式两种。地上式雨水罐可与景观设计结合，增加美观性，但应注意罐体的防风化问题。

雨水罐适用于单体建筑屋面雨水的收集利用，尤其是干旱地区与水资源匮乏地区，雨水罐的推广使用具有较高的实用价值。雨水罐多为成型产品，具有施工安装方便，便于维护等优点，但其储存容积小的问题大大制约了其发展与应用。

2. 蓄水池

蓄水池是指具有雨水储存功能的集蓄利用设施，同时也具有削减峰值流量的作用，主要包括钢筋混凝土蓄水池、砖（石）砌筑蓄水池及塑料蓄水模块拼装式蓄水池。蓄水池按是否露出地面也可分为地面蓄水池与地下蓄水池。地面蓄水池施工简单，成本较地下式大大降低，但占用地面空间较大；地下蓄水池建在地下，不占用地面空间、隐蔽性好，但造价相对较高。蓄水池具有储存水量大、雨水管渠易接入、避免阳光直射、防止蚊蝇滋生等优点。

蓄水池适用于有雨水回用需求的建筑与小区、城市绿地等，根据雨水绿化、道路喷洒及冲厕等不同的用途，配建相应的雨水净化设施。蓄水池不适用于无雨水回用需求和径流污染严重的地区。

（五）截污净化技术

雨水截污净化技术可从两个角度理解：一方面是雨水的截污技术，从源头上减少雨水中的污染物，提高雨水水质；另一方面是雨水的净化技术，通过物理、化学、生物方法进一步去除雨水中的污染物。实际应用中，雨水的截污技术与净化技术经常结合在一起使用，并广泛地应用于城市的生产和生活中。目前，常用于雨水资源化的主要截污净化技术设施有下沉式绿地、雨水湿地、湿塘等。

1. 下沉式绿地

下沉式绿地是利用下凹空间收集、滞留雨水，以调蓄洪峰并促进雨水下渗，从而减弱地表径流污染的低冲击开发技术措施。下沉式绿地的高程应低于周边路面，在暴雨天气中下沉式绿地可以暂时蓄积雨水，减缓洪峰流量，为城市排水系统提供缓冲。同时雨水经过下沉式绿地内的植被净化作用与土壤过滤吸收作用，有效减少了初雨效应对河湖水体的污染。

下沉式绿地可广泛应用于城市建筑与小区、道路、绿地和广场内。下沉式绿地作用的发挥受下沉深度、土壤渗透系数等影响，下沉深度需要根据计划蓄水量、土壤渗透性能并结合绿地内植物生长习性确定。下沉式绿地内需设置溢流口（如溢流雨水口），溢流口顶部标高高于绿地地面一定高度，一方面是保证暴雨时的溢流排放，另一方面还要保证绿地内有足够的蓄水量。

2. 雨水湿地

雨水湿地利用物理、水生植物及微生物等作用净化雨水，是一种高效的雨水净化设施。雨水湿地一般由进水口、前置塘、沼泽区、出水池、溢流出水口、护坡及驳岸、维护通道等构成。雨水湿地通常设计成防渗型以便维持雨水湿地植物所需要的水量，雨水湿地常与雨水湿塘合建。雨水湿地中的植物系统是主要的净化系统，根系发达的污染降解先锋植物能有效吸附雨水径流携带的悬浮物、重金属，同时吸收水体中氮、磷等营养物质，减少水体富营养化的风险，并通过湿地中的微生物分解作用，进一步降解有机物，提高水体的水质。

雨水湿地适用于具有一定空间条件的建筑与小区、城市道路、城市绿地、滨水带等区域。雨水湿地可有效削减污染物，并具有一定的径流总量和峰值流量控制效果，但建设及维护费用较高。

3. 湿塘

湿塘指的是具有雨水调蓄和净化功能的景观水体，雨水同时作为其主要的补水水源。湿塘一般由进水口、前置塘、主塘、溢流出水口、护坡及驳岸、维护通道等构成，并可结合绿地、开放空间等场地条件设计为多功能调蓄水体，即平时发挥景观及休闲、娱乐功能，暴雨发生时发挥调蓄功能，实现土地资源的多功能利用。

湿塘可有效削减较大区域的径流总量、径流污染和峰值流量，是城市内涝防治系统的重要组成部分；但对场地条件要求较严格，建设和维护费用高。因此，湿塘适用于建筑与小区、城市绿地、广场等具有空间条件的场地，不适用于降雨量少、渗透性能强、空间条件受限的地区。

（六）资源化利用组合技术

在实际工程中，雨水的渗透、转输、调节、储存、截污净化等技术措施发挥的作用往往不是单项的，而是多种功能并存。以雨水湿地为例，其主要利用物理、水生植物及微生物等作用净化雨水，但也可同时实现调节洪峰流量功能，兼顾雨水储存与调节功能。因此，实际应用中要结合具体情况，选择适合的雨水资源化开发技术措施。

雨水资源化利用技术主要功能如表 4-6 所示。

表 4-6 雨水资源化开发利用技术主要功能一览表

设施名称	主要功能					
	渗透	转输	调节	储存	截污净化
透水铺装	▲	△	△	△	▲
渗透管（渠）	▲	△	△	△	▲
渗透井	▲	△	△	△	▲
植草沟	▲	▲	△	△	▲

续表

设施名称	主要功能				
	渗透	转输	调节	储存	截污净化
卵石明沟	▲	▲	△	△	▲
雨水调节塘	△	△	▲	▲	▲
雨水调节池	△	▲	▲	▲	▲
深层隧道	—	▲	▲	▲	△
雨水罐	—	△	▲	▲	△
蓄水池	—	△	▲	▲	△
下沉式绿地	▲	△	▲	▲	▲
雨水湿地	▲	▲	▲	▲	▲
湿塘	△	△	▲	▲	▲

注：▲—发挥主要作用；▲—发挥一般作用；△—发挥较低作用。

实际应用中，雨水资源化开发利用技术常常组合使用，一般包括雨水收集、预处理、主处理、深度处理、消毒、回用等环节。应根据实际回用需要，选择合适的雨水处理组合工艺。常见的雨水处理组合工艺有以下几种。

（1）雨水用于景观水体时，宜采用如图 4-2 所示工艺。

雨水 → 初期径流弃流 → 景观水体或湿塘

注：景观水体或湿塘宜配置水生植物净化水质。

图 4-2　雨水用于景观水体处理流程

（2）屋面雨水用于绿地和道路浇洒时，可采用如图 4-3 所示工艺。

雨水 → 初期径流弃流 → 雨水蓄水池沉淀 → 管道过滤器 → 浇洒

图 4-3　屋面雨水用于绿地和道路浇洒处理流程

（3）屋面雨水和路面混合雨水用于绿地和道路浇洒时，宜采用如图 4-4 所示工艺。

雨水 → 初期径流弃流 → 沉沙 → 雨水蓄水池沉淀 → 过滤 → 消毒 → 浇洒

图 4-4　屋面雨水和路面混合雨水用于绿地和道路浇洒处理流程

（4）屋面雨水与路面混合雨水用于空调冷却塔补水、运动草坪浇洒、冲厕或相似用途时，宜采用如图 4-5 所示工艺。

雨水 → 初期径流弃流 → 沉沙 → 雨水蓄水池沉淀 → 絮凝过滤或气浮过滤 → 消毒 → 雨水清水池

图 4-5　屋面雨水与路面混合雨水用于空调冷却塔补水、运动草坪浇洒、冲厕或相似用途处理流程

二、污水资源化利用关键技术

根据《城市污水再生利用 分类》(GB/T 18919—2002)，城市生活污水或工业污水经过处理后达到可利用的水质标准，其再生利用的分类类别见表 4-7。

表 4-7　城市污水再生利用类别

序号	分类	范围
1	农、林、牧、渔业用水	农田灌溉、造林育苗、畜牧养殖、水产养殖
2	城市杂用水	城市绿化、冲厕、道路清扫、车辆冲洗、建筑施工、消防
3	工业用水	冷却、洗涤、锅炉、工艺、产品
4	环境用水	娱乐性景观环境、观赏性景观环境、湿地环境
5	补充水源水	补充地表水、补充地下水

根据污水中主要污染物的去除机理，污水资源化利用关键技术主要包括物理法、化学法及生物法，本小节对其主要处理技术进行介绍。

(一) 物理法

1. 吸附技术

吸附技术指的是利用多孔固体选择性地吸附去除一般生化处理和物化处理单元难以去除的微量污染物。吸附效果受吸附剂的吸附容量、污（废）水的 pH 值、水温、吸附剂与污（废）水的接触时间等因素的影响。吸附剂一般可分为黏土、硅藻土、无烟煤等天然吸附剂及活性炭、活性氧化铝、吸附树脂等人工吸附剂，其中应用较多的是活性炭吸附工艺。

吸附法多与其他污（废）水处理方法联合使用，广泛应用于印染等工业废水处理及城镇污水处理厂二级出水的深度处理。以活性炭吸附为例，其吸附杂质的范围很广，不仅可以除臭、脱色、去除微量的元素及放射性污染物质，对杀虫剂、多氯联苯、多核芳香烃、邻苯二甲酸酯类化合物、芳香族化合物、取代芳烃化合物也有较强的吸附作用，但其对低分子量的胺类、亚硝胺类、二醇类和醚类化合物等极性小分子有机物的吸附效果不好。

2. 过滤技术

过滤技术指的是采用具有孔隙的粒装滤料层截留水中杂质，从而使水获得澄清的工艺过程。相较于给水处理工艺，污水再生利用的水质较为复杂，悬浮物黏度大、易堵塞，因此选用的滤料粒径较大、耐腐蚀性较强、机械强度较好。

污水再生利用处理中，过滤技术主要用于经过混凝或生物处理后低浓度悬浮物的去除，如污水处理厂二级处理出水经混凝沉淀后进行过滤，进一步去除水中的杂质，来实现用水水质要求。

3. 膜分离技术

膜分离技术是一门多学科交叉的水处理技术，利用膜的选择透过性，在膜两侧压力差的作用下去除污水中的污染物。按膜孔径的大小可以将膜分离技术细分为微滤、超滤、纳滤和反渗透，其中，微滤膜主要去除水中的颗粒有机物；超滤膜能够有效去除颗粒物，并且能够去除大部分有机物以及细菌和病菌，超滤膜对二级出水中的COD、BOD的去除率均大于50%；纳滤和反渗透不仅可以有效去除颗粒物和有机物，而且能够去除溶解性盐类和病原菌。

膜分离技术因其出水水质优于其他常规物理处理技术且不产生二次污染，而广泛应用于生活污水再生处理、工业废水处理、海水淡化等水处理行业，制取高品质再生水回用于工业或特殊企业用户，已成为解决水资源匮乏地区或新鲜水资源用水受到限制等地区用水问题的有效途径之一。

4. 电渗析技术

电渗析技术是指在电极的作用下高浓度溶液中的溶质透过薄膜向低浓度溶液中迁移的过程。电渗析脱盐原理是通过交替排列的阳膜和阴膜将电渗析器分隔为多个单元，原水进入电渗析处理器后，在直流电场的作用下，溶液中的离子做定向迁移，阳离子膜只允许阳离子通过，阴离子膜只允许阴离子通过。因此，各分隔单元会交替形成淡水单元和浓水单元，实现离子的分离和浓缩，使水得到净化。

电渗析主要应用在以下几个方面：(1)处理碱法造纸废液，从浓液中回收碱，从淡液中回收木质素；(2)从含金属离子的废水中分离和浓缩金属离子，然后对浓缩液进一步处理或回收利用；(3)从放射性废水中分离放射性元素；(4)从酸洗废液中提取硫酸及沉积重金属离子；(5)处理含重金属离子的电镀废水和废液，从中回收重金属。

(二) 化学法

1. 混凝沉淀技术

混凝沉淀是污水深度处理中常用的一种技术，去除机理已经较为成熟，主要分为压缩双电层作用、吸附电中和作用、吸附架桥作用、网捕和卷扫作用。其优点突出，如适用范围广、处理效果好、投资费用低等；但缺点也较为明显，如药剂投加量大、处理时间长等。

混凝沉淀法广泛应用于污水处理厂二级处理之后的深度处理阶段，去除的主要对象是污水二级处理出水中的呈胶体和微小颗粒状态的有机、无机污染物。使用混凝剂可有效中和亲水胶体所带电荷并压缩和去除其外围水壳，进而使胶体颗粒脱稳凝聚，被沉淀去除。此外，混凝沉淀法也能够去除污水中的某些溶解性物质，如汞、砷等，还可有效去除导致缓流水体富营养化的氮、磷等。

2. 高级氧化技术

高级氧化技术又称为深度氧化技术，是在高温高压、电、声、光和催化剂等反应条件下，产生具有高活性的羟基自由基（·OH）等活性自由基，将有机物氧化降解成无毒或低毒小分子有机物，或完全矿化成 CO_2 和 H_2O 的一种水处理技术。根据产生自由基的方式和反应条件不同，常用的高级氧化技术包括臭氧氧化法、芬顿氧化法、光催化氧化法等。

与传统物理化学方法相比，高级氧化技术在降解各类有机污染物方面展现出更高的处理效率，并且具备无二次污染、节约能源和资源等显著优势。目前，高级氧化技术广泛应用于城市污水处理及工业废水的处理和回用中，在降低工业污（废）水对环境的污染、加大非常规水资源开发等方面具有重要意义。

（三）生物法

1. 好氧处理技术

好氧处理技术是污水处理中应用最广泛的技术，利用好氧微生物在有氧环境下将污水中的有机物分解为二氧化碳、水及微生物细胞质等，实现污水的净化。好氧处理方法又可分为活性污泥法与生物膜法。其中，活性污泥法具有处理效果好、适应性强、运行稳定等优点，但占地面积大、剩余污泥多；生物膜法中微生物附着在填料上生长，其生活环境相对稳定，有利于微生物的生长繁殖，拥有较长的食物链，进而减少污泥的产生。

好氧生物处理技术中的曝气生物滤池、膜生物反应器及人工湿地等在城市污水处理的二级处理、深度处理中应用广泛，处理出水品质较高，可用于城市杂用及环境补水等多种用途。以人工湿地为例，在自然条件允许时，可采用表流湿地、潜流湿地或塘-湿地组合工艺对二级处理出水或深度处理单元出水进一步处理，提高再生水供水的水质。

2. 厌氧处理技术

厌氧处理技术指的是微生物在没有分子态和化合态氧的条件下，通过厌氧微生物将污水中的复杂有机物降解成简单有机物的过程。这一过程主要可分为 4 个阶段：

水解阶段、产酸发酵阶段、产乙酸阶段和产甲烷阶段，也可将水解阶段、产酸发酵阶段统称为水解酸化阶段。水解酸化发酵可将原废水中难生物降解的大分子物质转化为易生物降解的有机酸等小分子物质，从而使废水的可生化性和降解速度大幅度提高。因此，也有将水解酸化作为污水厂常规好氧生物处理的预处理工艺。

厌氧生物处理适合处理高浓度废水，对高浓度废水几乎不需要稀释，但出水BOD_5偏高，一般作为好氧生物处理的预处理工艺，为后续的好氧生物处理提供更有利的条件。

（四）资源化利用组合技术

污水作为非常规水资源，在应用开发利用技术时，应根据实际使用需求合理地选择一种或多种处理方式进行组合，实现污水的再生利用。

(1) 再生水用于工业时，主要有冷却水、工艺用水、锅炉用水。其中，冷却及锅炉用水可采用如图4-6所示工艺。

二级处理出水 → 混合 反应 沉淀 → 过滤 → 消毒 → 冷却、锅炉用水

图 4-6 工业冷却水及锅炉用水的再生水处理流程

工业用水对水质的要求不尽相同，需根据不同的水质要求和标准来确定不同的处理工艺。

(2) 再生水用于城市杂用时，可用于城市绿化、道路浇洒、洗车、冲厕、消防等，主要处理流程如图4-7所示。

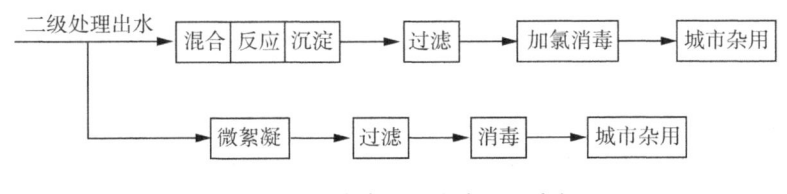

二级处理出水 → 混合 反应 沉淀 → 过滤 → 加氯消毒 → 城市杂用
　　　　　　→ 微絮凝 → 过滤 → 消毒 → 城市杂用

图 4-7 城市杂用再生水处理流程

(3) 再生水用于景观环境水体时，主要可分为两类：一类是观赏性景观环境用水，另一类是娱乐性景观环境用水。

用于观赏性景观环境水体时，主要处理流程如图4-8所示。

强化二级处理出水 → 砂滤 → 消毒 → 观赏性景观水体

图 4-8 观赏性景观环境水体再生水处理流程

用于娱乐性景观环境水体时，主要处理流程如图 4-9 所示。

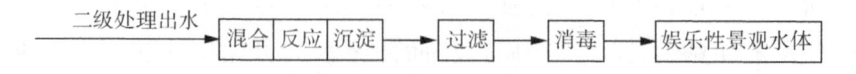

二级处理出水 → 混合 反应 沉淀 → 过滤 → 消毒 → 娱乐性景观水体

图 4-9　娱乐性景观环境水体再生水处理流程

（4）再生水用于农业灌溉时，应确保卫生安全。对于旱作物，污水厂二级处理加消毒即可满足要求；而对于水作物及蔬菜，需采用常规二级处理加混凝、沉淀、过滤等补充处理才能达标。农业再生水处理流程如图 4-10 所示。

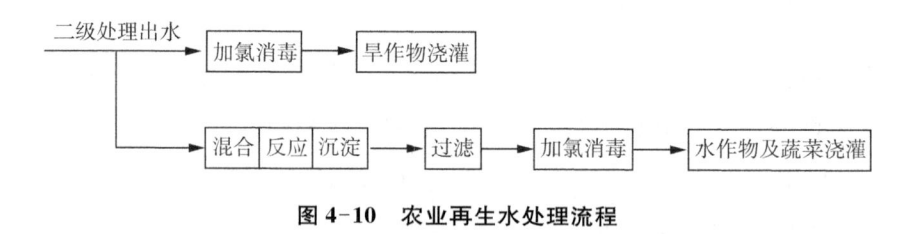

二级处理出水 → 加氯消毒 → 旱作物浇灌
　　　　　　 → 混合 反应 沉淀 → 过滤 → 加氯消毒 → 水作物及蔬菜浇灌

图 4-10　农业再生水处理流程

（5）再生水用于补充地下水时，其水质要求较其他用途更为严格，需要采取深度处理中多种单元技术的组合。较常用的处理流程如图 4-11 所示。

二级处理出水 → 混合 反应 沉淀 → 过滤 → 深度处理 → 消毒 → 回灌地下

图 4-11　地下补水水源再生水处理流程

其中，深度处理单元可采用活性炭吸附、高级氧化、膜处理等工艺技术。

（五）智慧管理技术

智慧管理技术是污水资源化再生利用的重要发展方向，集成了物联网、大数据、人工智能等多种先进技术，对于推动再生水水资源利用与可持续发展具有重要意义。智慧管理系统通常包括排水管网 GIS 系统、泵站管理系统、设备管理系统、源头管理系统等，这些系统都是基于大数据平台、大数据中心和标准体系来扩展运行的。

智慧管理技术利用物联网技术可实现对水资源状况的实时监测和数据采集，包括对污水厂水量、水质、运行水位、用户使用情况等运行参数的监测，在 GIS 数据库的基础上开展数据分析，并优化运行算法，从而提升泵站、管网、水处理、用户等联动运行效率，达到对再生水资源的合理利用。智慧管理技术还包括智能阀门、智慧水泵等自动化设计控制技术，实现了对污水处理过程的精准控制，通过对污水处理过程中各项参数变化分析，精准定位系统中存在的问题，及时触发预警机制，确保问题能够有效解决。此外，智慧管理技术还可通过对用户用水数据的挖掘和分析，合理有效地对再生水资源配置进行调度，调整水处理工艺参数，从而有效保证再生水水质和水量的供配。

智慧管理技术的发展和应用提升了污水资源化管理的水平，实现了污水作为非常规水资源的智慧化、精细化管理，可以为城市的发展提供稳定、可靠的水资源，也为城市可持续发展提供了重要支撑。例如，浙江省宁波市建成的"再生水资源化利用数智管理平台"，通过智能传感设备和数字孪生技术，实现对再生水利用体系运行状况的实时感知、关键要素数据收集、重要工艺环节及主要耗能设备智慧控制。通过该平台不仅可以对全市再生水资源的统一调配、安全利用、应急处置等进行监管，还可以形成供水优化调度方案，对系统运行进行科学调度，实现再生水循环利用效益最大化的目标。

第四节 雨污水作为非常规水资源的发展前景及市场空间

一、试点与示范

（一）海绵城市试点与示范城市建设的成功经验

1. 海绵城市试点与示范城市的实施情况

从 2015 年到 2023 年，我国海绵城市试点城市及系统化全域推进海绵城市建设城市合计入选城市达 90 个。其中，2015 年 4 月，嘉兴、池州等 16 个城市成为我国首批"海绵城市"的试点城市；2016 年 3 月，福州、珠海、宁波等 14 个城市入选第二批试点城市；2021 年 6 月，财政部公布了唐山市、长治市、四平市等首批 20 个系统化全域推进海绵城市建设示范城市名单；2022 年 5 月，秦皇岛市、晋城市、呼和浩特市等 25 个城市入选"十四五"全国第二批示范城市；2023 年 5 月，安阳市、襄阳市、佛山市等 15 个城市入选"十四五"第三批示范城市。

海绵城市建设一方面大幅提高了城市防灾减灾能力，有效改善了城市水生态环境，优化配置了水资源供给结构，初步实现了"保障水安全、涵养水资源、恢复水生态、改善水环境、复兴水文化"的目标；另一方面，海绵城市建设还提升了人居环境质量，增强了公众的生活幸福感，重构了城市与自然的和谐共生关系。

通过海绵城市建设，城市的河流、湖泊、湿地、坑塘、沟渠等水生态敏感区得到了精细化的保护与修复，自然调蓄空间的雨水蓄排能力进一步增强；雨水管渠提标改造和城市水系治理的同步推进，实现了城市排水防涝和滞蓄能力的明显提升；城市综合管理信息平台的建立与运行，完善了洪涝联排联调管理机制，实现了实时、准确和高效的信息共享。据统计，自海绵城市建设以来，截至2020年底，新增人工调蓄设施能力 9.4×10^8 m³，199个设市城市（占全国设市城市数量的29%）基本消除历史易涝积水点，其他城市的易涝积水点也显著减少。

目前，海绵城市建设理念逐步融入城市规划建设管理的各个环节。根据2021年全国城市节约用水宣传周的资料，截至2020年底，全国共建成落实海绵城市建设理念的项目4 000多个，雨水资源涵养能力和综合利用水平显著提升，通过建设调蓄水体、雨水模块、调蓄池、雨水桶等设施，雨水资源化利用量达 3.5×10^8 m³/a，城市雨水集蓄利用率为1‰~20%，全面提高了雨水作为非常规水资源的利用率。

2. 典型试点与示范城市的主要成功经验

海绵城市试点、示范城市建设的成功实践以及显著成效，有力地证实了海绵城市是系统解决城市雨洪管理难题及重构人水和谐关系的行之有效的途径，能够达成节约与涵养城市水资源的目标，为后续相关工程建设提供了极具价值的经验，主要可归纳为以下几个方面。

在体制机制层面，需着重强化组织领导，地方各级领导需对海绵城市建设工作予以统筹规划与安排。以北京市通州区为例，其构建了以区长为组长，涵盖发改委、财政局及水务局等18个部门以及街镇共同组成的海绵城市建设领导小组。该小组旨在有效解决海绵城市建设工作进程中的重点与难点问题，通过各部门及街镇之间的协同合作，形成工作合力。

在政策制度层面，应着力加强规划管理，进行全面且合理的布局规划；同时制定规范标准，以保障海绵设施建设的有序开展。例如，上海市水务局发布了《上海市系统化全域推进海绵城市建设水务实施方案》，此方案强化了规划管控力度。在具体操作中，结合各层级国土空间规划的编制工作，衔接并落实各级海绵城市规划和片区海绵城市系统方案中的相关核心指标和要求，对雨水调蓄空间进行统筹布局，积极推广小型雨水收集、贮存、处理和利用系统，致力于提高雨水资源化利用水平。

在规划理念层面，海绵城市着重强调将自然生态系统与城市建设有机融合，充分考量城市的地形地貌、水文地质等自然条件，制定契合当地实际状况的规划方案。此类基于自然的解决策略，不仅能够增强城市应对雨水灾害的能力，还能推动城市生态系统趋于平衡与稳定。

在技术应用层面，海绵城市引入了多种创新技术手段，其中包括雨水花园、下沉式绿地、透水铺装等。这些技术能够有效地收集、储存及利用雨水，进而削减地表径流，降低城市内涝发生的风险。与此同时，借助智能化的雨水监测和管理系统，得以实现对雨水资源的精准调控与高效利用，从而提升水资源的利用效率。该系统可实时监测雨水的流量、水位、水质等关键参数，并根据收集到的数据进行智能分析和决策。

在监督管理层面，海绵城市建设需要政府、企业和社会各方的共同参与和协作；严格资金管理，切实保障海绵城市专项资金能够安全且合理地使用；加强智慧管理水平，构建先进的智慧管理系统。以深圳市为例，该市基于海绵城市管理机制及面临的现状困境，成功建立了海绵城市智慧管理系统，实现了海绵城市建设全过程监管、海绵城市建设一张图管理、市区成员单位业务同步协同、全社会一个平台共建，并创新开发了符合深圳本地化需求的海绵绩效在线评估的实用工具。

（二）再生水循环利用试点与示范城市成功经验

1. 试点城市的实施情况

为加强再生水利用配置，发挥试点示范带动作用，持续提升水资源节约集约利用水平，2021年12月水利部等6部门联合印发《典型地区再生水利用配置试点方案》，明确提出通过试点示范总结经验，形成可复制、可推广的再生水利用模式和典型案例。此后，国家先后发布了3个批次的再生水循环利用试点城市。2022年12月，生态环境部等4部门联合发布了《关于公布2022年区域再生水循环利用试点城市名单的通知》，其中天津市滨海新区、山西省晋城市和运城市等19个城市入选；2023年12月，生态环境部联合国家发展改革委、住房城乡建设部、水利部印发《关于公布第二批区域再生水循环利用试点城市名单的通知》，河北省邢台市、山西省吕梁市等19个城市入选；2024年，国家发展改革委等3部委以缺水地区、水环境敏感地区、水生态脆弱地区为重点，确定了包括河北省石家庄市、湖北省武汉市等50个再生水利用重点城市。

为深入了解试点建设情况，及时总结提炼可复制、可推广的经验做法，统筹考虑东中西和南北方区域差异、经济社会发展条件等因素，2023年7月至10月期间，水利部等6部委组织开展了针对78个典型地区再生水利用配置试点的中期评估工作，并选取河北省平山县、河南省焦作市、江苏省宿迁市、陕西省西安市等13个试点作为典型试点城市开展专题调研，旨在总结剖析典型试点工作进展、经验以及问题，进而提出相关对策建议，为加快推进试点建设、促进再生水利用提供参考依据。

经评估，确定陕西省西安市等23个城市为优秀等次，河北省衡水市故城县等23个城市为良好等次，云南省红河州石屏县等29个城市为合格等次，青海省玉树市等3个城市为不合格等次。总体而言，各典型试点城市的试点建设总体进展顺利，再生水利用量和利用率均得到了稳步提升，再生水利用领域逐步拓展，再生水配置管理水平明显提高。在13个典型试点中，有11个试点超额完成了中期阶段目标。其中，深圳市2023年上半年再生水利用量为3.35亿 m^3，利用率达34.3%，较试点建设前提高了5.6个百分点；浙江省宁波市、广东省广州市黄埔区等试点城市再生水利用量的提高幅度均超过50%。

2. 典型试点城市的主要成功经验

自再生水试点实施以来，各典型试点城市依据自身实际情况与特点，积极谋划并主动创新，初步探索出了一系列典型经验和做法，主要归纳为以下几个方面。

在体制机制层面，加强组织领导，协调推进试点建设工作；细化任务分工，切实压紧压实目标责任；强化跟踪考核，确保试点取得实际实效。例如，江苏省宿迁市成立了由市政府主要领导及市直部门组成的试点工作领导小组，定期召开工作调度会、专题研讨会、现场调研会，共同商讨推进试点工作重点、难点问题，为试点建设有力有序开展提供了坚实的组织保障；广东省将再生水利用配置试点作为省全面推行河湖长制工作考核加分项，通过强化考核机制，加大对试点工作的支持力度，推动试点城市积极落实再生水利用相关工作。

在政策制度层面，提前统筹谋划，科学合理布局再生水设施；强化刚性约束，大力推进再生水应用尽用；完善价格机制，激发再生水利用的积极性；制定标准规范，推进再生水有序安全利用。例如，浙江省义乌市明确不同区域居民和非居民再生水水价，使自来水与再生水始终保持较大的价差，实行逆阶梯水价；浙江省宁波市从自身工业用水特点出发，制定了适用于滨海平原河网地区工业用水特点的再生水工业用水水质标准，为其他同类型地区再生水生产的水质标准提供参考和借鉴。

在激励机制层面，制定完善的奖补政策，降低再生水生产使用成本；完善水权交易制度，促进再生水利用市场化；建立信用激励机制，增强用户内生动力；健全投融资机制，拓宽资金投入渠道。例如，江西省赣州市大余县制定专门的再生水利用奖励办法，对在再生水利用工作中有突出贡献和成效的单位或个人给予一定奖励，以此激励更多企业和个人重视再生水的利用；陕西省西安市在积极申请省级、市级专项资金的基础上，通过积极推动合同节水服务模式，吸引社会资本投入再生水项目建设和运营，为再生水产业的发展提供了充足的资金支持。

在监督管理层面，强化政企合作，提升管理效能；强化数字赋能，提升智慧化管理水平，推进再生水利用数字化应用，形成长效、动态运营管理体系，进一步提升再生水利用精细化、智慧化管理水平。例如，宁夏回族自治区吴忠市盐池县采用PPP管理运维模式，引入具有专业运营维护能力和资金实力的第三方，对盐池县再生水厂等开展"运营、维护、管理、服务"一体化工作，有效提升了县域内污水资源化利用水平，为其他地区提供了可借鉴的管理模式和经验。

二、发展前景

（一）国家政策支持力度不断加大

国家高度重视以雨污水为主要非常规水资源的开发利用，相继发布了《"十四五"节水型社会建设规划》《关于进一步明确海绵城市建设工作有关要求的通知》《"十四五"城镇污水处理及资源化利用发展规划》《关于加强非常规水源配置利用的指导意见》等一系列政策文件,从多方面予以大力支持。

在规划布局及目标管理方面,明确了加强污水再生水、集蓄雨水等作为非常规水资源利用的要求;在纳入用水体系一配置与审批方面,对非常规水资源的配置管理做出了具体部署;在技术标准的制定与科技支撑方面,不断加强相关技术标准的完善和科研投入,为非常规水资源开发利用提供技术保障,推动技术创新和成果转化,提高资源利用效率和质量;在税收优惠与财政支持等经济激励方面,通过财政补贴、专项资金支持等多种经济手段鼓励社会资本投入;将非常规水源配置利用情况纳入最严格水资源管理制度考核,重点考核非常规水源利用量目标完成情况,并且将非常规水源利用量纳入用水总量和强度双控指标体系。

这些政策措施的实施,将有力推动我国非常规水资源开发利用工作的深入开展,为缓解水资源短缺压力、改善生态环境、促进经济社会发展提供重要支撑。

(二)关键技术进步创新推动产业发展

随着城市化进程的不断推进,我国对水资源管理的重视程度日益提高,公众的水资源节约意识也在不断增强。在此背景下,雨污水等非常规水源的开发利用关键技术得到了持续加强的科研攻关,我国支持新技术、新工艺、新材料和新设备的研究与开发,并推动先进实用技术设备的集成、示范和应用。

在城市的新建区域以及老旧小区改造中,雨水收集系统将成为基础设施建设的重要组成部分。常用的混凝土和塑料薄膜等集雨材料,因成本较高或存在潜在环境污染问题而受到一定限制,未来研究的重点将聚焦于开发具有高集流效率、低成本和对环境友好的新型集雨材料;智能雨水收集系统的发展将集成传感器和物联网技术,以实现对雨水收集过程的实时监控和智能化管理。此外,在雨水净化技术领域,将更加注重高效、节能、环保,以契合多样化的用水需求。以超滤、纳滤、反渗透等为代表的膜分离技术,因其高效的处理效能,应用范围将愈发广泛;以人工湿地、生物滤池等为主的生态处理技术,因其成本低、对环境友好的优点,也将持续发展和完善。

未来,污水处理将更加强调资源回收和能源利用,实现污水处理的可持续发展。例如,以臭氧氧化、光催化氧化、芬顿氧化等为主要手段的高级氧化技术,在工业废水处理、城市污水处理等领域具备广阔的应用前景;利用基因工程技术筛选、培育高效的微生物菌种的生物强化技术,有望提升污水处理与回用系统的生物处理效率;反渗透技术作为污水深度处理与回用的重点关注技术,在降低运行成本、提高膜的使用寿命等方面存在优化的空间。

（三）市场需求持续增长

1. 雨水集蓄利用方面

2015—2023年，我国海绵城市试点城市及系统化全域推进海绵城市建设城市合计入选城市达90个。2022年4月，住房城乡建设部办公厅印发了《关于进一步明确海绵城市建设工作有关要求的通知》，明确指出提高雨水收集和利用水平，增强雨水就地消纳和滞蓄能力。

各级地方政府也陆续发布相关要求，如上海市于2024年8月发布《上海市系统化全域推进海绵城市建设水务实施方案》，要求到2025年底，完成水务"十四五"各项任务，助推本市建成区40%以上的面积达到海绵城市建设要求的目标；到2030年底，完成水务"十五五"各项任务，助推本市建成区80%以上的面积达到海绵城市建设要求的目标。

济南市人民政府于2016年发布《济南市人民政府办公厅关于贯彻落实鲁政办发〔2016〕5号文件全面推进海绵城市建设的实施意见》，明确指出启动全市海绵城市建设，采取"渗、滞、蓄、净、用、排"等措施，将至少75%的降雨实现就地消纳和利用，2020年底前，建成区25%以上的面积达到上述目标要求；2030年底前，建成区80%以上的面积达到上述目标要求。

天津市于2016年出台《关于推进海绵城市建设工作方案》，方案指出，加快海绵城市建设，最大限度地减少城市开发建设对生态环境的影响，将75%以上的降雨就地消纳和利用。到2030年，建成区80%以上的面积达到目标要求。

广州市水务局于2024年3月发布了《广州市排水（雨水）防涝综合规划（2022—2035年）》，要求除城镇公共道路外的新建建设工程硬化面积达1万 m^2 以上的项目，每万 m^2 硬化面积应当配建不小于500 m^3 的雨水调蓄设施；单体建筑面积超过2万 m^2 以及其他符合国家规定条件的新建公共建筑，在主体建筑设计时，落实雨水净化、渗透、收集设施设计，并在主体建筑验收前安装雨水利用系统。

2. 污水再生利用方面

2021年10月，国家发展改革委等部门联合发布的《"十四五"节水型社会建设规划》明确要求，加强非常规水源配置，到2025年，全国地级及以上缺水城市再生水利用率超过25%。部分城市从自身城市建设的实际情况出发，制定了高于国家标准，但又符合自身需求的指标要求。

北京市发展和改革委员会、北京市水务局于2022年5月发布了《北京市"十四五"时期污水处理及资源化利用发展规划》，明确指出到2025年，污水资源化利用政策体系和市场机制基本建立，到2035年，全市再生水利用率达到70%以上。济南市人民政府于2024年发布《济南市人民政府关于加强济南市再生水利用工作的意见》，制定了到 2025 年全市再生水利用率达到 50% 以上，到 2035 年全市再生水利用率达到 60% 以上的阶段性目标。天津市人民政府办公厅于 2021 年 6 月印发《天津市水安全保障"十四五"规划》，指出 2025 年再生水利用率提高到 50% 的要求。

由此可见，各级地方政府在非常规水资源，尤其是雨污水作为非常规水资源的关注力度非常大，间接说明了开发雨污水作为非常规水资源的市场空间巨大，各级政府的政策保障程度较高。

参考文献

［1］中华人民共和国水利部. 中国水资源公报 2023［M］. 北京：中国水利水电出版社，2024.
［2］中华人民共和国生态环境部. 中华人民共和国水法［EB/OL］.（2016-10-08）［2024-09-24］. https://www.mee.gov.cn/ywgz/fgbz/fl/201610/t20161008_365107.shtml.
［3］中华人民共和国中央人民政府. 发展改革委 水利部关于印发《国家节水行动方案》的通知［EB/OL］.（2019-04-15）［2024-09-24］. https://www.gov.cn/gongbao/content/2019/content_5419221.htm.
［4］中华人民共和国中央人民政府. 国家发展改革委等部门关于印发《"十四五"节水型社会建设规划》的通知［EB/OL］.（2021-10-28）［2024-09-24］. https://www.gov.cn/zhengce/zhengceku/2021-11/09/content_5649875.htm.
［5］为节约用水立法！《陕西省节约用水条例（草案）》提请审议［EB/OL］.（2024-07-23）［2024-09-20］. http://news.cnwest.com/bwyc/a/2024/07/23/22706519.html.
［6］西安名列全国典型地区再生水利用配置优秀试点城市首位［EB/OL］.（2024-10-02）［2024-10-08］. https://sn.ifeng.com/c/8dJtUIVmQto.
［7］本市去年用量达 12.77 亿立方米 占总用水量比重超 30% 再生水已成稳定的"第二水源"［EB/OL］.（2024-03-25）［2024-09-20］. https://swj.beijing.gov.cn/swdt/swyw/202403/t20240325_3600506.html.
［8］推进城市节水，建设美丽城市［EB/OL］.（2024-05-11）［2024-09-20］. https://zfcxjst.gd.gov.cn/xwzx/zxdt/content/post_4421032.html.
［9］山东非常规水利用量全国居首 再生水占八成［EB/OL］.（2024-04-25）［2024-09-20］. http://www.yrcc.gov.cn/xwdt/lylw/202404/t20240425_431469.html.
［10］【浙江发布】这项全国考核，浙江"九连优"！［EB/OL］.（2024-08-23）［2024-09-20］. https://slt.zj.gov.cn/art/2024/8/23/art_1567479_59044064.html.
［11］海委指导推动山西省非常规水源利用配置［EB/OL］.（2024-08-22）［2024-09-20］. http://www.hwcc.gov.cn/sxdzt/jshhnwtx/jshwdt/202408/t20240822_121450.html.
［12］内蒙古非常规水源利用量占比近半［EB/OL］.（2024-08-29）［2024-09-20］. https://m.163.com/dy/article/JAOMKEIK05346936.html.

[13] 兵团2023年市政再生水利用量达1900万立方米 开发利用"第二水源"为城市"解渴"[EB/OL].(2024-01-17)[2024-09-20]. http://www.xjbt.gov.cn/c/2024-01-17/8320108.shtml.

[14] 我国再生水利用提速后续开发利用潜力大[EB/OL].(2023-11-15)[2024-08-22]. http://www.quwo.gov.cn/xwzx/gwyyw/202311/t20231117_269132.html.

[15] 宁波市水务环境集团有限公司.数智治理促进城市再生水配置利用[N/OL].(2023-6-12)[2024-9-24]. https://slt.zj.gov.cn/art/2023/6/12/art_1513107_59037088.html.

[16] 刘遂庆.关于深层调蓄管道在排水系统中应用的若干思考[J].给水排水,2018,54(3):1-3.

[17] 黄婉梅.基于LID技术设施的植物选择与配置研究[D].福州:福建农林大学,2015.

[18] 中华人民共和国住房和城乡建设部.建筑与小区雨水控制及利用工程技术规范:GB 50400—2016[S].北京:中国建筑工业出版社,2017:30-31.

[19] 北京市市政工程设计研究总院有限公司.给水排水设计手册(第三版)第5册 城镇排水[M].北京:中国建筑工业出版社,2017.

[20] 权晓慧,苏冰琴,王健,等.高级氧化技术处理焦化废水的研究进展[J].中国给水排水,2024,40(12):41-48.

[21] 杭世珺.北京市城市污水再生利用工程设计指南[M].北京:中国建筑工业出版社,2006.

[22] 李激,邱勇.城镇污水收集与处理系统提质增效技术及应用[M].北京:中国建筑工业出版社,2023.

[23] 财政部经济建设司,住房城乡建设部城市建设司,水利部规划计划司.2015年海绵城市建设试点城市名单公示[EB/OL].(2015-04-02)[2024-10-06]. https://jjs.mof.gov.cn/tongzhigonggao/201504/t20150402_1211835.htm.

[24] 财政部经济建设司,住房城乡建设部城市建设司,水利部规划计划司.2016年中央财政支持海绵城市建设试点城市名单公示[EB/OL].(2016-04-27)[2024-10-06]. https://jjs.mof.gov.cn/zxzyzf/csgwzxzj/201604/t20160425_1964216.htm.

[25] 财政部公示首批20个海绵城市建设示范城市 单个城市最高补助11亿元[EB/OL].(2021-06-03)[2024-09-27]. https://huanbao.bjx.com.cn/news/20210609/1157366.shtml#:~:text=%E6%A0%B9%E6%8D%AE%E3%80%8A%E8%B4%A2%E6%94%BF%E9%83%A8%E3%80%81%E4%BD%8F%E6%88%BF%E5%9F%8E.

[26] 财政部经济建设司,住房城乡建设部城市建设司,水利部规划计划司.2022年系统化全域推进海绵城市建设示范评审结果公示[EB/OL].(2022-05-26)[2024-09-29]. http://jjs.mof.gov.cn/tongzhigonggao/202205/t20220526_3813387.htm.

[27] 财政部经济建设司,住房城乡建设部城市建设司,水利部规划计划司."十四五"第三批系统化全域推进海绵城市建设示范评审结果公示[EB/OL].(2023-05-26)[2024-09-28]. http://jjs.mof.gov.cn/tongzhigonggao/202305/t20230525_3886619.htm.

[28] 李俊奇,李小静,刘迪,等.海绵城市建设在中国:十年耕耘,百城绽放[J].中国给水排水,

2024,40(10):1-8.

[29] 刘振锋,蔡殿卿.北京城市副中心海绵城市试点建设成效与经验[J].北京水务,2020(3):7-9+19.

[30] 上海市人民政府.市水务局关于印发《上海市系统化全域推进海绵城市建设水务实施方案》的通知[EB/OL].(2024-09-12)[2024-09-25]. https://www.shanghai.gov.cn/nw12344/20240912/f06b1a272d6c4c4a9af01ec8920e07a5.html.

[31] 孔露霆,王哲,杨晨,等.深圳市海绵城市智慧管理系统构建实践与展望[J].给水排水,2024,60(7):149-154.

[32] 生态环境部办公厅,发展改革委办公厅,住房城乡建设部办公厅,等.关于公布2022年区域再生水循环利用试点城市名单的通知[EB/OL].(2022-12-29)[2024-09-26]. https://www.mee.gov.cn/xxgk2018/xxgk/xxgk06/202301/t20230104_1009479.html.

[33] 生态环境部办公厅,国家发展改革委办公厅,住房城乡建设部办公厅,等.关于公布第二批区域再生水循环利用试点城市名单的通知[EB/OL].(2024-02-11)[2024-09-26]. https://www.mee.gov.cn/xxgk2018/xxgk/xxgk06/202402/t20240222_1066674.html.

[34] 延安市人民政府.延安市被列为国家再生水利用重点城市[EB/OL].(2024-07-29)[2024-09-29]. http://www.yanan.gov.cn/gk/fdzdgknr/hjbh/sthj/1817882211710427138.html.

第五章　面向城市黑臭水体治理的排水管网关键技术及应用

第一节　面向城市黑臭水体治理的排水管网技术发展现状及问题

一、黑臭水体治理现状

水体污染严重制约着我国生态环境的可持续发展，水体黑臭是水体污染的典型表现之一。城市黑臭水体是指城市建成区内，呈现令人不悦的颜色和散发令人不适气味的水体统称，是群众身边突出的生态环境问题，直接影响群众健康和生产生活。

水体黑臭成因错综复杂，包括外源污染、内源污染、水动力条件差等因素。这些导致了水体污染负荷超过了自净能力，水体就会发生黑臭。目前，我国对城市黑臭水体治理的技术路线为开展黑臭水体环境问题诊断—分析黑臭成因—核定污染物负荷—确定控制目标—制定黑臭水体治理实施方案。经过理论研究与实践探索，目前已形成的技术涵盖黑臭水体诊断技术、污染源（内源、面源、点源）控制及治理技术、水动力改善及水力调控技术、生态修复技术以及综合管理技术。但在实际治理过程中，问题诊断往往缺乏系统性、全盘性考虑，查找问题不够精准，导致"头痛医头，脚痛医脚"，经常发生治标不治本、黑臭反复等问题。经过近些年的实践，"黑臭在水里，根源在岸上，关键在排口，核心在管网"已经成为行业共识，单一的、表象的治理措施必然难以取得长治久清的效果，完善岸上排水系统，是消除城市黑臭水体最根本的措施。

完善污水收集管网建设的关键技术有排水管渠探测技术、源头雨污分流技术、暗渠清污分流及管渠接驳技术、污涝同治模型模拟技术。排水管渠探测是进行黑臭水体成因分析的基本前提，但因为排水管渠的隐蔽性，排水管渠探测存在较多技术难点。源头雨污分流是完成源头污水收集、减少溢流污染的源头措施，做好源头雨污分流是保证黑臭水体稳定达标的重要前提。老旧城区中的暗渠往往作为合流系统，既排放污水又排放雨水，暗渠上游收集污水，下游排放至水体，成为黑臭河涌的重要污染源，因为其多位于老旧城区，对其进行清污分流存在较多技术难点。在黑臭河涌治理过程中，治理效果的量化是达成治理效果的重要保障，这需要采用排水管网数值模型对治理后的管网运行效果、污水收集效果、内涝改善等情况进行模拟计算。

二、排水管网技术发展现状

（一）管网探测技术

近年来，国内在排水管网探测领域取得了一些进展，主要体现在以下几个方面：(1) CCTV 检测技术。CCTV 检测已经成为国内排水管网检测的主要手段之一。它通过机器人携带摄像头进入管道内部，实时传回影像数据，帮助检测人员发现管道内部的破损、淤积等问题。其优势在于图像直观、操作相对简单。(2) 声波检测技术的应用。声波检测技术是利用声波在管道中的传播特性，通过接收反射声波判断管道的缺陷位置和类型。国内部分城市已经开始应用这项技术进行排水管网的探测，特别是在检测隐蔽性较高的地下管网方面具有显著优势。(3) 地理信息系统（GIS）的整合。国内许多城市已将排水管网数据与 GIS 系统结合，实现管网数据的数字化和可视化管理。GIS 系统不仅可以存储和管理大量的管网数据，还能提供强大的空间分析功能，为排水管网的规划、建设和维护提供决策支持。

国外排水管网探测技术起步较早，技术手段相对先进和多样化，主要体现在以下几个方面：(1) 高分辨率成像技术。如 HD-CCTV 和红外热成像技术，这些技术可以提供更清晰的管道内部图像，帮助技术人员更准确地识别和定位管道缺陷。(2) 激光扫描技术。激光扫描技术利用激光束在管道内壁进行扫描，生成三维点云数据，从而构建管道内部的三维模型。该技术具有高精度、快速扫描的特点，能够详细反映管道的形状和缺陷情况。(3) 管道机器人技术。国外在管道机器人方面的研究和应用较为成熟。这些机器人能够携带各种传感器和检测设备，在管道内部自主行走，完成复杂环境下的探测任务。(4) 无人机（UAV）和遥感技术。无人机和遥感技术在排水管网探测中逐渐得到应用，尤其是在地面探测难以覆盖的区域。无人机可以搭载高精度相机和传感器进行空中巡查和拍摄，为排水管网的地表部分提供精准数据。

（二）源头雨污分流技术

目前，国内对于源头雨污分流改造主要针对城中村及老旧小区开展，逐步形成了"建筑排水系统改造、小区室外排水系统改造"的总体技术路线。

(1) 建筑排水系统改造。更换屋面落水立管，做到与室外地面雨水收集或排放管道系统连接，严防室内污水直接排入雨水管道，将污水立管及阳台洗衣机排水管改造后进入室外污水检查井。

(2) 小区室外排水系统改造。对只有一套排水管网的排水小区，改造现有管网作为污（或雨）水管网系统，重建一套雨（或污）水管网系统；对虽建有雨、污分流2套排水系统，但系统不够完善，且存在混流、错接、设施破损、管理不善等问题，造成污水流失的小区，一般采取局部整改方式，如加设雨水口、对污染点排水出口进行改接等。

欧美等发达国家目前并未完全采用分流制，而是随着城镇的发展，因地制宜地完善城市排水系统、加强雨水资源的合理利用与管理、雨水径流及合流管系溢流污染控制，并已取得显著的成果。

日本多数大城市保留了合流制，使用合流制的城市共192座，服务人口约为全国总人口的20%。东京23个行政区82%应用的是合流制。日本在20世纪80年代开展了对城市雨水利用与管理的研究。他们提出雨水抑制型下水道，并纳入国家下水道推进计划，制定相应的政策，已有大量的工程实施。东京的合流制超过90%，对已有的合流制下水道采取的主要对策是对雨季的溢流污水进行处理。

在德国，无论是传统的合流制，还是分流制排水系统，均是以满足相关技术规定为前提的，且能够将合流污水及雨水进行有效处理，实现对水环境的有效保护。由于两种排水体制都会产生有害物质的排放，所以选用的排水体制应是有害物质排放最小的。最新施行的德国水协标准A102《排入地表水的雨水径流管理和处理原则》中，明确要求验证所采用的排水系统与当地的水资源是否相平衡。所以，德国愈加重视雨水的源头控制、入渗、利用（海绵措施）等，甚至要求原则上新开发地块的雨水不再接入排水系统，以期不增加现有排水系统的负担。近十年来，德国新建的分流制地区兴起了带有单独排放、渗透和滞留功能，甚至无雨水排放的新型排水系统的建设，其服务面积已占德国排水总面积的10%。

（三）暗涵清污分流及管渠接驳技术

随着我国城市化进程加快，城市河道的空间不断被侵占、挤压，与此同时，部分城市为了降低黑臭河道感官影响采取了比较武断的措施，将部分河道改造为合流暗涵。老城区合流制排水体制使得暗涵旱季承担污水排放功能，雨季承担涝水排放功能，暗涵内合流污水在汛期对城市水环境造成了重大影响。目前，国内对于合流暗涵的治理，专业人员主要是在宏观上总结了暗涵治理方法，从合流暗涵的结构改造进行研究，或直接深入源头给出老城区雨污分流的措施，或针对具体错混接节点给出改造措施。

在暗涵清污分流工程中，新旧管网合理接驳是确保排水管网建设效果的核心。受施工条件、施工范围限制，老城区的管网接驳非常复杂。国内相关工程表现出大量错混接导致污水收集效果并不理想，管道产生一系列旱季溢流、雨季倒灌等问题。国内在污水管网接驳方面研究较少，仅有少量文献提出了限流接驳的思路或针对特殊检查井提出了优化设计方案。

（四）污涝同治模拟技术

国内污水系统改造模拟研究方面，有研究利用 InfoWorks ICM 软件构建了城市密集建成区某流域排水系统的水质水量模型，并采用实测水位、流速、水质数据进行了模型率定，对模拟区域的总水量和污染物排放量进行核算。也有研究利用 SWMM 模型建立了某城区污水厂服务范围内的污水管网模型，并通过实际测定晴天污水系统的水质水量数据进行了模拟参数率定，利用模型针对片区污水系统水质水量变化规律进行了研究分析，最终得出了污水厂水质变化的影响因素，给出污水厂保持水质较高的运行建议。

国外通过对城市洪水进行模拟，对比 InfoWorks 模型和另一种物理模型的结果发现，在管道和节点等方面模拟结果差异不大。有研究将 InfoWorks 与 GIS 应用于热带流域进行洪水模拟，将降雨与洪水流量输入模型中，模拟提出洪水深度和洪水过程图，为内涝防治提供基础。美国有研究以塔斯卡卢萨的阿拉巴马大学为研究对象进行模拟分析，研究了不同土壤条件的入渗情况，发现土壤数据及空间情况对洪水模拟预测的准确度影响较大。新加坡有研究通过对一个实验园区进行 SWMM 建模，模拟其降雨径流情况，最终模拟效果较好。

三、当前排水管网技术主要问题

（1）黑臭水体治理不成体系

由于缺乏统一的规划，各环节、各区域治理工作各自为政，投资分散且盲目。这使得资源无法有效整合，资金难以集中发挥最大效益。如部分地区在治理时，仅关注局部河段的清淤或污水直排问题的单独处理，而未从流域整体角度考虑水生态系统的修复与维护。这种碎片化的治理方式，不仅导致重复投资，还使得治理效果大打折扣，黑臭水体问题难以得到根本解决，严重影响了城市生态环境质量和居民生活品质。

（2）排水系统底数排查不清，排查精准度不够

排水管网雨污分流工程的本质就是解决雨污水的出路和空间分配问题，在工程设计之前要摸清楚污染来源及污染路径。城市在不断的发展过程中，各种基础设施

都经过多次翻新或者增设，市政污水处理系统自然也发生了改变，使得整体的管道环境变得更加复杂，不同管辖区域可能存在排污管道非正规衔接的问题。因此，要想实施雨污水管道分流的改造升级工程，首先需要对相关区域地下和地上管道网的分布情况进行详细地调查和分析。管线物探的准确度很大程度上决定了设计的优劣及工程实施效果，排查成果的不精确将导致设计方案的不准确。

(3) 源头雨污分流不彻底

我国城市排水管网覆盖率已经达到 90% 以上，与欧美国家和日本相当，但收集管网不完善。2021 年，城市排水管网密度为 12.15 km/km^2，远远低于日本、美国等。日本城市排水管网长度在 2004 年已达到 35 万 km，排水管网密度一般在 20~30 km/km^2，高密度城区可达 50 km/km^2；美国城市排水管道长度在 2002 年约为 150 万 km，城市排水管网密度平均在 15 km/km^2 以上。我国城市排水管网建设和雨污分流改造过程中，往往只注重总管和干管的建设，忽视了末端收集管网的建设，不少城市沿河截污、环湖截污，只是简单机械地将市政道路现存的合流制管线改造为雨水或污水管，而不是真正追根溯源找到污水再截流，很大程度上导致了污水浓度较低的问题。新建污水或雨水管的分流制改造举措并不能实现彻底的、真正的分流。老旧小区、建设年代较早的企事业单位大楼、独立排户（商铺）等源头单位也要进行分流制改造，否则容易造成市政管线分流、小区或楼宇合流的假分流；城中村地区污水处理中这种问题也非常严重，街区道路实现了雨污分流，但庭院未重视雨污分流，这也是城中村地区污水收集率低、水环境未能显著改善的原因。

(4) 分流制系统雨污混接现象严重

我国城市污水管网建设滞后城市发展 20 余年，率先发展的中心城区在城市排水骨干管网未普及的情况下，为了解决其污水排放的问题，采取了雨污水混接等临时性措施，将污水接入了城市的雨水管网，暂时满足了污水的排放需求。但之后长时间没有实施改造，临时措施变成了永久措施，大量污水继续直接排入雨水管道，雨污混接仍然比较普遍。更为严重的是在黑臭水体治理过程中，部分区域普遍采用沿河截污方式再次将雨水混接入截污管，增加了错混接数量。

第二节 面向黑臭水体治理的排水管网政策及导向

一、黑臭水体治理政策历程

(一) 早期探索阶段 (1996 年前)

黑臭水体治理的早期阶段为 1996 年之前，这一时期，水环境保护和污染治理的主要管理文件相继出台。包括《中华人民共和国水污染防治法》、《中华人民共和国水污染防治法实施细则》、《地表水环境质量标准》(GB 3838—88)、《污水综合排放标准》(GB 8978—88)、《农田灌溉水质标准》(GB 5084—92)、《渔业水质标准》(GB 11607—89)、《地下水质量标准》(GB/T 14848—93)、《景观娱乐用水水质标准》(GB 12941—91) 等法律法规文件。1989 年，第三次全国环境保护会议强调向环境污染宣战。

但是在这一阶段，国家未形成系统性的水环境治理体系文件。具体治理工作主要由各地方政府针对区域性水系、工业污染进行治理。包括 1950 年开始的北京龙须沟工程、1972 年北京市官厅水库环境污染综合治理、1995 年开始的淮河流域治理等。

这一时期虽然已经意识到水环境治理的重要性，但是因历史阶段限制，重点强调要防治工业污染，以单纯治理工业污染等点源污染为主，没有意识到生活污染治理的重要性，水环境质量呈现恶化趋势。

(二) 蓬勃发展阶段 (1996—2015 年)

1996 年，《中华人民共和国水污染防治法》修正，流域水污染防治规划制度和排污总量控制制度首次予以明确。随后，国务院发布《关于环境保护若干问题的决定》，以淮河、海河、辽河 (简称 "三河")，太湖、巢湖、滇池 (简称 "三湖") 为代表的重点流域水环境治理工作大规模开展，并提出环境质量管理目标责任制和推进 "一控双达标"，即污染物排放总量控制、工业污染源达标排放、地表水环境质量按功能区达标。同年，在第四次全国环境保护大会上，提出了保护环境的实质就是保护生产力，要坚持污染防治和生态保护并举，全面推进环保工作。经过 "九五" "十五" 的水污染治理，全国大江大河的水污染恶化趋势得到初步遏制，全国地表水水质有所改善。

2005 年，《国务院关于落实科学发展观加强环境保护的决定》提出，将环境保护提升到国家战略高度，强调要加大对水污染等环境问题的治理力度，推动经济社会与环境的协调发展。该决定对于推动水污染治理工作的深入开展具有重要的指导意义。

2008年《中华人民共和国水污染防治法》修订，进一步加强了对水污染的防治和监管，明确了各级政府、企业和个人在水污染防治中的责任和义务，加大了对违法排污行为的处罚力度，为水污染治理提供了更严格的法律保障。

这一时期，水环境治理事业蓬勃发展，重点聚焦于重点流域治理和水源地保护，在污染总量控制的思路指引下，污染处理设施建设取得了长足发展，后续又增加了环境质量改善约束，重点流域水环境不断恢复，水环境质量有了改善。

（三）生态文明阶段（2015年之后）

2015年，国务院印发了《水污染防治行动计划》(简称"水十条")，提出将整治城市黑臭水体作为重要内容，要求采取控源截污、垃圾清理、清淤疏浚、生态修复等措施，加大黑臭水体治理力度，并提出了明确的治理目标：至2015年底前，完成水体排查并公布黑臭水体名称、责任人及达标年限；至2017年底前，实现河面无大面积漂浮物、河岸无垃圾、无违法排污口；至2020年底前，完成地级及以上城市建成区黑臭水体均控制在10%以内的治理目标。为贯彻落实"水十条"的要求，国家接连出台了一系列政策和规定，提出了黑臭水体治理工作的具体措施。

2015年，住房城乡建设部会同环境保护部、水利部、农业部等部委编制了《城市黑臭水体整治工作指南》，对城市黑臭水体的排查与识别、整治方案的制定与实施、整治效果评估与考核、长效机制建立与政策保障等提出了具体要求；提出了黑臭水体治理应按照"控源截污、内源治理；活水循环、清水补给；水质净化、生态修复"的基本技术路线。之后，在相继印发的《水污染防治行动计划实施情况考核规定（试行）》、《"十三五"生态环境保护规划》、《关于全面推行河长制的意见》、《中华人民共和国水污染防治法》（第二次修正）、《关于全面加强生态环境保护 坚决打好污染防治攻坚战的意见》中，将城市黑臭水体整治作为重要内容，提出了对整治工作进展及整治成效的考核要求。

2018年，生态环境部联合住房城乡建设部启动了城市黑臭水体环境保护专项行动；同年，住房城乡建设部与生态环境部联合发布了《城市黑臭水体治理攻坚战实施方案》，明确要求至2020年底，除直辖市、省会城市、计划单列市外的其他地级城市建成区黑臭水体消除比例高于90%。以上一系列政策和要求的目的是要扎实推进城市黑臭水体治理，加快补齐城市环境基础设施短板，消除黑臭水体产生根源，切实改善城市水环境质量。

2019年4月，住房城乡建设部、生态环境部、国家发展改革委制定了《城镇污水处理提质增效三年行动方案（2019—2021年）》，提出了加快补齐城镇污水收集和处理设施短板，尽快实现污水管网全覆盖、全收集、全处理的目标。方案要求，经过3年努力，地级及以上城市建成区基本无生活污水直排口，基本消除城中村、老旧城区和城乡接合部生活污水收集处理设施空白区，基本消除黑臭水体，城市生活污水集中收集效能显著提高。

2022年3月，住房城乡建设部、生态环境部、国家发展改革委、水利部4部委联合发布《深入打好城市黑臭水体治理攻坚战实施方案》，对全面推进城市黑臭水体治理工作进行再动员和再部署。要求已经完成治理、实现水体不黑不臭的县级及以上城市，要巩固城市黑臭水体治理成效，建立防止返黑返臭的长效机制。到2022年6月底前，县级城市政府完成建成区黑臭水体排查，制定城市黑臭水体治理方案。到2025年，县级城市建成区黑臭水体消除比例达到90%。

2024年1月，生态环境部办公厅、水利部办公厅、农业农村部办公厅联合发布《农村黑臭水体治理工作指南》，明确了农村黑臭水体的定义及主要治理方法，为农村黑臭水体治理提供了基本工作指引。

这一时期，黑臭水体治理取得了实质性进展，黑臭水体治理从大江大河深入到城市内部的毛细血管，治理方式从初期的末端治理，逐步明确为注重排查、强化源头治理。地级市、县级市、城乡接合部、农村逐步深入，着力解决群众身边的黑臭水体，切切实实增加了人民群众的幸福感。

二、排水管网建设政策导向

2013年，《国务院办公厅关于做好城市排水防涝设施建设工作的通知》提出，加快推进雨污分流管网改造与建设。在雨污合流区域加大雨污分流排水管网改造力度，暂不具备改造条件的，要尽快建设截流干管，适当加大截流倍数，提高雨水排放能力，加强初期雨水的污染防治。

2020年，住房城乡建设部印发《关于加强城市地下市政基础设施建设的指导意见》，对加强城市地下市政基础设施体系化建设，加快完善管理制度规范，补齐规划建设和安全管理短板，推动城市治理体系和治理能力现代化，提高城市安全水平和综合承载能力等做出了具体部署。

2021年，国务院办公厅发布《关于加强城市内涝治理的实施意见》，明确加大排水管网建设力度，逐步消除管网空白区，新建排水管网原则上应尽可能达到国家建设标准的上限要求。

2021年，国家发展改革委修订印发《排水设施建设中央预算内投资专项管理暂行办法》，鼓励加强城市和县城内涝治理，加快补齐排水（雨水）设施短板，重点支持排水管网建设与改造、泵站建设与改造、排涝通道建设、智慧平台建设。对单个项目的支持比例原则上按东部、中部、西部、东北地区分别不高于项目总投资的30%、45%、60%、60%。

2024年，住房城乡建设部、生态环境部、国家发展改革委、财政部、市场监管总局联合印发了《关于加强城市生活污水管网建设和运行维护的通知》，要求以效能提升为核心，以管网补短板为重点，坚持问题导向、重点突破、建管并举、系统整治、精准施策。明确要求定期开展污水收集系统问题排查，加快实施污水管网改造，推进污水收集和处理设施补空白，推进雨季溢流污染总量削减。

在排水管网建设方面，国家政策均为鼓励建设，部分建设内容有中央预算投资专项支持，且政策支持力度较大。总体要求是加强管网建设的系统性，注重解决现有问题，注重管网建设后的运行效果。

第三节 面向城市黑臭水体治理的排水管网关键技术

从黑臭的"核心"——管网方面来看，目前城市排水系统存在的主要问题如下。

（1）管网底数排查不清。受限于排水管网系统本身的错综复杂和排查设备、手段精准性不足，导致整个排水系统的底数排查不够精准，难以为后续治理工作提供前提保障。

（2）源头排水单元雨污混流。由于城市建设历史久远，尤其是一些大城市，存在大量老旧小区、城中村，这些排水单元内部的排水系统缺乏系统建设和维护，甚至未敷设污水收集管道，直排、分流制混接等问题突出，生活污水从排放源头就存在直排或间接入河的现象，对河道水质造成污染。

（3）市政污水转输通道清污不分。市政污水管网由于管道渗漏、破损、雨污合流或混流、河水倒灌等原因，存在外水入侵现象，雨季过流能力不足，管网溢流情况频现，对河道水环境造成污染。同时，老旧城区存在大量市政合流制管渠，接纳沿线生活污水；合流暗渠断面大、坡度小，污水流速不足，极易厌氧发臭，污泥或垃圾旱季时沉积于渠底，雨季时被冲刷入河，对水体环境造成严重污染。

（4）污水治理实施效果缺乏可靠的量化评估手段，且治污水与排涝水割裂，对于排水系统改造后区域的内涝改善情况缺少研究。

综上所述，从解决排水系统问题的角度来看，找准地下排水管渠的病灶，是对症治理的前提条件。地下管线错综复杂，排水暗涵、暗渠环境恶劣，排查难度大、安全风险高，研究针对排水系统的综合管渠探测技术十分必要。源头排水单元控源截污、老城区合流暗涵及公共管网清污分流是解决城市排水系统问题的主要举措，也是城市黑臭水体治理的关键所在。同时，借助排水模型，对排水系统治理措施实施后的效果进行预测和评估，可助力精准施策。

针对上述难点，现有面向城市黑臭水体治理的排水管网关键技术体系包括城市复杂环境下基于精准溯源的管渠综合探测技术、源头控源截污关键技术、老城区合流暗涵及公共管网清污分流关键技术、城市排水系统污涝协同治理评估等技术。

一、城市复杂环境下基于精准溯源的管渠综合探测技术

要对黑臭水体进行系统治理，最基础的工作是对污水收集、排放管渠进行系统排查。黑臭水体突出的区域，往往是城市建成区中人口密集的区域，既有管线复杂，污水雨水管网错混接严重，有些区域排水主干系统是原有沟渠加盖形成的暗涵，隐蔽性强，在这样的复杂环境中查清黑臭水体的污染源头、污染路径，是行业的难点。

为解决上述难点，精准溯源的管网排查技术和针对管渠检测的特种机器人是解决问题的关键技术。

（一）精准溯源管网系统排查技术

1. 信息化排查技术

在传统管线普查外业和内业资料处理时，外业数据采集和内业资料处理之间存在相互脱节的现象，造成数据录入错误较多、数据检查任务重。管线、管点种类多、属性多，加之数据库记录是由普查技术人员先在纸质上记录，再内业处理成库，所以内业资料处理和数据检查工作量大。为保证普查人员提交的管线数据库符合规范、实际，并满足入库要求，首先必须进行数据逻辑性和完整性等的检查。

通过信息化手持终端采集记录数据、检查数据，并实现数据入库，可以提高数据采集、数据检查效率和数据的正确性、可靠性，缩短数据处理周期。利用数据采集内外业一体化处理技术，能够提高数据采集、数据检查效率和数据的正确性、可靠性，缩短排查周期。

进行现场外业数据采集时，采用手持终端采集、记录、测量和探测数据，将管道属性情况直接在手持终端的采集软件中输入，并自动记录各点的测量坐标信息，避免重复劳动。外业可直接测量点线信息、走向并画图，交互情况一目了然，可直接在图形上添加文字标注，比传统纸质草图更强大，且更易保存。单点单线数据采集完毕后，点击保存，实现数据自动入库。手持终端数据采集过程见图5-1。

图 5-1　手持终端数据采集图示

数据入库后，通过手持终端中的数据监理软件，能够实时检查数据的逻辑性、拓扑性，确保点线信息正确可靠。手持终端数据监理软件界面见图 5-2。

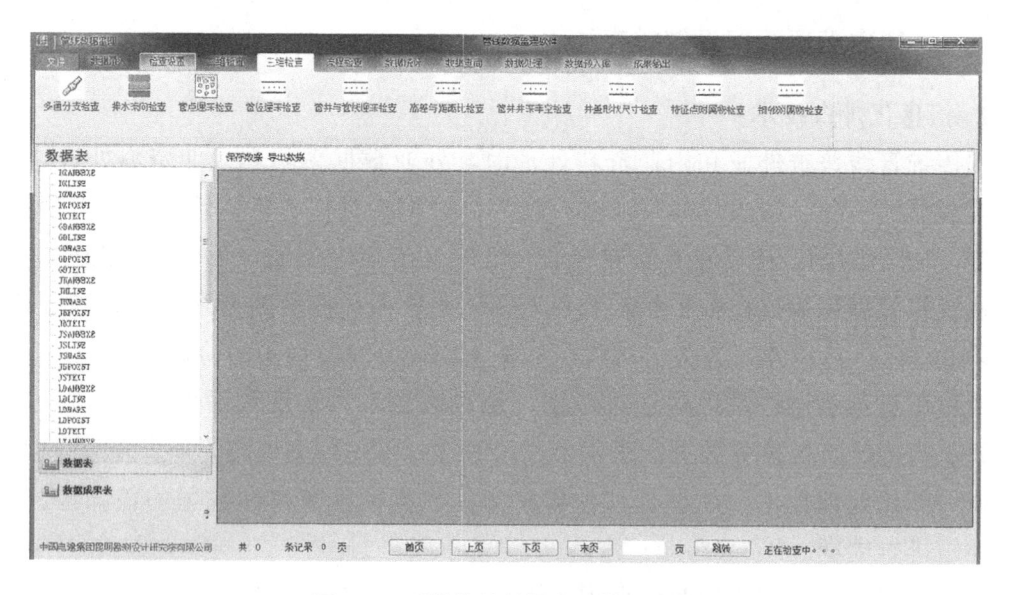

图 5-2　手持终端数据监理软件界面

2. 管网动态监测技术

为精确诊断排水系统中存在的问题，动态监测管网运行状况，可在管网上安装数据监测设备，并建立城市排水管网监测系统。工作人员在调度中心即可远程监测整个管网的压力、流量、水质等参数，实现泵站远程监控及阀门远程控制，保障管网压力平衡和流量稳定，及时发现和预测爆管事故及管网问题，减少事故产生的损失，预防城市内涝。排水管网监测系统主要有以下功能。

（1）实时监控。实时监测各个管网监测点（河流、地下通道、低洼处等地点）水质、水位等信息，对管网排查和管网监测结果进行数据挖掘，对管道内流量、水质、压力、水位、阀门开度大小等数据进行实时监控，展示监测点的各时段变化曲线，同步在手机、电脑、LED监控大屏等信息终端上（图5-3）。

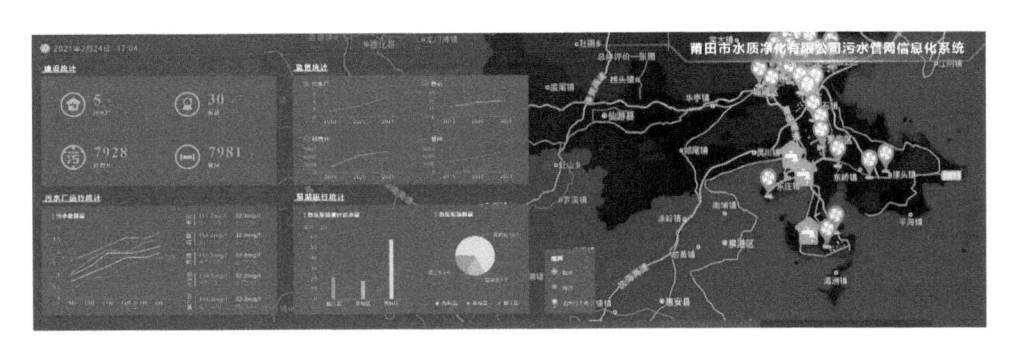

图5-3　实时监控

（2）集中监控。应用GIS技术手段，可涵盖整座城市的监测点，组成云平台的分类管网拓扑，集中监控整个排水管网，获取完整数据（图5-4）。

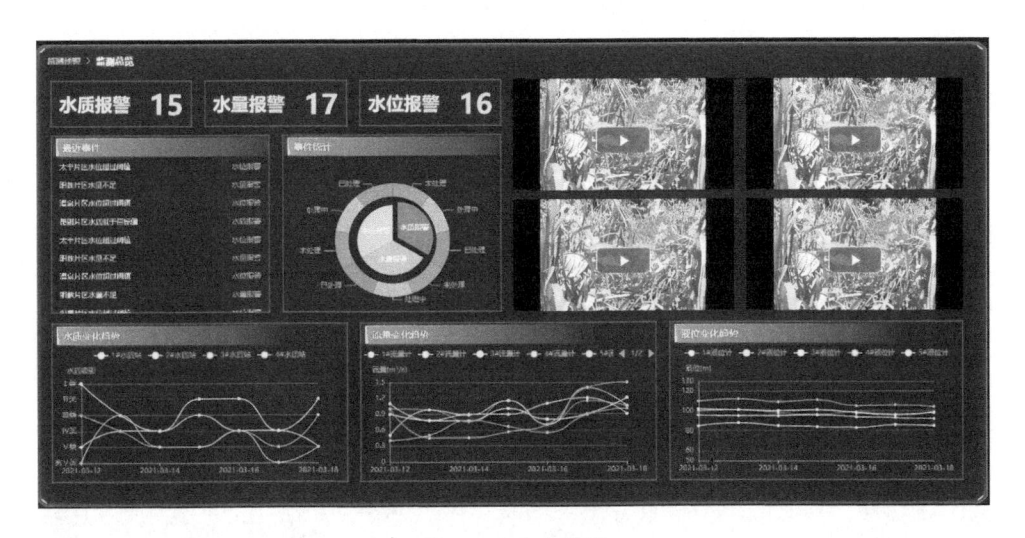

图5-4　集中监控

（3）自动报警。根据实时监测的数据，预设报警阈值，可设置管网压力/流量/水质等指标为报警事件，当压力/水位/流量超限，通信系统产生故障，设备工作电源不正常等情况发生时，系统自主判断，并自动触发报警机制，以云平台消息、现场声光、微信消息等方式进行报警，工作人员可根据报警信息快速判断问题所在，降低事故产生的损失，保障管网顺畅运行（图5-5）。

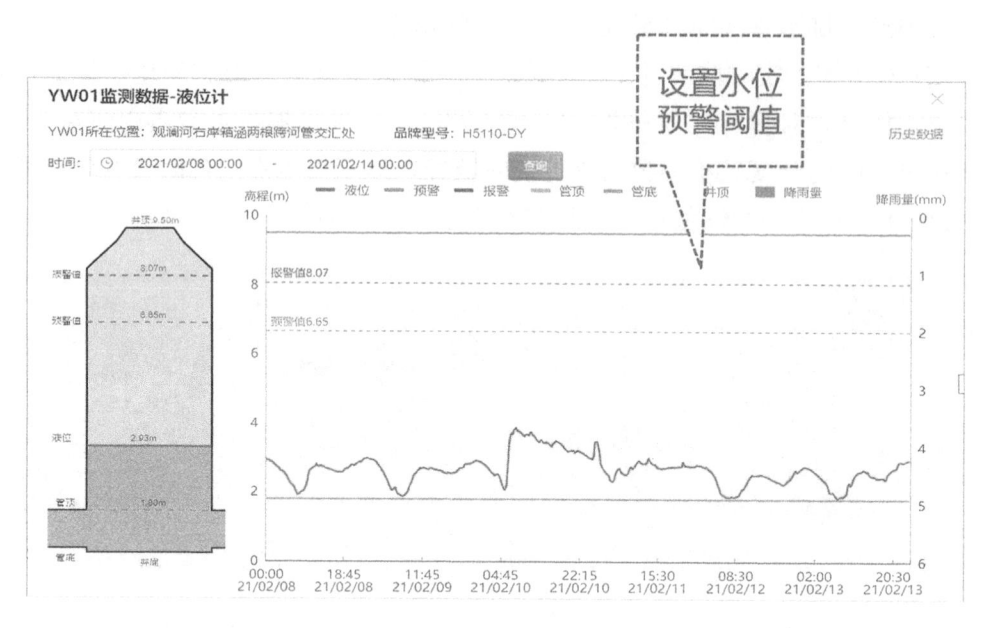

图 5-5　自动报警

（4）视频监控。在关键节点部署网络摄像头，将监控画面接入云平台，与监测数据同步反馈到屏幕上，支持视频回放、重播（图 5-6）。

图 5-6　视频监控

（5）数据记录。监测数据、报警事件等历史数据自动存储在云平台上，并生成相应报表，实时记录管网数据、检测记录、维修记录等信息，为管网巡查、检漏、改造等工作方向提供科学依据，同时方便工作人员查看。

3. 三维激光扫描技术

传统暗渠检测主要通过人员进入来排查，排口信息、暗渠结构排查不清，难以指导设计及施工。三维激光扫描是集光、电和计算机技术于一体的高新尖技术，主要通过对物体的空间外形进行扫描，以获得物体表面的空间坐标，将实体的立体信息转换为数字化的可直接处理的数字信号。该技术运用到暗涵探测中，是对传统测量方法的革命性创新，极大提高了排查的精准度。图5-7为三维激光扫描仪。

三维激光扫描的主要特点是实时性、主动性、适应性好。三维激光扫描数据经过简单地处理就可以直接使用，无须复杂的、费时费力的数据后处理；且无须和被测物体接触，可以在很多复杂环境下应用。

三维激光扫描测量原理：通过激光测距系统测得扫描仪器的中心到被测物体表面的距离为 S，同时与之对应的横向扫描的水平角度值 α 和竖直方向的角度值 θ 也被记录下来，由这3个基本数据可以计算出 P 点的三维坐标。另外，测点的反射强度也被获得，一般根据它的大小赋予点云灰度值。数据的坐标系为仪器内部轴系定义的独立坐标系。图5-8为坐标扫描原理示意图。

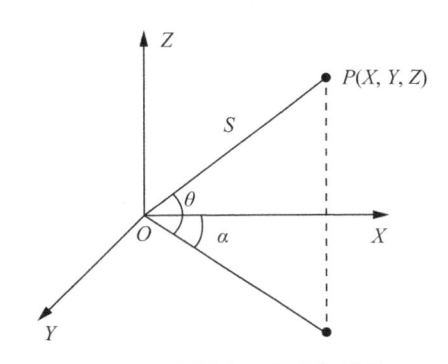

图 5-7　三维激光扫描仪　　图 5-8　扫描点三维坐标计算

对于合流暗涵水上部分，采用三维数字化扫描技术，可以实现城市地下合流暗涵内全覆盖扫描，采集的实测数据包含了三维数字化点云数据以及全景灰度影像数据。通过对三维数据的分析研判、特征提取，能够获得城市地下合流暗涵的相应信息，如合流暗涵的三维形态、缺陷、内部淤积情况、水深、排口的位置、尺寸和排口流水情况等。将这一技术应用到合流暗涵检测中，可以便捷地了解合流暗涵的分布、线路走向、淤积及损坏情况。

（二）复杂城市地下管渠检测的特种机器人装备技术体系

复杂城市环境下的管网和涵道四通八达，对深埋于地下、环境恶劣、排查难度大、安全风险高的排水暗涵、暗渠、暗河（以下统称"箱涵"）的检测是行业公认的难题。针对暗渠和高水位管道的检测，使用特种机器人是进行安全排查的理想解决方案。机器人装备体系包括：履带爬行机器人、漂浮筏CCTV、满水检测机器人，分别对应浅水复杂地形、满水水上检测和满水水下检测几种复杂工况。

1. 履带爬行机器人

针对暗涵的检测和排查，目前国内外普遍采用断面测量、管道潜望镜检测、管道闭路电视检测或潜水员入涵进行视频拍摄、量测等工作方式。这些方式在复杂环境下城市合流暗涵中检测能力有限，难以达到预期效果，且城市合流暗涵自然通风不良，作业面非常有限，极有可能引起安全事故，威胁作业人员生命安全。

适用于城市合流暗涵不同特殊环境的特种履带爬行机器人，可以实现复杂工况条件下合流暗涵无人化、智能化、全覆盖巡检。集成三维激光、三维声呐、摄像等技术，根据合流暗涵内不同工况（水深、水流、涵高情况）选择不同机器人搭载相应传感器，解决合流暗涵分布探测、线路、淤积及损坏情况等检测技术问题。利用三维坐标数据库、三维建模和三维显示等技术，实现多种数据的统一、融合、信息提取，建立一套城市合流暗涵现状三维全覆盖感知检测技术体系。

针对复杂管渠，高速水流冲刷，人员作业探测风险高、难度大的场景，可以采用"水陆两栖、强越障"履带爬行机器人系统搭载水平、垂直断面激光和声呐、姿态等传感器对管渠结构进行行走式全覆盖扫描检查。小履带爬行机器人具有动力强劲、驱动模块化、履带可调等特点；大履带式爬行机器人底盘高，具有强劲的越障、动力、爬坡、承载能力（表5-1）。

表 5-1　履带机器人规格参数

序号	装备名称	装备尺寸	技术参数特征
1	小履带机器人	830 mm（L） 430 mm（W） 470 mm（H）	爬坡能力：45°，过障能力：20 cm（最大高度）；脐带缆长：1 000 m，防水：30 m水深，功率：1 kW，电压：220 V，可搭载多种检测设备
2	大履带式爬行机器人	1 690 mm（L） 750 mm（W） 900 mm（H）	爬坡能力：45°，过障能力：30 cm（最大高度）；脐带缆长：500 m，防水：30 m水深，功率：6 kW，电压：280 V（内升压），可搭载多种采集设备

机器人主体、动力配套、辅助系统、操控系统等装配定型后，检测机器人在管渠各工况下一次下井作业能够航行检测不低于100 m，在管渠内能够传输清晰的实时视频成果，能够自动生成CCTV检测报告、声呐检测报告等，机器人在整个检测作业过程中具有足够的稳定性、可靠性、操控性等。

履带爬行机器人可以根据不同的作业工况搭载三维激光扫描仪、声呐等传感器检测水上部分表观缺陷、光学影像，水下部分声学影像信息。爬行机器人的作业状态可通过实时远程监控进行数据的采集、暂停、移动等操控,实现了合流暗涵无人化、智能化、全覆盖的巡检,将合流暗涵 30 m 范围内的全洞壁数字信息和影像信息获取提升至 2 min 以内,有效解决了检测过程中技术人员的安全问题及检测精度、效率问题(图 5-9)。

图 5-9 履带爬行机器人作业场景

2. 漂浮筏 CCTV

适用于城市合流暗涵高水位排查的漂浮筏 CCTV(图 5-10),设有可调节大小的气垫,通过调节气垫的充气量可以改变气垫的吃水深度,在管道有限的空间内,水位高低会影响检测效果和漂浮筏的过障能力,因此设计使用气垫结构来调整漂浮筏的吃水深度。两栖推进装置可以实现在水深或者水浅的管道中驱动漂浮筏前进,便于工作人员更好地检测排水管道。还可在漂浮筏上安装外接设备,如声呐等。

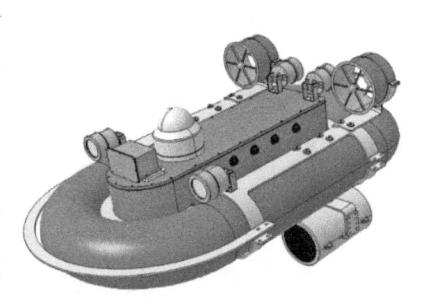

图 5-10 漂浮筏 CCTV

表 5-2 漂浮筏 CCTV 规格参数

装备名称	装备尺寸	技术参数特征
漂浮筏 CCTV	988 mm(L) 586 mm(W) 432 mm(H)	动力:水下推进器、水上喷气动力系统,脐带缆长:300 m,防水:30 m 水深,功率:1 kW,电压:220 V,通过两栖推进装置检测深水、浅水管道,可调节吃水深度,可搭载水下电法测漏仪、声呐及水上激光雷达、全景云台相机等传感器

3. 满水检测机器人

近年来,对于管内充满水、能见度低的排水管涵,逐步采用声呐管道检测仪、电法测漏仪来完成现代排水管道的检测,这些方式均通过在管道内穿线牵引来获知管内的某项信息。但是声呐管道检测仪对于水面以上的部分无法检测，电法测漏仪对于金属管道内壁无法检测。而且在现场实测中，此类拖拽、牵引式的检测手段受管道埋深、井室大小、管道材质及淤堵物等的影响，对设备探头及线缆常存在不同程度的损坏。

针对以上技术瓶颈，适用于管道满水检测的满水检测机器人是较好的选择（图5-11）。借助水下无人潜航器的技术优势，将管道断面声呐、二维实时成像声呐、电法测漏仪在具有自主动力系统的水下无人潜航器运载平台上集成，通过改造潜航器单元电子仓的通信协议及脐带缆的通信接口，确保各项传感器信号能够正常回传。在此基础上，满水检测机器人搭载运动控制传感器、水深计、水下检测传感器及照明设备，实现对充水管道内部缺陷的无人化、智能化检测。

图 5-11　满水检测机器人

在某路段满水干管检测中，满水检测机器人发现了障碍物、沉积物、骑马井、变形、错口等缺陷并对其进行评级和现状描述，如图5-12所示；并且在通过抽水倒排进行CCTV检测中，发现倒水检测和不倒水的满水检测具有良好的一致性，说明满水检测机器人具有良好的检测效果，在难以抽水倒排的工况下，具有广阔的应用前景。

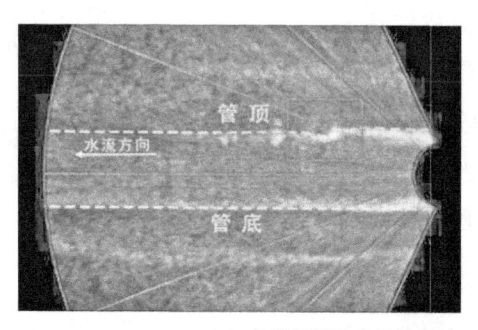

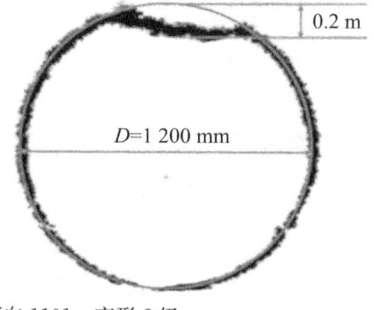

(a) 变形为管道直径的5%～15%，环向1101，变形2级

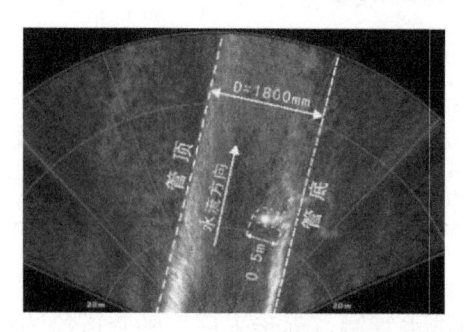

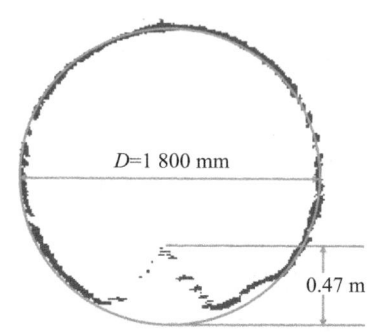

(b) 过水断面损失在0～25%之间，环向0507，障碍物2级

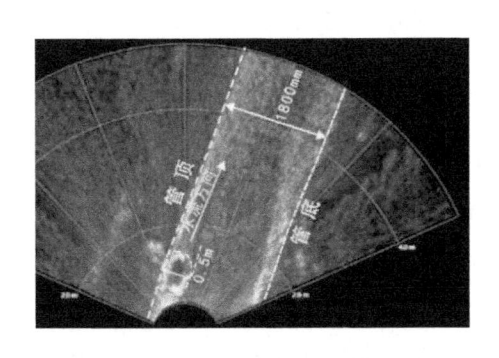

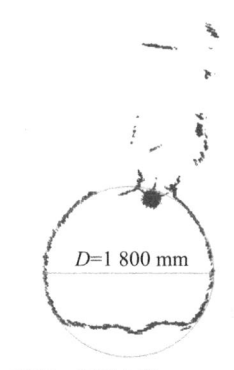

(c) 环形 1201，沉积物厚度小于管径的 20%～30%，环向 0507，沉积 1 级

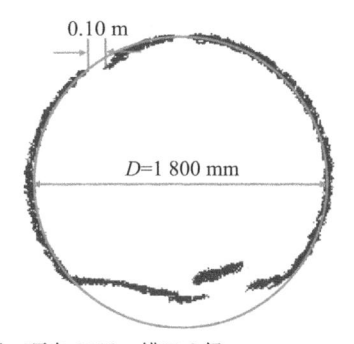

(d) 中度错口，2 个管口偏差为壁厚的 1/2～1 之间，环向 1011，错口 2 级

图 5-12　满水管道声呐检测典型缺陷影像成果图

二、源头控源截污关键技术

源头控源截污是实现分流改造的关键，也是实际工程实施中最困难的部分。源头分流包含了建筑立管分流、源头污染源收集接户、建筑周边排水管渠改造、排水单元内部道路排水管渠改造、与市政管网的接驳等关键环节，此外在分流改造中，如何评估源头改造必要性、评估源头污水收集效能，也是控源截污的关键。

（一）源头截污纳管通用技术

1. 建筑排水立管改造

建筑单体立管改造主要有 4 种情况：

（1）单体立管不收集天面雨水，而收集了阳台废水的情况，改造时，将该立管通过水封井接入室外污水系统。

（2）单体立管只收集天面雨水，不收集阳台废水的情况，改造时，将该立管接入室外雨水系统。

（3）单体立管既收集天面雨水，又收集阳台废水的情况，建筑为多层建筑（9 层及以下），将该立管通过水封井接入室外污水系统，同时新建一条雨水立管排出天面雨水。

（4）建筑为高层建筑（10层及以上），改造难度较大，将所有合流立管接入室外污水系统，不另行新建雨水立管。

在具体改造设计中，建筑排水除屋面雨水外的其他排水均视为污水，应着重梳理、收集，接入室外污水系统；建筑屋面雨水收集排放系统是雨水系统的重点，建筑物的雨污分流改造应最大程度将屋面雨水收集并排放到室外雨水系统，新建的立管需与原建筑物的风格相协调。立管设计应满足《建筑给水排水设计标准》（GB 50015—2019）的要求。现状天面雨水管有空间新建埋地雨水管排入雨水支管时，可自顶层截断，采用45°弯头将现状雨水管向下引入地面；原合流管改造后为污水管，利用45°弯头引至楼顶，增加通气帽，并用管卡固定于女儿墙。个别狭窄巷道雨水立管接驳天面雨水后无空间新建埋地雨水管排入雨水支管时则可以采用雨水地面散排方式。

2. 污染源收集接户

对建筑污水立管在地面进行截断，并新建连接管道接入新建/现状污水管道中；对化粪池出水管进行截断或封堵化粪池出水口，并另建化粪池出水管道，新建连接管道接入新建/现状污水管道中。新建污水管道采用圆形或方形现浇混凝土检查井。接户检查井采用方形现浇混凝土污水检查井，污水主干管道采用圆形砖砌污水检查井（图5-13）。

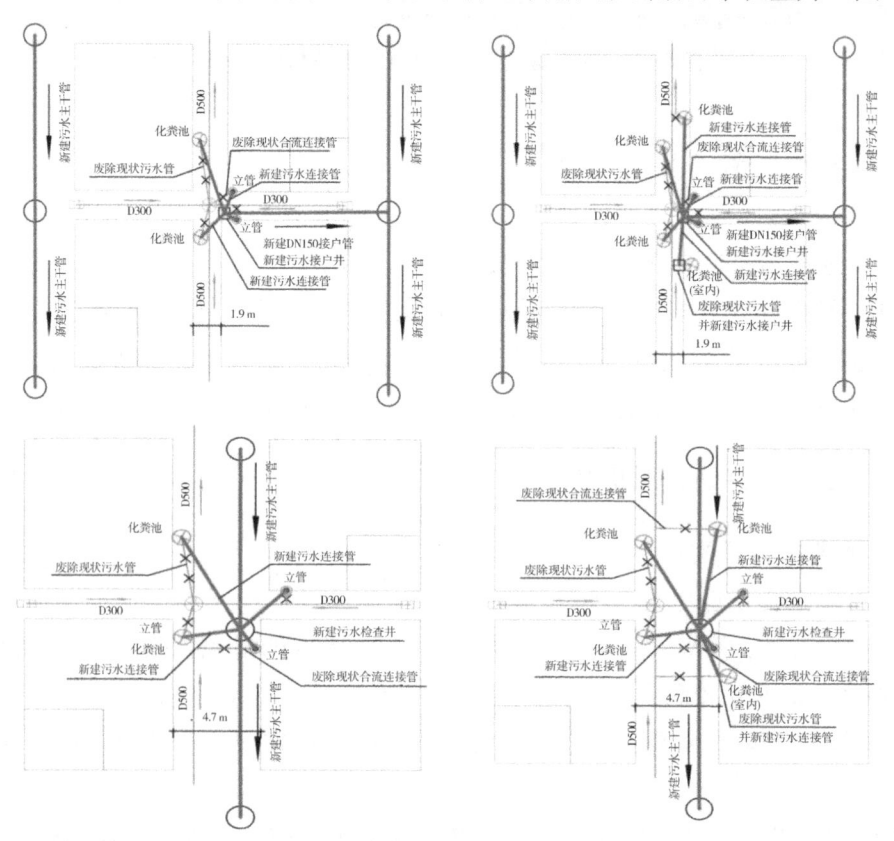

图 5-13　不同类型接户管道和接户井设置方式示意图

根据巷道宽度对接户管道和接户井设置进行分类，见表5-3。

表5-3 接户管道和接户井设置要点

分类	名称	现状情况	接户管道及接户井设置
1	道路窄，化粪池布置规则	合流管道和排水沟布置在道路内，道路较窄（宽度1.5~3.0m），化粪池规则布置在道路内	截断现状合流立管和化粪池出水管，新建连接管道接入新建方形砖砌污水检查井，再排入新建污水主干管道内。新建污水主干管道布置在其他较宽道路内
2	道路窄，化粪池布置不规则	合流管道和排水沟布置在道路内，道路较窄（宽度1.5~3.0m），化粪池不规则布置在道路内或建筑内	截断现状合流立管和化粪池出水管，新建连接管道接入新建方形砖砌污水检查井，再排入新建污水主干管道内。部分化粪池出水管连接管道需设置清扫口或检查井，以便管道转向。新建污水主干管道布置在其他较宽道路内
3	道路宽，化粪池布置规则	合流管道和排水沟布置在道路内，道路较宽（宽度>3.0m），化粪池规则布置在道路内	截断现状合流立管和化粪池出水管，新建连接管道接入新建污水主干管道内。新建污水主干管道布置在该道路内
4	道路宽，化粪池布置不规则	合流管道和排水沟布置在道路内，道路较宽（宽度>3.0m），化粪池不规则布置在道路内或建筑内	截断现状合流立管和化粪池（含室内）出水管，新建连接管道接入新建污水主干管道内。新建污水主干管道布置在该道路内

3. 建筑周边排水管渠改造

（1）建筑单体周边合流排水（周边有绿地）

此类建筑考虑利用建筑单体周边现状合流排水管作为污水管，利用绿地做植草沟、雨水花园等，将建筑单体雨水管接至草沟、绿地。

（2）建筑单体周边合流排水（周边无绿地）

此类建筑考虑利用建筑单体周边现状合流排水管作为污水管，沿建筑周边做雨水盖板沟，收集建筑单体和周边的雨水。

（3）建筑周边雨污分流存在错混接

此类建筑考虑利用单体周边现状排水管的功能，将错接的立管和出户管进行改造，原有错接排口进行封堵。

（4）商业楼、教学楼等公建周边合流排水

此类建筑由于单体污水出户管少，建议保留原有周边合流管为雨水管，新建一套污水管来接驳污水出户管及化粪池。

4. 排水单元内部道路排水管渠改造

（1）现状道路只有一条合流管、道路坡度大、道路两侧有绿地：优先考虑利用合流管作为污水管，利用绿地做排水沟，承接单体周边雨水管沟和路面排水。

（2）现状道路只有一条合流管、道路坡度小、道路两侧无绿地：优先考虑利用合流管作为雨水管，新建一套污水管，承接单体污水。

(3) 现状道路有两套管（一套雨水管、一套污水管），对错混接点进行节点改造，原有错接排口进行封堵。

(4) 单元内部有水体：周边雨水优先就近排入。

5. 排水单元与市政管网接驳改造

(1) 外部市政道路已有雨污分流两条管道的情况。若排水单元内部具备雨污分流改造条件，则将单元内部雨污水管道与外部市政道路上的雨污水管的接驳要求一一对应，封堵原有的截流式溢流井；若排水单元内部不具备雨污分流改造条件，则建设截流式溢流井分别与市政雨污水管衔接，避免合流雨水完全进入市政污水系统。

(2) 外部市政道路只有一条合流管的情况。在排水单元内部进行雨污分流改造的同时在相关规划的指引下尽快完成市政道路污水管网的建设。

(3) 外部为河道并已建有截污干管的情况。排水单元内部雨污分流改造后，雨水管可直排入河，污水管接入河道边截污干管，同时封堵截污干管上相应的合流管排口或拍门。

(4) 外部为河道但未建截污干管的情况。在排水单元内部进行雨污分流改造的同时在相关规划的指引下尽快完成河道边截污干管的建设。

（二）源头污水收集效能评估方法

为解决现状难以对各排水小区的收集效能进行相对量化的分析及评估这一问题，需要建立科学系统的源头排水单元污水收集效能分析评估方法及指标体系。

对划分出的各个排水单元进行污水收集效能评估，按照效能总体评价确定排水单元的处理操作及其处理优先级，可以提高治理效率和针对性，避免治理先机误判情况的发生，提高治理措施实施的准确性、可靠性。具体评估步骤如下。

(1) 收集目标污水系统的基本资料得到各排水分区中理论污水排放量、各排水分区中污染物理论排放量。基本资料包括目标污水系统纳污范围的面积、地块属性、人口数量，污水管网走向、管径，排水管网的截流口、溢流口，污水厂及泵站的规模及运行数据，各排水分区的面积、用地、人口。

(2) 获取污水系统各水质水量监测点处流水的流量、COD 浓度值、BOD_5 浓度值、NH_3-N 浓度值作为处理数据。水质水量监测点布置于各污水排水分区的污水干管最下游处的检查井内，以及各排水分区的截流口、溢流口处。

(3) 采用所得污水系统的处理数据分别计算污水收集率、清水侵入率、污水漏损贡献度、清水侵入贡献度。

综合单元情况，分别对污水收集率、清水侵入率、污水漏损贡献度、清水侵入贡献度设置权重，计算每个排水单元的污水系统收集效能值，建立评价等级。根据计算所得评价等级,制定有针对性的污水系统治理指导方案,从而提高治理效率和针对性。

三、老城区合流暗涵及公共管网清污分流关键技术

(一)老城区合流暗涵及公共管网清污分流技术方案

1. 老城区合流暗涵及公共管网特征

老城区市政合流制管道并不是造成黑臭水体的根本原因,而是合流管道未接通污水处理厂,污水直排合流暗渠导致。合流暗渠断面大、坡度小,污水流速不足,极易厌氧发臭,污泥或垃圾沉积于渠底,大量污水旱季积存渠内,因此,河道变成"死河",雨季全部冲刷流出,对环境造成严重污染。合流暗渠的排水特点是老城区未实现雨污分流改造所产生问题的集中表现,主要集中在合流暗渠旱季排污和雨季排涝矛盾尖锐,包括积存污水与淤泥侵占行洪断面降低排涝标准,合流暗渠内的低浓度污水增加了中途泵站及污水厂的运行负荷等。

老城区治理的难点体现在多个方面,如室内外管道混乱,早期工程建设质量控制不严、施工难、效果不理想、缺少剩余管位、规划滞后、治污不系统、资金筹措难等,另外,施工组织受天气、交通压力、居民生活等因素影响。通过对老城区进行分析以及汇总相关文献资料,总结老城区排水系统改造的难点主要有:

(1)环境方面。物探准确度低、施工场地不良、施工障碍较多。

(2)社会方面。交通疏解、管线迁改、进场协调等存在压力。

(3)技术方面。现状管道物探困难、管网错综复杂、施工条件限制、存在错混接风险。

2. 老城区合流暗涵及公共管网清污分流技术方案分析

老城区雨污分流改造工程实质是补充建设一套排水系统,确保区域污水有专门通道排入污水厂,恢复合流暗渠或河道作为清水通道。其核心是在老城区现状建设条件下,结合既有排水管网及设施,提出社会影响小、实施性强、效果明显、经济合理、风险可控的针对性方案。

老城区的市政排水改造思路应结合实际地下空间以及市政路网等,选择建设管径适中、影响小、投资经济的污水管道,保留原有内河、暗渠、市政合流管为雨水通道。

1)关键要素

老城区雨污分流工程建设条件并不理想,在设计阶段应注意以下几方面要点,确保方案经济可行。

（1）技术合理

方案阶段应当考虑以下内容：方案应尽可能与规划相统一；最大化利用现状已有排水设施，提高资源利用率；与铁路、地铁、道路、防洪、水系、绿地、综合管线、地下空间相协调；配合污水终端设施处理好分散与集中、排放与利用的关系；管网定线应利用好剩余管位空间，最大化减少水、电、煤等综合管线迁改；治污同时避免带来新的内涝问题；排水分区划分合理，尽量实现重力收集污水，不设或少设泵站，高水高排、低水低排。

（2）施工可行

应确保施工机械可进出、支护方案可实施，与地下构筑物、综合管线、周边房屋保证安全距离，地上地下均保证有施工操作空间，避让高架桥、天桥、电线、交通标牌等。

（3）交通疏解

占道施工对交通影响可接受，交通疏导方案可行度高，尽量避开快速路及主干路的长距离占道施工。

（4）效果突出

应强调阶段性效果，实施一部分管道即可实现部分效果，避免因某一段管道未实施导致整个管网系统无法发挥作用。管网建设发挥效果的关键在于新旧管网合理接驳，确保污水进入新建管道。

（5）协调量适中

管网定线应兼顾施工阶段的协调工作量，尽量减少管线施工对其他单位部门的影响。

（6）投资经济

投资指标较新建区管网投资指标高，特别是遇到淤泥地质时，要从沟槽开挖宽度、回填材料、支护形式、地基处理方式、管材井材选用、管道埋深、中途提升泵井、路面恢复等方面统筹考虑投资的合理性。

（7）运维便捷

管网工程发挥良好效益应做到"三分建、七分管"，每一种建设方案均应考虑对应的运行维护措施。如合理设置沉泥井、闸槽井，避免在暗渠内布置管道等，充分发挥机械化维护的优势。

2）分流方案研究

（1）剥离清水

在未实施雨污分流之前，暗渠是唯一的排水通道，山水、农田水、景观水等水质相对良好的清水同生活污水混合排放。由于暗渠排污口设置复杂，实施污水收集工程量大、工期长，在治理前期，建议将暗渠仍作为污水排放的通道使用，优先采取简单措施从源头剥离混入暗渠的清水,导排进入附近公园/绿地水体或其他区域(内河、江、湖等)。与此同时,应对给水管道进行排查,如穿插通过暗渠的给水管爆管,大量自来水进入暗渠,应尽快修复。通过以上两方面清水剥离措施,可减少清水与生活污水的混合量,提高污水厂进水浓度。后期待污水收集工程完成,暗渠无直排污水,可将山水等清水改回暗渠排放,具体流程如图 5-14 所示。

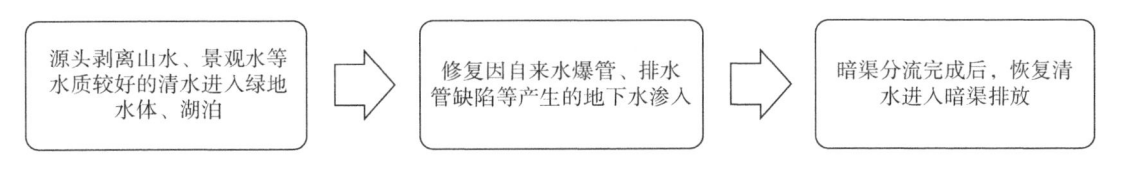

源头剥离山水、景观水等水质较好的清水进入绿地水体、湖泊 ⇒ 修复因自来水爆管、排水管缺陷等产生的地下水渗入 ⇒ 暗渠分流完成后,恢复清水进入暗渠排放

图 5-14 剥离清水措施

(2)收集污水

老城区排水改造范围广、难度大、风险高,而排水管网属于线性工程,必须全线贯通才能见效,应结合老城区现状治理情况,分阶段、分片区提出管网建设计划,避免没有主次,容易做的完成、难做的遗留,管网不成体系难以发挥工程效果,造成资源浪费。老城区分流工程分阶段治理的方式为先旱季后雨季、先明涌后暗渠、先支渠后主渠。分阶段流程如图 5-15 所示。

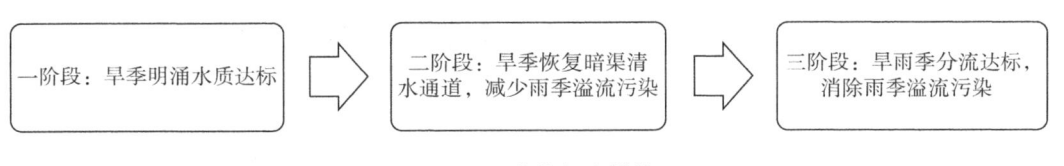

一阶段:旱季明涌水质达标 ⇒ 二阶段:旱季恢复暗渠清水通道,减少雨季溢流污染 ⇒ 三阶段:旱雨季分流达标,消除雨季溢流污染

图 5-15 收集污水措施

(二)老城区合流暗涵及公共管网接驳技术路径

在老城区控源截污工程中,新旧管网合理接驳是确保排水管网建设效果的核心。受施工条件、施工范围限制,老城区的管网接驳非常复杂。国内相关工程表现出大量错混接导致污水收集效果并不理想,管道产生一系列旱季溢流、雨季倒灌等问题。目前,国内在污水管网接驳方面研究较少,仅有少量文献提出了限流接驳的思路或针对特殊检查井提出了优化设计方案。要从提升整体流域系统接驳效果的角度出发,综合分析老城区新建管网与已有管网的接驳方式,同时根据功能需求选择非标准检查井的设置,在实际工程实施操作中提出切实可行的、指导性强的设计方案,提高管网建设污水收集率,最大化实现工程建设价值。

管网接驳的实质是新建管道与原有管道产生连接关系的过程,连接关系梳理的清晰,设计单位就可以更明确地指导施工单位实施,降低错混接风险,截污效果更容易实现。如确定了以接驳为主、兜底为辅的连接思路,则根据现状排水系统的主次连接关系布置兜底点或接驳点的位置，梳理总结新建管道与现状排水管渠在不同情况下的连接处理方式及构筑物的选择，其分类及方式如图 5-16～图 5-20 所示。

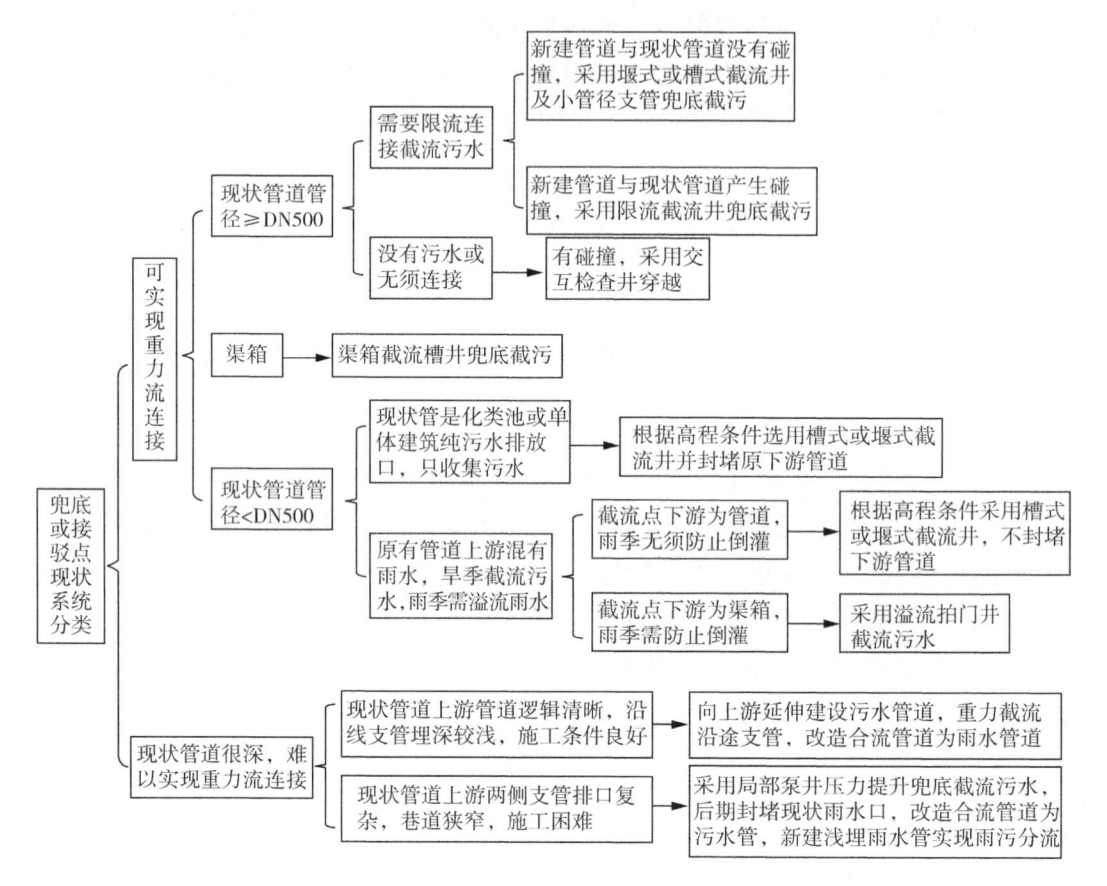

图 5-16　不同接驳形式树状图

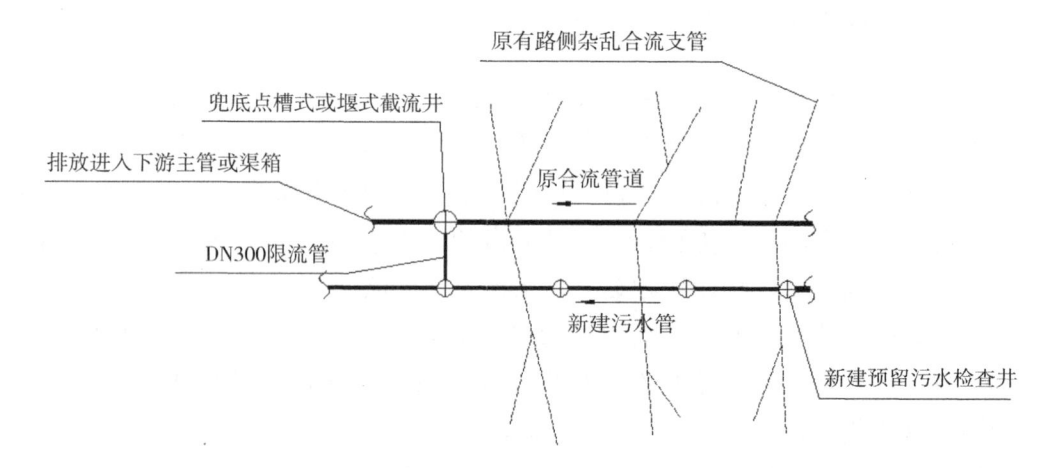

图 5-17　支管限流兜底截污（新建管与合流管无碰撞）

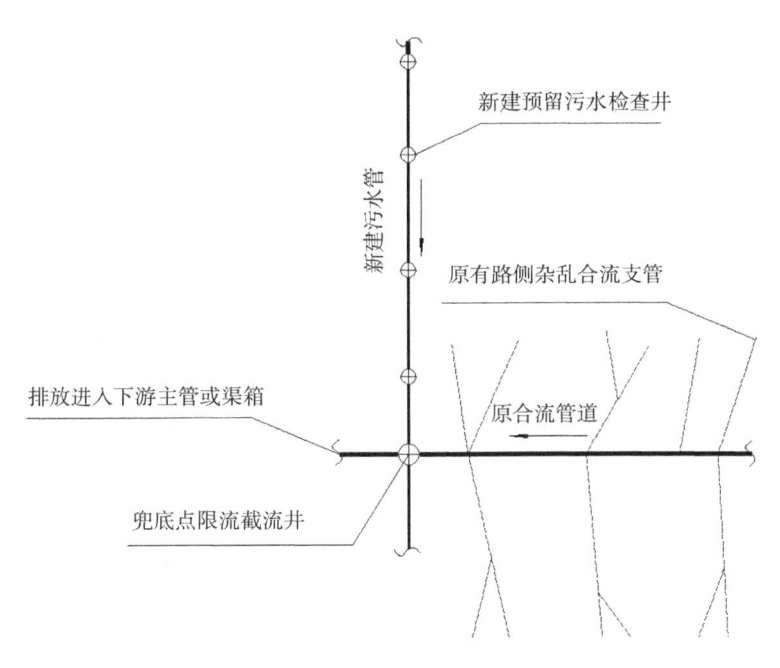

图 5-18　限流截流井兜底截污（新建管与合流管碰撞）

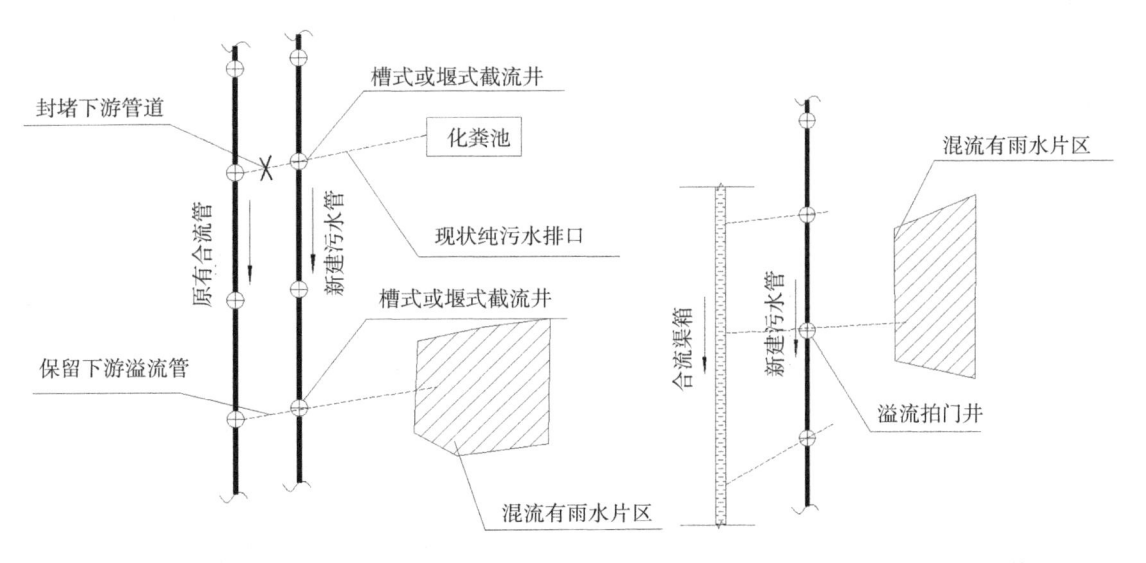

图 5-19　接驳小管径排口截污　　　　**图 5-20　下游防倒灌接驳截污**

（三）老城区合流暗涵清污分流的接驳装置

1. 暗涵内排污口截流装置

受经济条件限制，城市的排水系统基本为合流制排水体制。合流管道末端直排入天然河道，随着人口增加，河道污染日益严重，为改善环境将自然流淌的河道覆盖改造为暗涵,在暗涵与明渠交界处设置闸门及截污管道,截流混合污水进入污水厂,如此便形成了今天老旧城区内的典型排水通道——合流暗涵。合流暗涵旱季接收污水,而雨季仍然是城区的排涝通道,所以降雨时期溢流污水对下游河道水体造成严重污染。

对合流暗涵的治理主要目标是恢复其为清水通道,故主要的治污措施是实施清污分流工程,在暗涵沿线建设截污管道及截流井,但是存在一些实际问题。例如,部分暗涵段由于房屋骑压拆迁难度大,无建设截污管道及截流井的条件;排口隐蔽,截污管漏接;雨水排口的初期雨水污染浓度较高,截污管道没有采取措施;雨污管错混接导致雨水管晴天仍有污水排入暗涵。

可采用暗涵内排污口截流装置(图5-21),截流支管管底平接安装于现状暗涵排污管道底部,截流支管出口处布置于暗涵底部的截流干管,混凝土挡水堰包封截流支管并与现状暗涵排污管道内壁密贴将截流支管固定,混凝土挡水堰上部与截流支管顶部相平,在截流支管管口前方一定距离设置钢格栅,钢格栅顶部与混凝土挡水堰顶部平行。现状暗涵排污口来水经过钢格栅拦截、过滤垃圾等杂物后,污水被混凝土挡水堰截流至截流支管中;雨季时,超流量雨水可漫过混凝土挡水堰顶部溢流进入暗涵。该截流装置可截流暗涵内排污口的旱季污水及初期雨水,同时溢流雨水不致造成内涝。具有结构简单、无须外加动力驱动、社会影响小、施工操作性强、维护方便等优势,治理污染有立竿见影的效果。

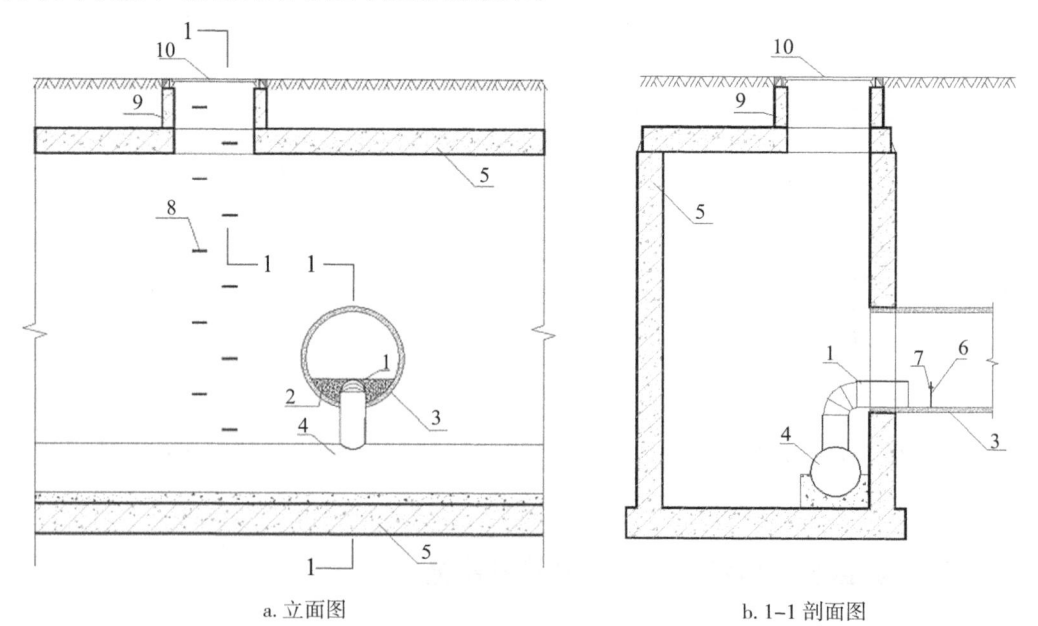

a. 立面图　　　　b. 1—1剖面图

1—截流支管;2—混凝土挡水堰;3—现状暗涵排污管道;4—截流干管;5—暗涵;
6—钢格栅;7—膨胀螺栓;8—爬梯;9—检查井井筒;10—井盖

图5-21　暗涵内排污口截流装置构造图

2. 暗涵排口污水收集井

原有生态河道随城市化进程被堆砌、骑压、侵占衍生成为暗涵，使得暗涵两侧与建筑物之间几乎不存在可实施作业空间，同时建筑单元为了方便，将日常产生的生活污水就近排入暗涵，导致暗涵排口散乱、污水直排。在暗涵长期封闭无实施作业空间的环境下，排入暗涵的污水难以实现有效收集，污水最终汇入暗渠衔接处的受纳水体，造成水体水质污染不达标，同时也严重影响居民的生活环境，成为水环境治理中的疑难杂症。暗涵两侧场地条件相对狭窄或无实施空间，排口排列无序，地下障碍及结构形式复杂，临近建筑单元施工风险大，实施制约条件因素多，难以在暗渠外部实现污水全覆盖、全收集的要求，成为城市黑臭水体治理中难以攻坚的顽疾。因此，急需一种解决方法使得排入暗涵的污染源获得有效的收集、转输、释放。

暗涵排口污水收集井设置在暗涵内进水管的位置，包括检查井室、污水槽和格栅网（图 5-22）。检查井室砌筑于进水管管口下方紧贴暗涵侧壁的位置，污水槽从检查井室内部穿过，检查井室顶部铺设栅格网，检查井室宽度大于污水槽槽宽、长度大于进水管口径，栅格网与排水槽顶部的间距不小于 150 mm。该收集井从内部解决排口污染源收集的问题，在检查井室的顶部设置格栅网用于阻挡垃圾，避免垃圾排放至不锈钢污水槽中造成转输系统的堵塞。

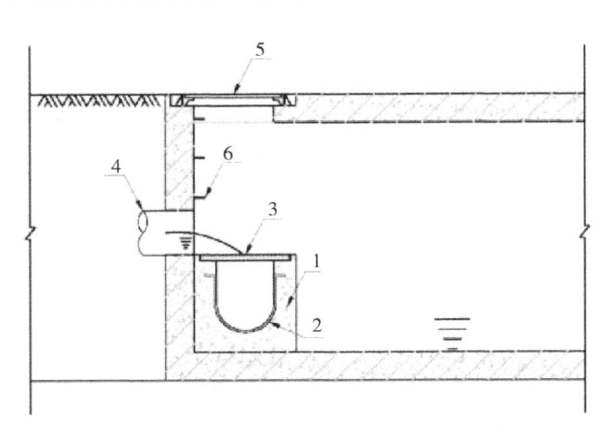

1—不锈钢污水槽；2—检查井室；3—格栅网；4—进水管；5—检修人孔；6—踏步

图 5-22 暗涵排口污水收集井构造图

3. 合流排污口处的截污检查井

在河道或暗渠沿线通常存在合流管道排污口，随着水环境治理力度的加大，目前基本已采取沿河布置截污管道方式收集污水。为了截流污水并防止洪水倒灌，主要在沿河截污管上设置槽式或堰式截流检查井，当排口在洪水位以下时，在堤岸设置拍门防止雨水倒灌。其不足之处主要有：槽式或堰式截流检查井不具备限流作用，当合流管道雨水过量，充满截流污水管时，会使得下游污水系统无法收集污水。也有采用支管连接合流管及截污管的形式来实现限流，收集污水，但是存在占地空间大、容易淤堵的问题。拍门适用于河道段的安装检修，暗渠段效果不佳。由于合流管与截流管仅用一个井室连通，在后期实施源头的雨污分流工程阶段，根据新建系统的雨污类型，需要改建原有截流井并增建污水检查井或新建雨水检查井及破除堤岸新建雨水排口。

合流排污口处的截污检查井包括检查井井体、污水井室、雨水井室（图5-23）。污水井室承接合流管道来水，上游连接污水进水管，下游连接污水出水管，污水井室与雨水井室采用井室隔墙分隔，仅保留井室隔墙顶部溢流方孔，雨水井室下游连通溢流管道。污水井室底部设置流槽、检修平台、限流孔板，雨水井室底部设置有沉砂槽和排泥坡。旱季污水通过合流管道进入污水井室，经过限流孔板的限流孔进入污水主管；雨季合流管道汇入超量雨水，限流孔满流后水位上涨，雨水通过溢流方孔进入雨水井室及溢流管道排放入水体。

这种井安全可靠，拥有节省占地、结构简单、方便施工、节省投资、方便后期系统雨污分流改造、无机械设备方便后期运行维护等多种优势。

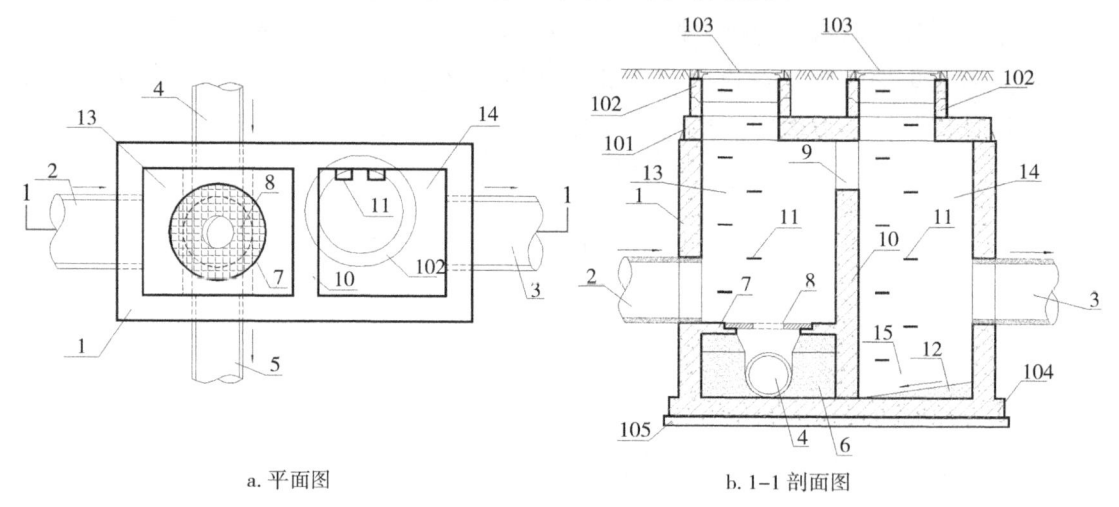

a. 平面图　　　　b. 1-1剖面图

1—检查井井体；101—检查井盖板；102—井筒；103—井盖；104—检查井底板；105—垫层；
2—合流管道；3—溢流管道；4—污水进水管；5—污水出水管；6—流槽；7—检修平台；
8—限流孔板；9—溢流方孔；10—井室隔墙；11—爬梯；12—排泥坡；13—污水井室；
14—雨水井室；15—沉砂槽

图5-23　合流排污口处的截污检查井结构示意图

（四）老城区公共管网清污分流的接驳装置

由于管网建设是和老城区原有管道结合进行，并不是纯粹的分流制系统，所以在新建管道与现状管道接驳时不能只是简单地将现有管道与原合流管道通过普通检查井连接，在兜底或接驳的时候必须考虑到以下实际要求。

(1) 雨季限流。新建管道兜底现状合流管道时，必须考虑限流要求。即不能直接让大管径的合流管道直接接入新建小管径的污水管道，否则雨季时雨水充满污水管道使得下游污水管道无法收集沿线污水、污水厂进水浓度过低、大量污水溢流进入水体。必须考虑到全部收集旱季污水、限流收集雨季初期雨水的需求。

(2) 暴雨溢流。暴雨时期，为了防止收集过多的雨水使得污水管道出现"冒井"的现象，必须在合理的位置设置溢流通道，这也是避免出现局部水浸的需求。

(3) 防止倒灌。在雨季时暗涵作为流域涝水排放通道可能会因为高水位倒灌雨水进入截污管道，须做好暗涵雨水冲击污水管道的准备措施。

(4) 碰撞躲避。老城区现状管道错综复杂，新建管道难以躲避所有现状管道，必须合理处理新建管道与现状管道的交叉关系。

(5) 运维方便。管网工程必须"三分建、七分管"方可确保收集效果，所以检查井的设计必须满足后期的清淤维护要求。随着科技的进步，未来的管养维护方式应以机械化操作为主，降低人工操作的强度和风险。

在兜底或接驳时为了实现以上功能需求，除常规的检查井、沉泥井、槽式截流井、堰式截流井、泵井等常规有规范图集可参考的井以外，还有以下面向公共管网清污分流的接驳方法及设备。

(1) 用于市政排水新旧管接驳处的多功能检查井

用于市政排水新旧管接驳处的多功能检查井可以实现雨季限流、暴雨溢流、碰撞躲避的功能。其由雨污2个井室组成，雨水井室承接合流管道，新建污水管道包封穿越实现碰撞躲避，在雨污水井室墙壁上设置限流孔实现旱季污水截流和雨季的大量雨水限流，暴雨时期过多的雨水从溢流管进入河道或暗涵等雨水系统。其优势在于实现了新旧管碰撞躲避、兜底截流、限流、溢流、防倒灌等一系列功能，且井室集成节约地下空间，后期管养便于查找，减少检查井数量。该检查井详细构造如图5-24所示。

(2) 躲避管线碰撞的管井组合系统研究

在城市尤其是老城区进行排水管道敷设时，经常会遇到排水管道与其他既有综合管线高程冲突的情况，根据《城市工程管线综合规划规范》(GB 50289—2016)的相关规定，宜按照压力管线让重力流管线、可弯曲让不易弯曲管线、分支管线让主干管线、小管径管线让大管径管线的原则处理，但更多的情况是原有综合管线无法迁改。

一般的应对措施是新建设的排水管道采取跌水或倒虹吸等方式躲避碰撞，但存在管道埋深增加、施工困难、水力条件不良、运行维护不方便、建设费用增高等缺点，并且当地下存在其他构筑物时则无条件采取跌水或倒虹吸措施。除此之外，也可采用管变方沟的措施将圆形管道压扁通过，方沟与下方管道底水平连接。管变方沟处理方式是一种较优的躲避碰撞措施，无须倒虹吸且水力条件良好。其缺点是当方沟过宽时，对方沟的结构强度要求高；方沟容易塌陷，如加厚方沟壁板会使有效

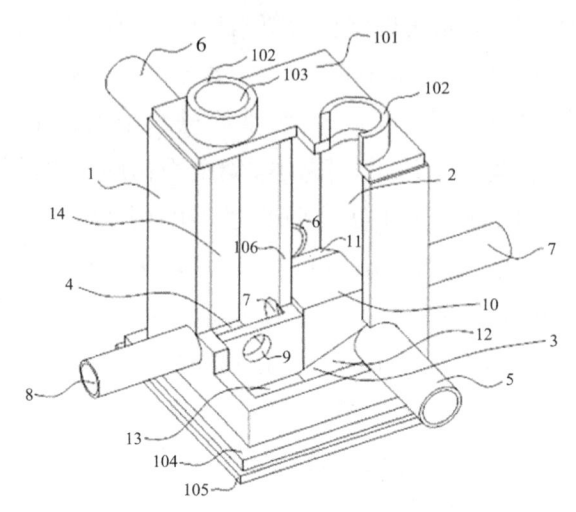

1—检查井井体；101—检查井盖板；102—井筒；103—井盖；104—检查井底板；105—垫层；106—井室隔墙；2—雨水井室；3—沉泥井室；4—污水井室；5—合流管道；6—溢流管道；7—污水进水管；8—污水出水管；9—限流孔；10—挡水坝；11—导水坡；12—排泥坡；13—第一沉泥槽；14—第二沉泥槽

图 5-24 多功能检查井构造示意图

过流断面减小。

躲避管线碰撞的管井组合系统包括进水管、进水井、上层连通管组、下层连通管组、出水井、出水管（图 5-25）。所述进水井、出水井分别设置于高程冲突的综合管线两侧，上层连通管组和下层连通管组分别于综合管线上下垂直穿过，并且前后端分别与进水井、出水井连接，进水井、出水井另一端分别与进水管和出水管连接。

本管井组合系统构造简单、结构稳定、施工操作性强、工期短、水力条件良好、运行维护方便，可以有效解决新建排水管道同其他既有综合管线高程冲突的问题。

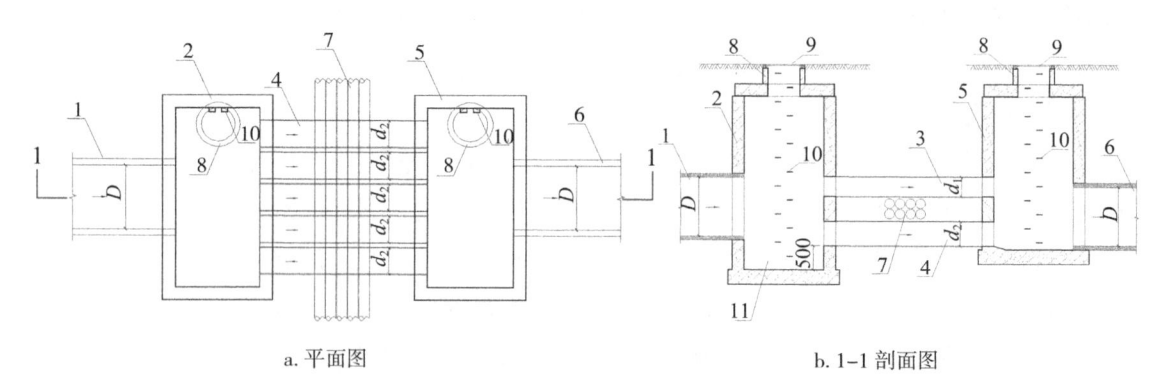

a. 平面图   b. 1-1 剖面图

1—进水管；2—进水井；3—上层连通管组；4—下层连通管组；5—出水井；6—出水管；7—综合管线；8—检查井井筒；9—井盖；10—爬梯；11—沉泥槽

图 5-25 躲避管线碰撞的管井组合系统图

（3）拍门检查井

目前排水系统中普遍存在雨污合流或者分流不彻底，导致雨季污水管道满流或溢出的问题，新型的拍门检查井可以实现雨污的有效分流，减少雨季污水溢流的发生。

拍门检查井由拦污井室、拍门井室、进水管、出水管、拦污网和拍门组件组成（图5-26）。拦污井室与拍门井室平行设置，中间通过过水管相连通。进水管与拦污井室连通，用于接收合流暗涵中的水流；出水管与拍门井室连通，用于排放处理后的水流。拦污网设置在拦污井室内，用于拦截固体废物，防止其进入排水管道。拍门组件安装在过水管的管口上，通过向上转动的方式开启或关闭过水管。

拍门检查井主要具有以下几大功能特点：①拦污功能。通过拦污网拦截固体废物，减少其对排水管道的影响。定期清理拦污网可保证排水系统的正常运行。②防反灌功能。拍门组件采用向上开启的方式，当进水量大时，拍门盖自动向上开启，保证水流畅通。当产生反灌时，由于水流冲力，拍门盖紧压在过水管端头处，起到阻隔作用，避免反灌。③检修方便。拍门检查井的设计使得检修工作更加便捷。打开井盖，即可方便地检查和维护排水管道及拍门组件。

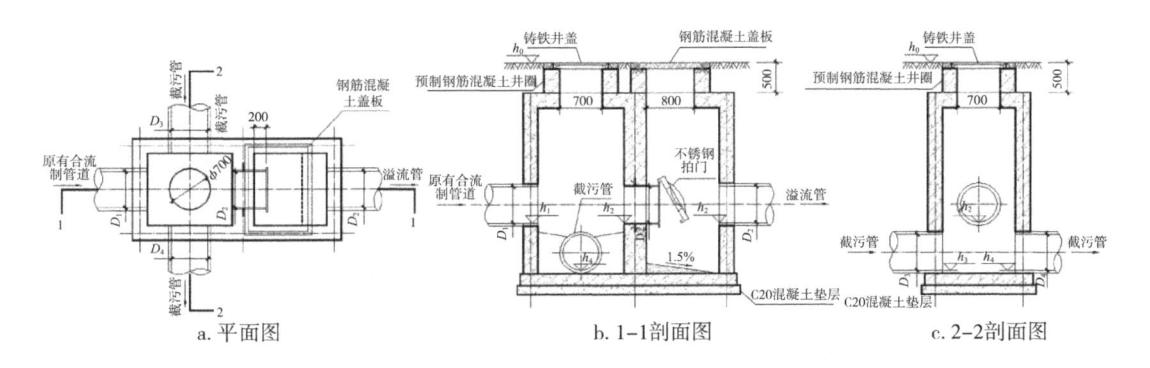

图 5-26 拍门检查井构造示意图

经过实际应用检验，拍门检查井在解决合流暗涵雨污分流不彻底及雨季污水溢流方面取得了显著效果。该设计有效减少了雨季污水溢流的发生，提高了排水系统的运行效率。同时，由于拍门检查井结构简单、安装使用便捷，且不需要电力设施，因此减少了故障概率，降低了维护成本。

四、城市排水系统污涝协同治理评估技术

排水管网是南方滨水城市黑臭水体治理工作的核心，城市排水管网因其不可见、拓扑关系复杂、管养维护脱节等原因，其现状往往难以进行定量评估，所采用的技术措施能否从全流域系统、雨季旱季全时段实现预期效果也难以确定。因此，现状管网问题和治理工程效果评估成为黑臭水体治理工作中的一个主要难题。

排水管网模型基于严谨的数学机理，可以对管道、河流、泵闸等构筑物的基础

物理属性进行还原。基于降雨、污水入流等驱动因素，系统模拟排水管网系统中污水、雨水、合流水的流动、混合，直观展现排水管网在不同情景下的运行状况，并能模拟旱季及雨季条件下的运行状况，为以排水管网为核心的黑臭水体治理工作提供了有力的手段去量化排水管网的现状运行情况，精准定位系统运行的薄弱点和问题点，同时可预测工程措施实施后排水管网系统的状况，为精准治污和科学治污提供了绝佳的手段。因此，黑臭水体治理工作中必须对污涝协同治理模型进行研究，以期为排水系统的现状及工程效果进行量化评估。

（一）模型应用流程

在模型建立之前，需要充分研究模型的计算原理，掌握模型的操作方法，对建立模型所必须的基础数据进行收集整理。在此之后，基于收集的数据信息、场地实际情况，开始对研究区域建模，以研究目的为导向，构建出能够仿真模拟的基础排水模型网络。模型检查之后，为使模型满足标准的精度要求，需要对模型进行反复的修正和完善。为确定符合研究区域自身特点的主要模型参数，需要依据实际降雨数据、用于率定和验证水力排水模型的实测水量数据等实测数据对模型的精度进行校验率定。当模型经率定验证满足精度要求后，才可以用于对研究区域的模拟应用，其应用过程如图5-27所示。

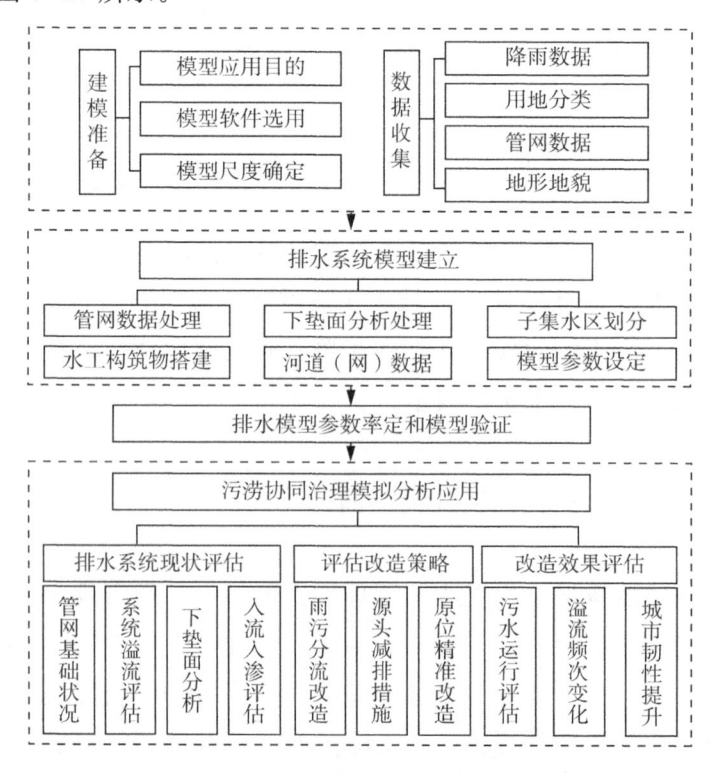

图5-27 模型应用流程图

（二）高效建模技术

排水系统建模操作烦琐，建模范围较大时，耗时长，而进行模型验算评估通常要求较快完成，因此提高排水系统建模效率是行业刚性需求。

模型较大时，管道节点数据量大，对应属性赋值占据整个建模过程的大部分时间，可以通过结构化管线数据处理和导入以提升模型搭建效率。

结构化管线数据是指以数据表格形式存在并且具有管线节点关联的管线数据。在物探过程中测量的原始数据库，详细记录了每个井的坐标、深度、形状，每条管线的起终点、流向、埋深、管径等信息，该数据库即为结构化的管线数据，适合在建模过程中处理后导入。但是在测量过程中，为了对污水、合流、雨水系统进行分别绘制，原始数据存在大量的重复节点，也有不少测量错误及信息缺失，给建模工作带来巨大挑战，因此必须按照一定的处理流程对原始数据进行处理。

结构化管线数据分为节点数据（检查井）和管线数据，分别对节点数据和管线数据进行处理，见图5-28。

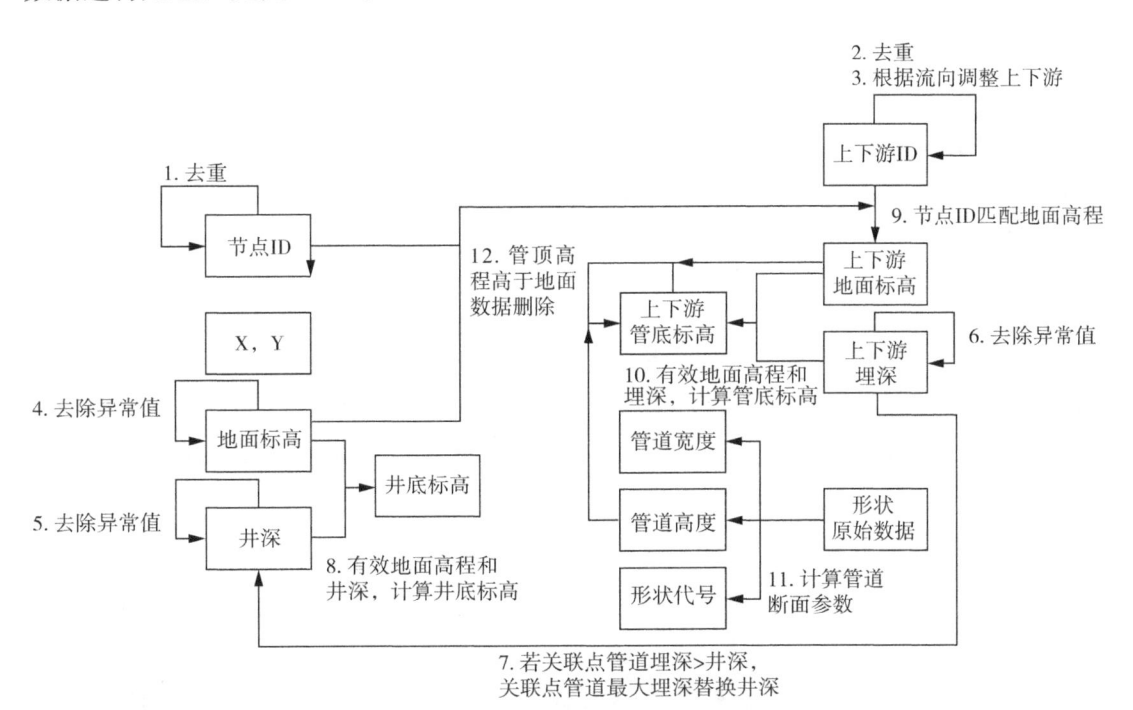

图 5-28　管网数据结构化处理流程图

完成管线数据处理后，需要把处理后的管线数据输入模型，由结构化的管线数据转换为模型数据。只需按照节点的属性字段与结构化处理后的表格属性字段对应后即可完成模型数据导入。

（三）排水系统现状评估技术

1. 排水系统基础状况评估

排水系统基础状况评估首先要对管网拓扑关系进行评估，对现状排水管网存在的雨污混接、大管接小管、管道错位和逆坡问题，进行数据统计，为后续工程改造提供良好的依据。

此外，需要对排水管网的流速进行复核，根据《室外排水设计标准》（GB 50014—2021）的要求，污水管道在设计充满度下的最小设计流速为 0.6 m/s。经过评估，流速过缓的管段将是管网改造和运行维护清疏的重点。

管网的过流能力评估是最重要的基础状况评估。在排水系统的模拟结果中，可以方便地查询管道的水力坡度与物理坡度，通过比较可知，水力坡度大于管道坡度的管段为过流能力不足管段。

2. 地面淹积水情况分析

地面淹积水是现状排水系统评估的重要方面。评估流程包括设定降雨工况、建立地面模型、网格化地面模型、建立检查井与地面模型的耦合关系、启动模拟、查看结果。

运行上述模型后，可以将设计工况下最大淹积水深度过程的淹积水图进行可视化展示，直观看出哪些区域淹积水严重和淹水深度等信息。

（四）改造效果评估技术

对于管网拓扑关系复杂、有较多泵站接入、截流点较多的大型污水管网工程，改造后污水管网的运行情况通常与理论水力计算有较大的偏差。为了更精细地预测大型污水管网建成后的运行状况，需要对改造后的污水管网进行系统模拟，评估改造后污水管网的流速、充满度等情况。

在现状管网模型基础上，新增"新建管网及新旧管网的接驳关系"后，直接运行管网模型，就可以查看新建管网的运行状况。图 5-29 是管网模型运行的结果示意图。

此外，工程改造后，截流系统的溢流频次备受关注，在无法完成全年降雨模拟的情况下，可以采用如下模拟技术：统计不同重现期下的 24 h 降雨量，按照本地降雨雨型进行合理分配后，让各个重现期下不同时长降雨量均满足重现期统计要求。使用不同重现期降雨进行模拟，当满足溢流临界值时，认为当前重现期将会溢流。通过降雨重现期，即可反推溢流频次。

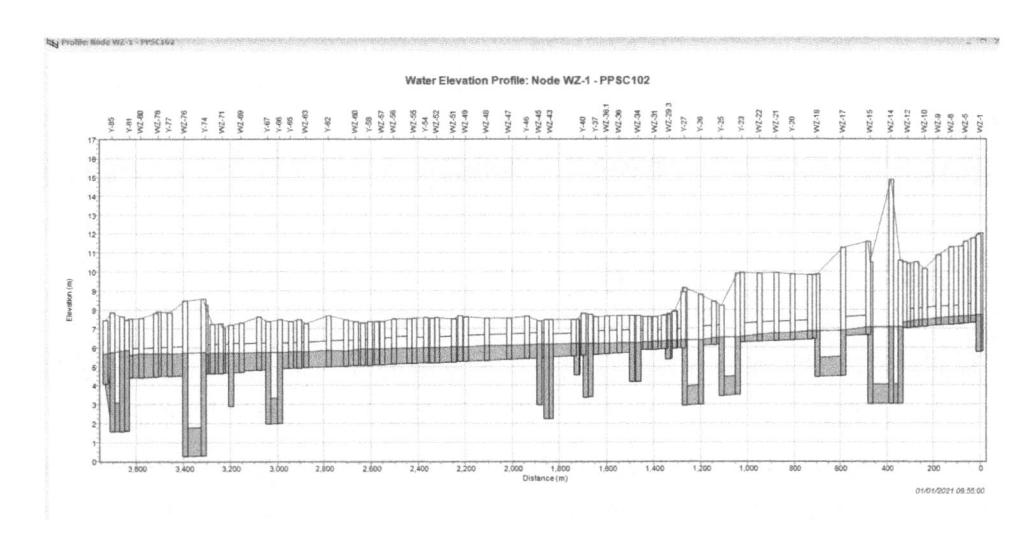

图 5-29　新建管网运行状态断面图

第四节　面向城市黑臭水体治理的排水管网技术应用效果及前景

一、技术应用效果

城市复杂环境下基于精准溯源的管渠综合探测技术能帮助工作人员快速了解排水系统的整体情况，减少盲目排查和施工的时间和成本。在城市黑臭水体治理项目中，能够快速确定黑臭水的来源和排水管网的问题所在，有针对性地制定治理方案，提高治理效率。

源头控源截污关键技术可以从源头对污水进行收集和处理，减少污水直接进入城市水体的量，降低了水体的污染负荷，提高水体的透明度和溶解氧含量，改善水环境质量，为水生生物的生存和繁殖提供良好的条件，为水生态恢复创造良好的基本条件。将污水收集后进行处理，可以提高污水处理厂的进水浓度和处理效率，降低污水处理成本。同时，也减少了污水在管网中的停留时间，降低了污水管网的维护成本。

老城区合流暗涵及公共管网清污分流关键技术通过将合流暗涵中的污水和雨水进行分离，提高了污水的收集率和处理率，减少了污水对城市水体的污染。清污分流后，雨水可以通过专门的雨水管道排放，减少了雨水在合流暗涵中的积存，提高了城市的排水能力，缓解了内涝问题。在雨季，雨水能够及时排出，避免了城市道路积水，保障了城市的正常运行，为城市居民提供了更好的生活环境，提高了居民的生活质量。

城市排水系统污涝协同治理评估技术能够对城市排水系统的污水治理和内涝防治效果进行全面、科学的评估，为城市管理者提供准确的决策依据。通过对排水系统的流量、水位、水质等参数进行监测和分析，评估治理措施的有效性，及时发现问题并进行调整。根据评估结果，可以对城市排水系统的规划、设计、建设和管理进行优化，提高污涝协同治理的水平。在城市排水系统的规划阶段，可通过污涝协同治理评估技术，合理确定排水管网的布局和管径，提高排水系统的抗涝能力，也有助于提高城市应对暴雨、洪涝等自然灾害的能力，保障城市的安全和稳定。在极端天气条件下，通过对排水系统的实时监测和评估，及时启动应急预案，减少灾害损失。

二、技术应用前景

随着城市的不断发展和扩张，排水管网的规模越来越大，复杂性也不断增加，对管渠综合探测技术的需求将持续增长。老旧城区的改造和新城区的建设，都需要对地下排水管网进行全面的探测和评估。

未来，排水管网技术将不断向高精度、高效率、智能化方向发展，需要结合物联网、大数据、人工智能等技术，实现对排水管网的实时监测和数据分析，提前预测管网问题，为城市黑臭水体的治理提供更加科学的决策依据。

在城市黑臭水体治理中，控源截污是根本措施，因此源头排水单元控源截污技术体系将继续成为治理的核心技术。随着环保要求的不断提高，对控源截污技术的精度和效果要求也会越来越高，技术体系将不断完善和优化。控源截污技术体系将与海绵城市建设、雨水收集利用等技术相结合，实现雨水和污水的分流，提高城市水资源的利用效率。同时，也将与生态修复技术相结合，共同打造生态、环保、可持续的城市水环境。

老城区的排水系统改造是城市黑臭水体治理的重点和难点，合流暗涵清污分流技术将在老城区改造中得到广泛应用。随着老城区改造项目的不断推进，该技术的市场需求将不断增加。

在城市黑臭水体治理和内涝防治工作中，污涝协同治理评估技术将成为重要的管理工具。随着城市管理者对排水系统管理要求的不断提高，该技术的应用将越来越广泛。污涝协同治理评估技术将与大数据、云计算、人工智能等技术相结合，实现智能化的评估和预测。通过建立排水系统的数字模型，模拟不同工况下的排水情况，为城市排水系统的优化提供更加科学的依据。

参考文献

[1] 邹伟国.城市黑臭水体控源截污技术探讨[J].给水排水,2016,52(6):56-58.

[2] 严程.老城区控源截污工程管网接驳难点及对策[J].中国给水排水,2020,36(22):110-115.

[3] 高小平.老城区雨污分流改造工程的对策与思考[J].中国给水排水,2015,31(10):16-21.

[4] 陈春霄,战玉柱,吴述园,等.城市分流制排水系统中管网混接污染控制方案的优化选择[J].净水技术,2018,37(S1):217-220+229.

[5] 严程,潘子豪,宁江,等.老城区雨污分流制改造方案分析[J].净水技术,2021,40(9):97-103.

[6] 赵伟业,王洋,李张卿,等.基于某城市旧城区雨污分流改造的若干问题与思考[J].净水技术,2020,39(9):44-47+131.

[7] 肖生明.城市合流管网雨污分流改造的思考对策[J].工程建设与设计,2020(13):82-83+94.

[8] 王继红.老城区雨污分流改造难题与解决对策探讨[J].天津建设科技,2020,30(3):51-53.

[9] 李瑞成,王吉宁.老城区排污管网改造中应注意的几个问题[J].中国给水排水,2008(12):6-10.

[10] 陈春茂.截流式合流制排水系统改造应注意的问题[J].中国给水排水,2003(2):83-84.

[11] 朱韻洁,李国文,张列宇,等.黑臭水体治理思路与技术措施[J].环境工程技术学报,2018,8(5):495-501.

[12] 李斌,柏杨巍,刘丹妮,等.全国地级及以上城市建成区黑臭水体的分布、存在问题及对策建议[J].环境工程学报,2019,13(3):511-518.

[13] 袁鹏,徐连奎,可宝玲,等.南京市月牙湖黑臭水体整治与生态修复[J].环境工程技术学报,2020,10(5):696-701.

[14] 周飞祥,贾书惠,王巍巍.城市黑臭水体治理的实践与探索——以河南省鹤壁市海绵城市为例[J].建设科技,2016(1):21-24.

[15] 宋宜嘉,梅凯,王先明.我国城市合流管网雨污分流改造的思考与对策[J].安全与环境工程,2013,20(1):63-64+74.

[16] 李昀涛.广州市中心城区雨污分流改造的思路[J].中国市政工程,2010(1):30-31+78.

[17] 高小平.老城区雨污分流改造工程的对策与思考[J].中国给水排水,2015,31(10):16-21.

[18] 田乐琪.基于SWMM模型的城市水环境污染情况模拟[J].科学技术创新,2023(4):65-69.

[19] 牛媛媛.基于SWMM和MIKE模型的机场飞行区雨水管网及内涝风险评估[J].市政技术,2022,40(7):242-245+251.

[20] 范峻恺.基于人工智能的流域-城市雨洪时空模拟与海绵城市规划建设适宜性分析——以福建省长汀县为例[D].南京:南京大学,2020.

[21] 唐建国,张悦.德国排水管道设施近况介绍及我国排水管道建设管理应遵循的原则[J].给水排水,2015,51(5):82-92.

[22] 张嘉毅,唐建国,张建频,等.日本横滨排水设施建设及运行管理经验和启示(上)[J].给水排水,2008(12):116-123.

[23] 梁珊,刘毅,董欣.中国排水系统现状及综合评价与未来政策建议[J].给水排水,2018,54(5):132-140.

[24] 卜庆伟.新加坡城市水管理经验及启示[J].山东水利,2012(4):26-28.

[25] 徐敏,张涛,王东,等.中国水污染防治40年回顾与展望[J].中国环境管理,2019,11(3):65-71.

第六章　赤潮的发生与治理

第一节　赤潮的危害及研究历程

一、赤潮的概念

赤潮是一种在特定的环境条件下，因海洋中的浮游生物暴发性急剧繁殖造成海水颜色异常的有害生态现象。人类对赤潮早就有记载，如《旧约·出埃及记》中就有关于赤潮的描述："河里的水，都变作血，河也腥臭了，埃及人就不能喝这里的水了。"赤潮发生时，海水变得黏黏的，还会发出一股腥臭味，颜色大多是红色或近红色。在日本，早在藤原时代和镰仓时代就有关于赤潮的记载。1603 年，法国人马克·莱斯卡波特记载了美洲罗亚尔湾地区的印第安人会根据月黑之夜观察海水发光现象来判别贻贝是否可以食用。1831—1836 年，达尔文在《贝格尔号航海日记》中记载了在巴西和智利近海面发生的由束毛藻引发的赤潮事件。中国早在 2000 多年前就发现赤潮现象，一些古书文献或文艺作品里已有关于赤潮的记载。如清代的蒲松龄在《聊斋志异》中就形象地记载了与赤潮有关的发光现象。

由于这种现象常常伴随着海水颜色的改变，以红色为常见，故称之为赤潮。需要注意的是，赤潮并不都是红色的，不同的浮游生物会使海水变成不同的颜色，赤潮是各种颜色潮的总称。值得指出的是，某些赤潮生物（如膝沟藻、裸甲藻、梨甲藻等）引起赤潮有时并不会导致海水变色。国际上一般采用日本学者安达六朗根据日本各地发生的 140 余起赤潮调查结果统计并于 1973 年提出的"不同生物体长的赤潮生物密度"法作为赤潮的生物学判据。从生物学上，用有害藻华（Harmful Algal Blooms，HABs）描述这一生态异常现象更加科学。有害藻华包括了大型藻、微型藻、浮游和底栖藻等引发的各类藻华现象。本章中的赤潮主要指那些发生在海水中由微型藻形成的有害藻华。

二、赤潮的主要危害

赤潮是一种世界性的公害，中国、美国、日本、加拿大、法国、瑞典、挪威、菲律宾、印度、印度尼西亚、马来西亚、韩国等30多个国家和地区赤潮发生都很频繁。危害主要体现在破坏生态平衡、破坏渔业资源、影响生物及人体健康、影响生态系统服务功能等方面。

（一）破坏生态平衡

在植物性赤潮发生初期，水体会出现高叶绿素 a、高溶解氧、高化学耗氧量。这种环境因素的改变，致使一些海洋生物不能正常生长、发育、繁殖，导致一些生物逃避甚至死亡，破坏了原有的生态平衡。此外，赤潮的发生会使海水的颜色、透明度、酸碱度等理化性质发生改变。海水颜色通常会因赤潮生物的种类和数量不同而呈现出红色、褐色、绿色等异常颜色。透明度降低，会影响阳光穿透海水的深度，进而影响海洋中浮游植物的光合作用。赤潮生物的代谢活动和死亡分解过程还会改变海水的酸碱度，对海洋生物的生存环境产生不利影响。

（二）破坏渔业资源

赤潮破坏鱼、虾、贝类等渔业资源。主要原因如下：
（1）破坏渔场的饵料基础，造成渔业减产。
（2）赤潮生物的异常繁殖会堵塞鱼、虾、贝等经济生物的鳃部，导致它们窒息而死。
（3）赤潮后期，大量赤潮生物死亡后，在尸骸的分解过程中会消耗大量海水中的溶解氧，造成环境严重缺氧或者产生硫化氢等有害物质，引起虾、贝类的大量死亡。
（4）有些赤潮的体内或代谢产物中含有生物毒素，能直接毒死鱼、虾、贝类等生物。

（三）影响健康

有些赤潮生物分泌赤潮毒素，当鱼、贝类处于有毒赤潮区域内，摄食这些有毒生物，虽不能被毒死，但生物毒素可在体内积累，其含量大大超过食用时人体可接受的水平。这些鱼虾、贝类如果不慎被人食用，就会引起人体中毒，严重时可导致死亡。由赤潮引发的赤潮毒素统称贝毒，暂时确定有10余种贝毒其毒素比眼镜蛇毒素高80倍，比一般的麻醉剂，如普鲁卡因、可卡因还强10万多倍。常见的赤潮毒素有麻痹性贝毒、腹泻性贝毒、神经性贝毒、记忆丧失性贝毒、西加鱼毒等，其中麻痹性贝毒是世界范围内分布最广、危害最严重的一类毒素。据统计，全世界因赤潮毒素的贝类中毒事件有 300 多起，死亡 300 多人。

（四）影响海洋生态系统服务功能

赤潮发生时，海水变色、散发异味，还可能存在有毒物质，这会严重影响海滨浴场、滨海旅游景区的景观和水质，降低游客的旅游体验，减少游客数量，影响当地的海洋生态系统服务功能和旅游经济。

至 2008 年为止，世界上已有 30 多个国家和地区不同程度地受到过赤潮的危害，日本是受害最严重的国家之一。近十几年来，由于海洋污染日益加剧，中国赤潮灾害也有加重的趋势，由分散的少数海域发展到成片海域，一些重要的养殖基地受害尤重。对赤潮的发生、危害予以研究和防治，涉及生物海洋学、化学海洋学、物理海洋学和环境海洋学等多种学科，是一项复杂的系统工程。

三、赤潮的研究历程及热点

（一）研究历程

1. 国际

鉴于全球对赤潮问题的关注，1998 年，联合国教科文组织（UNESCO）和海洋研究科学委员会（SCOR）共同发起了全球有害藻华生态学与海洋学研究计划（GEOHAB），协调全球范围内有害藻华生态学及藻华生物生理学、遗传特性等方面的研究。GEOHAB 计划的核心任务是支持国际间合作，通过比较不同海域的赤潮，研究各种海洋环境中赤潮物种的关键特征及种群动力学等。该计划共设置 5 个研究主题：生物多样性和生物地理学；营养盐和富营养化；藻科适应策略；比较分析方法；观测、建模和预测。除此之外，GEOHAB 与地区、国家、国际等不同层次的研究计划互动、合作，包括全球海洋观测系统（GOOS）、美国有害藻华的生态和海洋研究计划（ECOHAB）、欧洲有害藻华计划（EUROHAB）以及我国的有害藻华计划（CEOHAB）。GEOHAB 对国际赤潮研究产生了很大影响，截至 2016 年，共发表了 1 000 多篇相关学术论文。

2013 年，GEOHAB 计划结束以后，鉴于有害藻华暴发的新趋势和新特点，由联合国教科文组织和海洋研究科学委员会继续支持形成了全球有害藻华计划（GlobalHAB）。该计划除了吸收 GEOHAB 的关注点外，还聚焦于有害藻华的各种新变化，增加了淡水和咸淡水有害藻华、更宽泛的藻华物种（包括底栖藻类、蓝藻、大型藻类）以及藻华新变化对社会的影响（人类健康、社会文化、经济冲击）等方面的内容。GlobalHAB 强调利用学科交叉研究不同水体系统中各种类型的有害藻华。为了应对近年来藻华暴发和藻华研究领域的进展，GlobalHAB 在 GEOHAB 的基础上增加了7个新研究主题，分别为毒素、淡水 HABs、蓝藻 HABs、底栖 HABs、HABs 与水产养殖、HABs 与健康和经济、气候变化与 HABs。

2. 国内

我国对赤潮的最早文字记载始于 1933 年，原浙江水产实验场费鸿年报道了发生在浙江镇海至台州、石浦一带的夜光藻-骨条藻赤潮。之后近 20 年时间，由于战争等原因相关研究停滞。直到中华人民共和国成立，又经过几十年的努力，赤潮灾害学才逐渐发展起来。国内赤潮研究发展大致可以分为起始阶段（1952—1976 年）、起步阶段（1977—1989 年）、发展阶段（1990 年至今）。在起始阶段，对海洋各方面的观测和调查资料都甚少，只有周贞英在福建平潭岛附近海域发现的两次"东洋水"（即束毛藻赤潮）和陈亚瞿针对发生在长江口以东外海面积约 2 000 km^2 的束毛藻赤潮等的论文、报告，研究工作停留在对赤潮现象的定性描述上。在起步阶段，1977 年渤海湾海河口发生规模宏大、持续时间长达 50 多天的微型原甲藻赤潮，对渔业造成了严重危害，自此，赤潮现象引起了政府和有关部门的高度重视。相关部门陆续设立赤潮研究专项，如 1978 年国家环保局设立重大科研项目——渤黄海污染防治研究项目中的 145 专题"渤海湾赤潮的发生机制及预测方法研究"，并由中国科学院海洋研究所赤潮课题组率先组织实施"渤海湾富营养化和赤潮问题"的调查研究。此后，赤潮专项研究相继在黄海、东海和南海开展。在发展阶段，我国赤潮研究依托各种重大专项和计划，进行了全方位、大规模、多学科的研究。

（二）研究热点

近年来，国内外对赤潮的研究热点主要集中在以下几个方面。

（1）发生机制的多学科深入探究研究。借助分子生物学、遗传学等手段，对赤潮生物的种群结构和进化机制展开深入研究。部分研究通过分析赤潮生物的基因序列，来了解其遗传特征和演化历程，进而明晰赤潮生物的适应性和暴发机制。

（2）环境与生物因子研究。除了明确温度、光照、营养盐等环境因子，以及浮游动物捕食、竞争等生物因子对赤潮发生的影响外，如今的研究更注重各因子间的复杂相互关系。例如，研究发现，营养盐比例的变化可能影响赤潮生物对其他环境因子的响应，进而影响赤潮的发生发展。

（3）监测与预警技术改进研究。对传统依赖人工采样和实验室分析的方法进行优化，提高了分析效率和准确性。例如，采用自动化的样品处理设备，减少人工操作误差，缩短分析时间。

（4）新技术应用。①传感器技术：开发出多种用于监测赤潮相关指标的传感器，如叶绿素传感器、溶解氧传感器等，可实现对海水水质参数的实时、连续监测。一些传感器能够布设在海洋浮标或水下监测平台上，实时传输数据，为及时发现赤潮提供依据。②遥感技术：利用卫星遥感和航空遥感，能够大面积、快速地监测赤潮的发生范围、发展趋势等。通过分析遥感影像中水体的颜色、光谱特征等信息，可准确识别赤潮区域，并对其动态变化进行跟踪。③分子生物学技术：分子生物学和基因测序技术可用于赤潮生物的快速鉴定和种群监测。例如，通过荧光定量 PCR 技术，能够快速准确地检测出环境中特定赤潮生物的数量和分布情况。

（5）对生态系统影响机制的细化研究。深入研究赤潮对生态系统结构和功能的影响机制，不仅关注对鱼类、贝类等水生生物的直接影响，还研究其对整个生态系统物质循环、能量流动的改变。研究发现，赤潮暴发会改变海洋中微生物群落结构，进而影响营养物质的转化和循环过程。

（6）长期影响评估。开展长期的生态监测和研究，评估赤潮对生态系统的长期累积效应。通过对多次赤潮事件的跟踪调查，分析生态系统在赤潮前后的变化情况，预测生态系统的演变趋势。

（7）研究新型治理技术。①物理治理方法。研发更高效、环保的物理除藻技术，如利用超声波、激光等物理手段抑制或去除赤潮生物。一些研究表明，特定频率的超声波能够破坏赤潮生物的细胞结构，达到除藻目的。②生物治理方法。筛选和培育更多对赤潮生物有抑制作用的生物种类，或利用微生物的代谢作用降解赤潮生物及其产生的毒素。研究发现，某些益生菌能够与赤潮生物竞争营养物质，从而抑制赤潮生物的生长。③化学治理方法。开发低毒、高效、环境友好的化学药剂，减少对水生态环境的二次污染。一些新型的杀藻剂在有效控制赤潮生物的同时，能够在自然环境中快速降解，降低对非目标生物的影响。

（8）制定综合防治策略。单一治理方法有局限性，应注重综合运用多种治理手段，制定科学合理的综合防治策略。根据赤潮的发生规模、区域特点等因素，灵活组合物理、生物和化学方法，以达到最佳治理效果。

第二节　赤潮的形成因素及发生过程

一、赤潮的形成因素

（一）海洋污染

赤潮是在特定环境条件下产生的，相关因素很多，但其中一个极其重要的因素是海洋污染。城市工业废水和生活污水的大量入海、沿海养殖业的大发展，使营养物质在水体中富集，造成海域富营养化，这是赤潮发生的物质基础和首要条件。在正常的情况下，海洋中的营养盐含量较低，从而限制了浮游植物的生长。但是，当含有大量营养物质的生活污水、工业废水（主要是食品、造纸和印染工业）和农业废水流入海洋后，再加上海区的其他理化因素有利于生物的生长和繁殖时，赤潮生物便会急剧繁殖，形成赤潮。例如，工业废水中含有的某些金属可能刺激赤潮生物的增殖。在海水中加入小于 3 mg/dm³ 的铁螯合剂和小于 2 mg/dm³ 的锰螯合剂，便会使赤潮生物卵甲藻和真甲藻达到最高增殖率，相反，在没有铁、锰元素的海水中，即使在最适合的温度、盐度、pH 和基本的营养条件下也不会增加种群的密度。

工业革命以来，随着人类社会的发展、人类活动对环境影响的增加，海洋污染日趋严重，赤潮发生的次数也日益频繁，如我国近海海域较为突出（图 6-1）。特别是近年来，在全球变化的大背景下，赤潮灾害遍布全球，呈现愈演愈烈的态势，已经成为制约近海经济发展、威胁人类食品安全、破坏海洋生态系统的典型海洋生态灾害。赤潮期间，鱼、虾、蟹、贝类大量死亡，对水产资源破坏很大，严重的还会因形成沉积物而影响海港建设。

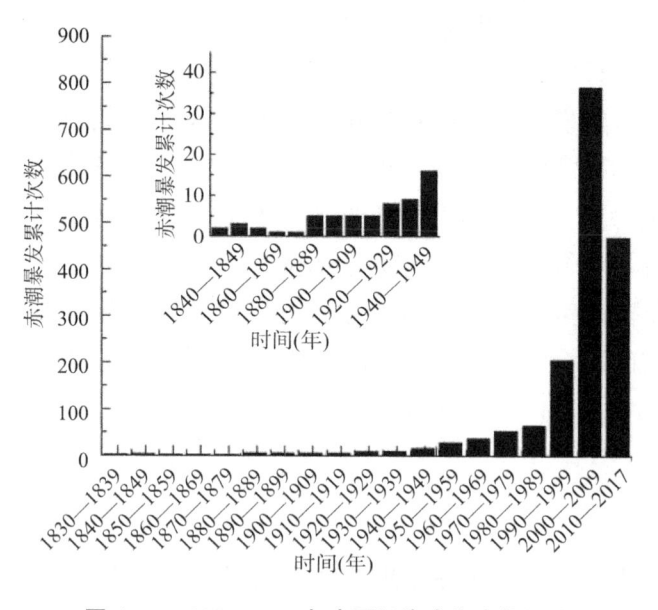

图 6-1　1830—2017 年中国近海赤潮次数记录

（二）自然因素

赤潮的发生除了上述海洋污染等人为因素外，还与纬度位置、季节、洋流、海域的封闭程度等自然因素有关。最主要的因素有：（1）浮游生物。国内外大量研究表明，海洋浮游藻是引发赤潮的主要生物，在全世界 4 000 多种海洋浮游微藻中有

260多种能形成赤潮,其中有70多种能产生毒素。他们分泌的毒素有些可直接导致海洋生物大量死亡,有些甚至可以通过食物链传递,造成人类食物中毒。构成赤潮的浮游生物种类很多,大多是甲藻、硅藻类优势种。有赤潮生物分布的海域并非一定会发生赤潮,这要看其密度,发生赤潮时,浮游生物的密度一般是 $10^2 \sim 10^6$ 个/mL。

(2) 海水的水温气象与理化因子。如已发现 20~30℃ 是赤潮发生的适宜温度范围,一周内水温突然升高大于 2℃ 就是赤潮发生的先兆。虽然海水盐度在 26‰~37‰ 的范围内均有发生赤潮的可能,但是海水盐度在 15‰~21.6‰ 时,容易形成温盐跃层,使海底层营养盐上升到水上层,造成沿海水域高度富营养化,引起硅藻等赤潮生物的大量繁殖。

二、赤潮的发生过程

赤潮的长消过程,大致可分为起始、发展、维持和消亡 4 个阶段。各阶段的主要理化和生物控制因素如表 6-1 所示。

表 6-1　赤潮长消过程中各阶段的主要物理、化学和生物控制因素

赤潮阶段	物理因素	化学因素	生物因素
起始阶段	底部湍流、上升流底层水体温度、水体铅直混合	营养盐、微量元素、赤潮生物生产促进	赤潮"种子"群落、动物摄食、物种间的竞争
发展阶段	温度、光照等	营养盐和微量元素	赤潮生物种群缺少摄食者和竞争者
维持阶段	水体稳定性(风、潮汐、辐射、散射、温盐跃层、淡水注入)	营养盐或微量元素	迁移和扩散
消亡阶段	水体水平和铅直混合	营养盐耗尽,产生有毒物质	沉降作用、被摄食分解、孢束形成、物种间的竞争

起始阶段。海域内具有一定数量的赤潮生物种群(包括营养体或胞囊)。并且,此时的水环境各种物理、化学条件基本适宜于某种赤潮生物生长、繁殖的需要。

发展阶段。这一阶段亦称为赤潮的形成阶段。当海域内的某种赤潮生物种群有了一定个体数量,且温度、盐度、光照、营养等外环境达到该赤潮生物生长、增殖的最适宜范围时,赤潮生物即可进入指数增殖期,有可能较快地发展成赤潮。

维持阶段。这一阶段的长短,主要取决于水体的物理稳定性和各种营养盐的富有程度,以及当营养盐被大量消耗后补充的速率和补充量。如果该阶段海区风平浪静,水体铅直混合与水平混合较差,水团相对稳定,且营养盐等又能及时得到必要的补充,赤潮就可能持续较长时间;反之,若遇台风、阴雨天气,水体稳

定性差或营养盐被消耗殆尽，又未能得到及时补充，那么，赤潮现象就可能很快消失。

消亡阶段。所谓消亡阶段是指赤潮现象消失的过程。引起消失的原因有刮风、下雨或营养盐消耗殆尽，也可能因温度已超过该赤潮生物的适宜范围，还可能因潮流增强、赤潮被扩散等。赤潮消失的过程经常是赤潮对渔业危害最严重的阶段。

第三节　赤潮治理技术及应用

赤潮对生物资源的影响已成为联合国有关组织所关注的全球性问题之一，现已召开多次国际性赤潮问题研讨会，制订出长期研究计划，重点针对赤潮发生机制、赤潮的监测和预报，以及治理赤潮的方法等。开展赤潮监测、防治应用技术的研究是标本兼治的良策。本节着重对赤潮治理技术、治理技术商业化应用及市场前景进行分析。

一、赤潮治理技术及特点

赤潮治理技术的选择、成本效益因技术类型而异，并且受到赤潮规模、发生区域等多种因素的影响。赤潮治理技术可以分为物理法、化学法和生物法3类。

（1）物理法

物理法包括机械隔离、深层排水、机械打捞、改性黏土等。该方法能直接快速地去除部分赤潮生物，迅速降低赤潮生物密度，在一定程度上减轻赤潮对局部区域的危害，保护水产养殖区域、旅游海滩等特定区域的生态和经济价值。但这种方法只是将赤潮生物从一个地方转移到另一个地方，没有从根本上解决赤潮生物滋生的问题，对大面积赤潮的治理效果有限，长期效益不明显。以机械打捞为例，需要配备专业的打捞设备，如船只、打捞器械等，设备的购置、维护和运行成本较高，而且打捞过程需要大量人力，人工费用也是一笔不小的开支。如果赤潮面积较大，所需的设备和人力更多，成本会大幅增加。

机械隔离：利用人工建设的隔离网将赤潮生物隔离在一部分水域内，防止其继续扩散，避免影响其他更大范围的水域，但此方法对于已经大面积暴发的赤潮较难实施。

深层排水：通过深水排放等方式将赤潮生物带到海洋深处，减少其对近岸水域的影响。不过该方法只是将问题转移,且对设备和操作要求较高。

机械打捞:直接采用机械设备对赤潮生物进行打捞,能快速减少水体中赤潮生物的数量。但对于大规模赤潮,实施难度大、成本高,且可能对海洋生态系统造成一定机械损伤。

改性黏土:该技术主要是通过改性黏土与赤潮生物间的直接絮凝作用,快速降低水体中赤潮生物量,并通过对赤潮生物的间接胁迫作用,抑制赤潮的再次发生,从而达到高效、快速的治理效果。近年来发展的改性黏土治理技术,相较于传统方法有一定优势。其絮凝效率较普通黏土提高近百倍,每平方千米水域只需 4~10 t 黏土,材料来源广、成本相对较低,且污染小,在成本效益方面有较好的表现,既能够有效治理赤潮,又能降低对环境的负面影响。

(2)化学法

化学法是使用化学药剂(如硫酸铜等)或生物表面活性剂来杀灭赤潮生物的方法。化学法在短时间内能够快速有效地杀灭赤潮生物,控制赤潮的发展和蔓延,对于应急处理赤潮灾害有一定作用。然而,化学药剂的使用会破坏海洋生态平衡,影响海洋生物的生存和繁衍,还可能导致海水水质恶化,从长期来看,会对海洋生态系统服务功能造成损害,产生的负面效益可能超过短期治理赤潮带来的效益。

化学药剂:常用的化学药剂包括硫酸铜、氧化亚氮、过氧化氢等,这些物质可以破坏赤潮藻类的生命周期。但化学药剂的使用可能会对海洋生态环境产生负面影响,如影响非赤潮生物的生存、造成二次污染等,使用时需要谨慎评估。

生物表面活性剂:某些生物产生的生物表面活性剂(如槐糖脂),主要通过作用于赤潮生物细胞膜而达到抑制或杀灭的效果,在短时间内对赤潮生物的运动性有较高的抑制作用,且具有高效、低毒、价廉、易使用等特点。

(3)生物法

生物法是利用生物之间的相互关系(如引入赤潮生物的天敌、利用植物克生作用等)来抑制赤潮生物的生长繁殖。这种方法的前期研究和筛选合适生物物种的成本较高,需要投入大量时间和资金进行实验和评估。而且在实际应用中,要确保引入的生物能够在目标海域生存和发挥作用,可能需要进行一些辅助措施,这也会增加成本。生物法具有较好的生态效益,它不会像化学法那样对海洋环境造成二次污染,有助于维持海洋生态系统的平衡。从长期来看,如果生物治理措施能够成功建立稳定的生态控制机制,可以持续有效地抑制赤潮的发生,减少赤潮对海洋生态和经济的危害,带来显著的经济效益和生态效益。例如,通过种植具有克生作用的海洋植物,不仅可以抑制赤潮生物生长,还能改善海洋生态环境。

生物治理:在赤潮发生时,引入一些具有赤潮治理能力的生物来抑制赤潮的发展。例如,一些硅藻、纤毛虫、掠食性鱼类和贝类等可通过摄食赤潮藻类来降低赤潮密度；一些细菌（溶藻细菌）、病毒（噬菌体）、原生动物、真菌和放线菌等微生物能够分泌细胞外物质，对宿主藻类起抑制或杀灭作用。但引入外来生物可能存在生物入侵的风险，需要充分评估。

生态调控：通过调控海洋生态系统中的各种生物之间的关系和环境因子来预防和控制赤潮的发生。例如，合理控制海水养殖的密度和种类，减少营养物质的过度排放；种植大型海藻，吸收海水中的营养盐、改善海水水质等。

二、赤潮治理技术的商业化应用

上述赤潮治理技术中，改性黏土治理技术是当前中国唯一可规模化现场应用的赤潮治理方法，也是国际公认的赤潮治理方法。利用黏土微粒对赤潮生物的絮凝作用去除赤潮生物，撒播黏土浓度达到 1 000 mg/L 时，赤潮藻去除率可达到 65% 左右。有报道称，在小型实验场去除率可达 95%～99%。20 世纪 80 年代初，日本在鹿儿岛海面上进行过具有一定规模撒播黏土治理赤潮的实验。1996 年，韩国曾用 6×10^4 t 黏土制剂治理 100 km² 海域的赤潮。

自 2005 年起，该技术已在中国从南至北 20 多个水域成功应用，并进一步推广至美国、秘鲁、新加坡和马来西亚等国家，在国际上被誉为中国制造的"赤潮灭火器"，获国家技术发明二等奖。2024 年发布实施的山东省地方标准《改性黏土治理赤潮技术规范》(DB37/T 4753—2024)，为该技术的现场标准化和规范化应用提供了科学指导，有助于进一步提升其在国内外的应用范围与影响力。该标准是我国首个赤潮治理专用技术标准，标志着利用改性黏土治理赤潮的应用技术向标准化发展迈出了重要一步。例如，在某沿海区域发生赤潮时，相关部门运用改性黏土治理技术，通过向赤潮发生海域投放改性黏土，利用其吸附和沉降作用，有效去除海水中过量的浮游生物，快速降低了赤潮的危害程度，使得该海域的生态环境逐渐恢复，同时减少了对周边渔业资源的损害。目前，山东科蕾环保科技有限公司作为中国科学院海洋研究所授权生产与销售"改性黏土"系列产品的单位，其研发的改性黏土治理赤潮技术是目前中国唯一能够在现场大规模应用的赤潮治理技术。凭借"改性黏土治理赤潮技术研发与应用"项目，该公司在第十三届中国创新创业大赛节能环保领域取得初创组第一名的好成绩。

三、赤潮治理技术的市场前景

虽然目前赤潮治理技术市场在发展过程中也面临一些挑战，如部分技术成本较高、大规模应用效果和长期生态影响有待进一步评估等。但总体而言，综合考虑市场需求、政策支持、技术发展、市场竞争等多方面因素，赤潮治理技术的市场发展前景较为乐观。

在市场需求方面，随着全球气候变化和人类活动的增加，赤潮的发生频率和规模不断增加，对海洋生态系统、水产养殖业及人类健康的危害日趋严重，许多国家都面临着赤潮治理的迫切需求。例如，我国自20世纪70年代以来，赤潮发生频率不断上升，规模和危害程度增加；1972年以来每年因赤潮造成的渔业及旅游经济损失高达10亿元以上。这种严峻形势使得沿海地区对赤潮治理技术的需求极为迫切，为市场发展提供了内在动力，对于有效的赤潮治理技术和产品有强烈的购买意愿，市场潜在规模较大。

在政策推动方面，联合国于1990年将有害赤潮列为当今世界三大近海污染问题之一，世界上大多数国家都制订了有关本国的和地区性的有害赤潮研究战略计划。我国也高度重视，在国家科技攻关计划和973计划中，增设赤潮专项研究课题。政策上的支持为赤潮治理技术的研发、应用和市场推广提供了有力保障，引导资源向该领域聚集，推动市场发展。

在技术发展方面，不断有新的赤潮治理技术涌现，如改性黏土治理技术走向标准化，为其大规模商业化应用奠定基础。技术的进步使得治理成本逐渐降低、效果不断提升，提高了产品竞争力，有利于开拓市场。利用植物克生作用抑制赤潮作为一种新的生物防治方法，也展现出广阔的应用前景。此外，赤潮的监测与预警技术不断发展，传感器技术、遥感技术和分子生物学等的应用，大幅提高了监测效率和准确性。通过实时、准确地监测和预警，能够及时发现赤潮并采取相应治理措施，降低治理成本，提高治理效果。这不仅增强了市场对赤潮治理技术的信心，也为治理技术的应用提供了更好的前提条件，促进了市场的繁荣。技术的不断创新为市场提供了更多选择，有助于满足不同场景和需求，推动市场发展。

在市场竞争层面，随着赤潮治理技术市场前景逐渐明朗，越来越多的企业开始涉足这一领域。企业的参与不仅带来了资金和技术，还加剧了市场竞争。在竞争压力下，企业会加大研发投入，不断改进和创新治理技术，提高产品和服务质量，降低成本，从而推动整个市场的技术进步和市场拓展。此外，国际合作与竞争并存也进一步拓展市场空间。赤潮是全球性环境问题，国际间在赤潮治理技术领域的合作与交流日益频繁。我国的赤潮治理技术（如改性黏土治理技术）已在国际上获得认可和推广，这为国内企业开拓国际市场提供了机遇。同时，国外先进技术和企业的进入也会带来竞争，促使国内市场不断提升竞争力，在国际合作与竞争中实现市场的进一步发展。

第四节　赤潮治理技术挑战及展望

一、赤潮治理技术挑战

赤潮治理技术面临着多方面的挑战。主要体现在实时精准监测与预警难、治理技术存在缺陷与风险、综合协调难及治理成本高等方面。

首先，在赤潮监测与预警方面，实时精准监测困难。海洋环境复杂且面积广阔，赤潮的发生具有突发性和区域性特点。目前的监测手段，如卫星遥感、浮标监测、人工采样等，虽各有优势，但都存在一定局限性。卫星遥感难以准确获取赤潮生物种类和密度等详细信息；浮标监测覆盖范围有限；人工采样不仅时效性差，而且无法做到大面积实时监测，难以在赤潮初期就精准发现并掌握其动态。另外，目前的预警模型不完善，赤潮的形成受到多种因素的综合影响，包括海水温度、盐度、营养盐含量、光照、水流等，且不同海域、不同赤潮生物种类的影响因素权重不同。建立准确的预警模型需要大量长期的监测数据和深入的机理研究，但目前数据积累不足，对赤潮发生机制的认识还不够全面，导致预警模型的准确性和可靠性不足，难以提前准确预测赤潮的发生时间、地点和规模。

其次，在治理技术方面存在效率、生态风险和二次污染问题。①物理治理技术的治理范围受限或影响海洋生态，如机械打捞、机械隔离等，对于大面积赤潮往往力不从心。机械打捞效率低，难以在短时间内处理大规模赤潮生物；机械隔离只能在局部区域发挥作用，无法从根本上解决赤潮在更大范围内的扩散问题；使用黏土絮凝沉淀法（改性黏土法）时，如果黏土投放量控制不当，可能会影响海水的透光性，进而影响海洋中正常的光合作用，对其他海洋生物的生存和繁衍产生不利影响。②化学治理技术存在二次污染及适应性问题，化学药剂（如硫酸铜等）虽然能快速杀死赤潮生物，但这些药剂在海水中残留可能对海洋生态系统造成长期危害，影响非赤潮生物的生长、繁殖和生存，甚至通过食物链传递对人类健康产生潜在威胁。不同的赤潮生物对化学药剂的敏感性不同，一种药剂可能只对特定种类的赤潮生物有效，对于复杂多样的赤潮生物群落，难以找到一种通用且高效的化学治理药剂。而且海洋环境多变，化学药剂的效果可能会受到海水酸碱度、盐度等因素的影响，降低其治理效果。③生物治理方面存在调控难度大、生态风险问题。利用生物间的相互制约关系，如投放以赤潮生物为食的生物或具有抑制赤潮生物生长的微生物来治理赤潮，但生物的生长繁殖受环境因素的严格制约，且不同生物之间存在复杂的相互作用关系。这使得在实际应用中，难以精确控制生物的数量和生长速度，达到理想的治理效果。引入新的生物物种可能会打破原有的海洋生态平衡，引发新的生态问题。新物种可能在缺乏天敌的情况下大量繁殖，对本地物种造成竞争压力，甚至导致本地物种灭绝，从而破坏海洋生态系统的稳定性和生物多样性。

最后，赤潮治理的综合协调难，治理成本高。赤潮治理涉及海洋科学、环境科学、渔业、海事等多个部门和领域，各部门之间在监测数据共享、治理方案制定与实施等方面存在协调困难的问题，导致治理工作难以形成有效的合力。无论是物理、化学还是生物治理技术，大规模应用都需要投入大量的资金用于设备购置、药剂生产、生物培养以及人员培训等。对于一些经济实力有限的地区或国家，难以承担长期、大规模的赤潮治理费用，从而限制了治理技术的推广和应用。

二、赤潮治理展望

考虑赤潮治理涉及多部门、多区域、大范围，且存在技术和生态风险的特点，完善标准和法规，加强赤潮藻类治理新型材料研发，加强国际合作与交流，不断优化传统赤潮治理方法，并探讨多种治理方法结合的综合防治措施，仍是未来的重点研究方向。不断探索更有效的削减营养方法进而控制赤潮发生，不断提升赤潮治理技术的应用范围与影响力，是行业共同的目标。

参考文献

[1] 俞志明,陈楠生.国内外赤潮的发展趋势与研究热点[J].海洋与湖沼,2019,50(3):474-486.

[2] 缪锦来,石红旗,李光友,等.赤潮灾害的发展趋势、防治技术及其研究进展[J].安全与环境学报,2002(3):40-44.

[3] 古中博.赤潮灾害及其综合防治的生态、经济与管理研究[D].青岛:中国海洋大学,2010.

[4] 游建胜.赤潮灾害及其防灾减灾对策研究[J].发展研究,2015(4):95-99.

[5] 关道明,战秀文.我国沿海水域赤潮灾害及其防治对策[J].海洋环境科学,2003(2):60-63.

[6] 郝建华.胶州湾典型增养殖海域有害赤潮生消过程及关键因子研究[D].青岛:中国科学院海洋研究所,2000.

第七章 黄河文化传承与发展对流域生态保护和高质量发展的影响研究

第一节 黄河文化现状及传承意义

一、黄河文化现状及问题

（1）黄河文化研究存在基础理论研究不足、学科交叉融合不够、不同学科各自为战等突出问题

目前对黄河文化孕育、产生、发展、演变等全过程的系统研究梳理不够，对黄河文化的内涵架构、文化要素、发展脉络的挖掘提升尚不全面，特别是在对黄河文化史的研究上，关注度和研究成果较少。同时，研究者从各自学科视角阐述历史典故、民间艺术、风俗人情、保护治理、遗产遗存等黄河文化内容，不同领域下的黄河文化研究逐步深入，但各学科之间的交叉融合不够，不同层面的黄河文化之间缺乏有机联系和逻辑关联，客观上造成了黄河文化研究中存在时间、空间上的不连续以及学科之间的割裂。同时，现有研究主要集中在黄河文化要素挖掘、特色分析、演变过程解析等方面，对黄河文化的时代价值挖掘不够深入。研究成果在讲好"黄河故事"、凝练精神标识、凝聚精神力量等方面的支撑也相对不足，导致在推进黄河文化创造性转化、创新性发展等方面缺乏足够的动力。

（2）黄河文化保护存在底数不清、保护欠妥、区域联动机制不健全等问题

黄河流域是全国文化遗产资源最为富集的地区之一。第三次全国文物普查数据显示，黄河流域9省（自治区）仅不可移动文物就达30余万处，占全国的39.73%。然而，目前尚未对黄河流域现有的物质文化遗产、非物质文化遗产、黄河古籍文献等资源进行全面调查和认定，其底数仍未完全摸清；一些治河遗迹、文物古籍等重要文化遗产，受经费投入不足等限制，无法有效开展文物保护和文物数字化保护工作。同时，黄河文化遗产资源保护的系统性、整体性和协同性仍然相对较弱，不同区域在推动实现文化遗产资源管理动态化、科学化和信息化方面尚未形成合力，黄河

文化产业化仅在部分区域呈现为"点"和"线"的局部现象，尚未形成辐射全流域的完整体系。

(3) 黄河文化传承存在资源利用效率不高、传统技术濒临失传等问题

已经得到保护的黄河文化遗产，存在利用效率不高、创新性不足的问题。例如，黄河石刻、黄河楹联、黄帝陵祭典等，虽然在形式上得到了保护，但未得到更深入的挖掘，如何更好地传承利用还需继续开展深入细致的工作。更严峻的是，随着现代治河技术的不断发展，传统治河技艺如埽工制作、根石探摸、黄河号子等在实践中的应用日趋减少，目前只有极少数老河工仍能熟练掌握这些技艺，传统技艺面临失传危机。而这些技艺源自黄河，自古以来一直运用于黄河治理，适用于黄河含沙量大、河床松软等特点，在某些特殊情况下是现代化仪器所不能替代的。这些技艺是黄河水文化的重要载体和展现形式，亟待厘清名录，并进行重点传承。

(4) 黄河文化弘扬存在宣传形式单一、产业化发展动力不足等问题

长期以来，对黄河文化的展示仍然主要局限在常规模式和传统方式上，在讲好"黄河故事"的过程中，采用的手段相对单一，缺乏向世界传播黄河文化的载体和平台。黄河文化的国际传播途径和手段亟待丰富，黄河文化多样性表达方式尚未取得跨越式发展，5G、虚拟现实、物联网、数字孪生、新媒体传播等现代科技还没有广泛运用到黄河文化的传播弘扬中来。黄河文旅产业尚未形成明确的格局，需要进一步加强文旅融合，整合开发黄河流域物质文化遗产和非物质文化遗产，丰富营销方式，推动产业化发展。

二、黄河文化传承与发展的意义

(1) 黄河文化是增强中华民族文化自信的不竭源泉

党的二十大报告明确强调，推动文化自信自强，铸就社会主义文化新辉煌。我国处于向第二个百年奋斗目标进军的关键时刻，须有促进全面发展的新增动力和经济结构来保障，不能仅靠沿海发达地区的经济带动，还要有中西部地区的推动来增长动力。在这样的背景下，实施黄河流域生态保护和高质量发展的重大战略呼之欲出，保护、传承、弘扬黄河文化迫在眉睫，必须引箭待发。黄河文化是中国特色社会主义先进文化代表，深度解读黄河文化、认同黄河文化、保护黄河文化，有利于推动黄河流域生态保护和高质量发展的战略实施。

(2) 黄河文化为黄河流域高质量发展提供思想源泉

黄河流域生态环境较为脆弱，经济增长相对缓慢，区域发展不平衡问题较为突出，迫切要求沿黄地区找到推动经济社会高质量发展的立足点、切入点和落脚点。做好黄河文化内涵与精髓研究，全面挖掘梳理黄河文化资源，促进黄河文化创造性

转化、创新性发展，有利于以文塑旅、以旅彰文，推动沿黄地区文化产业、旅游产业做大做强，发挥黄河文化在推动生态保护、经济发展、社会进步等方面的重要作用，让黄河成为造福人民的"幸福河"。

（3）黄河文化为区域协同发展探索多重路径

黄河文化的保护、传承、弘扬与创新，从沿黄9省区跨区域联合协调推进的角度，提出了一种全新的不同于以往单纯以工业化、城镇化为支撑的区域发展模式。黄河流域生态保护与高质量发展，作为国家重大战略，将依据传统地域文化或生态保护主题进行跨区域协同发展，展现出更宏大更协调更可持续的经济发展战略布局和多元发展理念，为区域经济发展与地域文化全面融合提供了新机遇，必将为新时代"盛世兴文"创造新的文化经典。特别是黄河文化博大精深，沿黄9省区地域差异巨大，发挥各自优势与特色，保护、传承、弘扬与创新黄河文化，将成为各地因地制宜、探索有地域特色的高质量发展之路，为我国迈向全国建设社会主义现代化国家新征程提供新机遇、创造新亮点。

第二节　黄河文化的历史演变与地域划分

一、黄河文化形成的背景

（一）自然地形

黄河流域西起巴颜喀拉山，东临渤海，北抵阴山，南达秦岭，横贯青藏高原、内蒙古高原、黄土高原和华北平原4个地貌单元，大致分3个阶梯，地势由西向东沿阶而下。第一级阶梯是流域西部的青藏高原，海拔3 000 m以上。第二级阶梯大致以太行山为东界，海拔1 000～2 000 m，包含河套平原、鄂尔多斯高原、黄土高原和汾渭盆地等较大的地貌单元。第三级阶梯从太行山脉以东至渤海，由黄河下游冲积平原和鲁中南山地丘陵组成。黄河流经的地域广袤辽阔、地貌复杂多变，这是黄河文明能够兼收并蓄、色彩丰富的重要原因之一。

（二）经济环境

黄河流域在中国的经济社会发展中占据十分重要的地位。2021年末流域内9省区总人口为4.15亿，约占全国总人口的1/3；区域生产总值为28.68万亿元，约占全国总量的1/4。2021年，黄河流域内第一、二、三产业的占比为8.9∶41.4∶

49.7，与全国平均值 7.3∶39.4∶53.3 相比，黄河流域内部二、三产业占比失衡，第二产业占比较大，第三产业占比偏小，导致流域内部产业结构难以实现优化升级，从而减弱了经济持续发展的驱动力。

(三) 政治环境

黄河流域是中华民族的摇篮，是我国古代的政治中心。早在约 4 000 多年前，我国第一个王朝——夏朝，就在黄河流域立国建都。从夏朝到北宋，各朝代大都在黄河流域建都。夏都阳城，在今河南省登封市告成镇。殷商曾 6 次迁都，而这些都城的地点，都在黄河两岸。我国的八大古都中，安阳、西安、郑州、洛阳、开封均在黄河流域或黄河沿岸。黄河流域，自古为兵家必争之地。黄帝、炎帝、蚩尤之战，春秋战国的城濮之战，战国时期的长平之战，秦末楚汉的鸿沟之约，东汉末年的官渡之战等，都发生在这里。近现代以来，黄河流域更是中国人民进行革命斗争的政治中心。

(四) 文化环境

《史记》里记载："昔三代之君，皆在河洛之间。"这里的河就是指黄河。《诗经》中记载："河水洋洋，北流活活。"它形象地描述了黄河水流的声音。传说中，中华民族的先祖"三皇五帝"多数都在黄河流域活动，流域内许多文物古迹和地名都与他们有关。例如，陕西延安的黄帝陵、武功县的后稷祠、天水的伏羲庙、清徐县的尧庙、夏县的禹王城等，而仰韶文化、马家窑文化、大汶口文化、齐家文化、龙山文化都与黄河流域有关。在南宋以前，黄河文化一直都是中华民族文化的主要重心。两汉时期见于记载的各类知识分子、各种书籍、各个学派，私家教授以及官方选拔的博士和孝廉等的分布大多数是跨黄河流域。由此看来，两汉时"关东出相，关西出将"的说法也反映了当时人才在黄河流域高度集中的状态。

二、黄河文化的历史演变进程

(一) 史前文明时期

传说中的"三皇五帝"是中华文明的起源，也是全人类的宝贵财富。华夏诸族中最强有力的两个氏族首领是黄帝与炎帝。传说黄帝长于姬水之滨，他由陕西北部率部达河北涿鹿一带。而炎帝生于陕西岐山之东的姜水河畔。传说中的"涿鹿之战"，就是炎黄二帝与东南方部落首领蚩尤之间的一场战争。蚩尤是东夷部落以勇猛善战著名的首领，《太平御览》引《龙鱼河图》说他"兽身人语，铜头铁额"。炎黄二帝联手杀死了蚩尤，蚩尤部落一部分融入炎黄二帝部落，另一部分发展成为今天的南方诸族。炎黄二帝部落与蚩尤部落的这场大战，是中华文明史前时期的一次碰撞与融合。"涿鹿之战"促使黄河中下游地区的炎黄两个部落及其文化融为一体,并将长江流域的良渚文化也融进中原文化,丰富了黄河文化,加速了中华文明的形成。

(二)先秦时期

夏、商、周时期形成的《周易》《道德经》《论语》《墨子》《孟子》《庄子》《荀子》《韩非子》等被誉为中国传统文化源头的元典。汉字也发源于黄河流域,这些都是黄河文化的精华。黄河文化是千百年来黄河流域的劳动人民不断探索并创造的。九曲黄河孕育的黄河文明是人类文明的重要组成部分,波涛汹涌的黄河教会了黄河人如何生存,如何发展。中国有七十多个姓氏的根在黄河两岸,从这里走出去的黄河人将黄河文化带到了四面八方,影响了许多民族和地区的民风民俗文化发展。黄河文化逐渐融入中国各民族乃至世界各地的文化之中,成为人类文明的重要元素。

(三)秦汉时期

秦统一六国的创举给黄河文化的传播创造了有利条件。黄河文化与长江文化等更紧密地融合在一起,并在春秋战国时期融合的基础上更进一步。特别是楚和吴、越等国融入秦的疆域后,黄河文化的传播有了更便利的条件。秦朝车同轨、书同文,以及度量衡的统一、货币的统一都促进了黄河文化的传播。汉代四百余年的岁月更是黄河文化的重要传播时期。汉代在全国建立了稳定的统治,汉话成为全国的通用语言,并形成了"汉人"的概念。这一时期张骞、班超出使西域,把黄河文化带到了西部,又被传到中亚、印度等。黄河文化在不断传播中以其独有的文化内涵确立了其在中华文明中的核心地位,成为中国的根文化。

(四)隋唐时期

隋唐时期,国家强盛,经济繁荣,统治者推行开明、兼容的文化政策。当时文化交流频繁,民族关系融洽,以唐诗为代表的文化高峰光芒四射。隋唐时期的大运河是连接黄河文化与长江文化的纽带,把两大文化紧密地联系在一起。所以,大运河不仅是一条政治之河、经济之河,更是一条文化之河。唐代的陆上丝绸之路把以黄河文化为主脉的中华文化带到了海外,并对周边国家产生了深远影响。

(五)宋元时期

宋元时期历时 400 多年,包括为时 319 年的宋朝(960—1279)、元朝(1271—1368)。元朝是汉文化发展、壮大和传播的重要时期。北宋时的都城东京(今河南省开封市)是黄河文化的发源地,也是中华文明的发源地。北宋时中国科技与文化的发展达到了一个阶段性高峰,黄河文化向北方的传播也促进了辽、金的社会发展。

黄河文化最大的一次传播是北宋南迁。北宋末年，黄河流域中原地区的汉人第四次大规模南迁，促进了汉人与黄河文化在江南和东南沿海地区的发展，并融合当地文化发展到了更高的水平。北宋在与辽、金的战争中被迫迁都杭州。这次迁都迁走的不仅是政治中心，还把在黄河流域积累了几千年的黄河文化也带到了南方。北宋时期形成的理学到了南宋时期由朱熹继承并发展，形成了程朱理学，并影响后世近千年。

（六）明清时期

明清时期，黄河文化向南已传播到了长江流域、珠江流域及台湾等地，向西南方向传播到了云南、广西、贵州、四川等地，向北已传播到了东北三省、内蒙古等，往西广泛传播到宁夏、青海、西藏、新疆等地。黄河文化的海外影响远及日本、朝鲜、越南、印度、伊朗等。不仅如此，国内大规模的移民又使黄河文化影响更深远。特别是山东、河南、山西等省的大量百姓移民到广西、云南、贵州、四川等地，以儒家和道家为代表的黄河文化又与当地文化有了进一步的融合。

（七）近现代时期

进入21世纪，黄河文化焕发出勃勃生机。作为中国传统文化的核心部分，黄河文化在实现中国梦的征程中有着不可替代的重要作用。2019年9月18日，习近平总书记《在黄河流域生态保护和高质量发展座谈会上的讲话》中指出："九曲黄河，奔腾向前，以百折不挠的磅礴气势塑造了中华民族自强不息的民族品格，是中华民族坚定文化自信的重要根基。""黄河文化是中华文明的重要组成部分，是中华民族的根和魂。"新时期的"一带一路"倡议体现了中华文明的伟大和包容，也是黄河文化核心内容的最充分体现。

三、黄河文化的分布格局与地域划分

在黄河文化这个大整体中，可以根据流域内局部和地区的多样性，将其划分为三秦文化、中州文化、齐鲁文化3个核文化区和燕赵文化、三晋文化、河湟文化3个亚文化区（或称次文化区）。

（一）三秦文化区

三秦文化区又称为关中文化区，简称为秦文化区。该文化区地处渭河流域和黄土高原，曾经是中国历史上文化最发达的地区之一，历史也极为悠久。1964年在陕西蓝田公王岭发现的"蓝田人"头盖骨化石，距今已有65万至80万年的历史。至距今约 6 000 年的仰韶文化时期，生活于这里的半坡先民已经创造了比较发达的文化。传说中的黄帝族则发祥于陕北，与黄帝族共同构成华夏族主干的炎帝族也曾长期活动在陕西关中西部，这些都表明三秦文化与中华文化的起源有着不解之缘。虞夏之际，周族开始在今陕、甘交界的泾渭流域活动；后来的古公亶父在周原（今陕西岐山北）又开始创建西周文明。自西周起，这里先后有西周、秦、西汉、隋、唐等十多个王朝建都，特别是西安更是获得了"千年古都"的美称。但该地文化的发展经历了曲折的过程，西周时这里是全国的文化中心。周王室东迁后，其文化重心的地位也随之东移。秦代是秦文化大发展的时期，林剑鸣先生在《从秦人价值观看秦文化的特点》一文中认为，秦文化"外倾"的特点较为明显，如秦国经济生产和科学技术发展十分迅速，但宗法观念淡薄等思想，皆与其"重功利，轻伦理"的价值观有关。追求"大"和"多"成为秦人的时尚和审美观，这也是秦文化的重要特征。汉唐时期，以长安文化为主体的三秦文化达到了鼎盛，如日中天、光芒四射，影响遍及世界各地。但安史之乱后，三秦文化急剧衰退。

（二）中州文化区

中州文化即狭义上的中原文化，其地域范围相当于今天的河南省。从文献和考古资料来看，中州文化具有历史悠久和丰富多彩的特点。早在距今五六十万年左右，"南召人"就生活在这里。到新石器时代，这里形成了裴李岗文化—仰韶文化—河南龙山文化的发展系列。进入奴隶制社会，夏部落在今豫西河洛地区建立了中国历史上第一个奴隶制国家——夏王朝。此后的商族又崛起于今日的商丘，建国后虽然多次迁都，但基本上都在今日的河南省境内，如亳都（今河南商丘）、敖都（今河南郑州）、殷墟（今河南安阳）。西周统治者虽然定都镐京（今陕西西安），但洛阳仍为其陪都。东周迁都洛邑，使这里成为全国政治和文化中心。秦和西汉时期，这里的文化，东不及齐鲁，西不及关中。随着政治中心的东迁，东汉时期洛阳地区的文化迅速崛起，再次成为全国文化最为发达的地区。魏晋南北朝时期，中州文化的发展虽然比较缓慢，但在当时仍是黄河流域文化最发达的地区。隋唐时期，中州文化的地位仅次于关中，当时这里人才辈出。至五代时，中州文化的发展虽然因军阀长期混战等的影响呈现出停滞和下降的趋势，但其成就和地位在黄河文化中无疑位列第一。北宋时，中州文化不仅继续领先于三秦文化和齐鲁文化，而且在全国也是首屈一指的；但中州文化因靖康之难而遭到严重的破坏。至元代以后，其文化不仅远远落后于长江文化中的吴越文化、荆楚文化、巴蜀文化，而且在黄河文化中的首要地位也被齐鲁文化所取代。

（三）齐鲁文化区

齐鲁文化区大致在今日的山东省。根据文献和考古资料，这个文化区的文化发轫较早，早在新石器时代便是当时文明最发达的地区之一，生活于这一地区的东夷族创造了光辉灿烂的东夷文化，发源于这一地区的北辛文化、大汶口文化和山东龙山文化也曾一度处于黄河流域文化发展的领先地位。其中，大汶口的陶器符号和山东龙山文化的玉器艺术，对夏、商文化产生了重要的影响。大约在公元前 2000 年之前，东夷文化已发展到文明时代的门槛。从神话传说来看，最早生活于这一地区的太昊氏、少昊氏、蚩尤和炎黄族共同创造了最早的黄河文明。进入奴隶社会后，东夷文化在当地文化的基础上吸收了夏、商、周文化，两者的渐次融合最后形成了华夏文化的主体。特别应该指出的是，随着西周初年齐、鲁两国的建立，东夷文化与中原地区的周文化迅速结合起来，并在东夷奴隶制文明的基础上形成了齐鲁文化。但这一时期的齐鲁文化并未完全统一，它分为齐文化和鲁文化两部分。到春秋战国时期，齐文化和鲁文化出现了一体化的端倪，由其构成的齐鲁文化圈，成为东周时期七大文化圈之一，同时出现了一大批杰出的人才，如孔子、孟子、荀子、管仲、晏婴、孙武、孙膑等，儒学及以《孙子兵法》等为代表的兵学便是他们留给后人的宝贵文化遗产。秦统一中国后，齐鲁文化在全国继续保持着领先的地位；齐鲁地区无论是文化发展水平，还是文化影响力，都堪称是秦王朝的文化重心区。进入西汉时期，齐鲁地区仍是全国文化最发达的地区。除在早期盛行黄老之学外，儒学更是从这里传至全国各地，成为封建文化的主体。当时的齐鲁文化已与汉文化彻底统一，其影响与传播在当时最为广泛。在"齐学家"董仲舒的建议下，汉武帝"罢黜百家，独尊儒术"。到东汉时，齐鲁地区的文化地位开始下降，已落后于中州文化。

（四）燕赵文化区

燕赵文化区大致以今日河北省及北京和天津两市为核心区。从其形成和发展的进程来看，其主流属于黄河文化，支流则有不少异族的草原部落的文化元素。早在四五十万年前，"北京猿人"就生活在这一地区。到新石器时代，这里已出现了距今约 8 000 年左右的磁山文化，它与裴李岗文化一样成为黄河文化最为古老的文化。赵武灵王实施的胡服骑射，使游牧文化之一的匈奴文化的价值观念、生活方式等与当地的农耕文化相结合，熔铸于燕赵文化之中，形成了"燕赵风骨"这一独特的文化精神。秦汉时期这里的文化已经达到了一定的水平，但由于军事和经济等因素的影响，这里的文化长期落后于上述 3 个文化区，这种现象直到元代初年才有所改变，其后燕赵文化区内又相继分化出了京都文化圈和天津文化圈 2 个次亚文化圈。京都文化形成于元代。当时的元大都是世界上最辉煌的城市，无论是它的建筑规模、建筑艺术、科学布局和工程水平，还是政治、经济、文化都达到了相当高的程度。经明清两代的发展，京都文化更达到了鼎盛。天津文化形成于清代，当时由于天津城市地位的提高、经济的繁荣，使天津文化日趋昌盛，在教育、科举考试、著述、学术团体等方面都发展得非常迅速，从而摆脱了过去文化不昌的境地。

（五）三晋文化区

三晋文化简称为晋文化，其地域范围主要在今山西省，东以太行为屏，西以黄河为襟，南障群峦，北蔽大漠，这种独特的地理位置造就了独特的三晋文化。

从文献记载和考古资料来看，三晋文化萌芽于石器时代，著名的山西芮城西侯度遗址，是目前世界上最早的古文化遗址之一，距今已有243万年的历史。西周初年，唐叔虞受封于此，成为晋国的始祖。春秋战国时期，晋、韩、赵、魏诸国先后以此为根据地，并逐渐形成了一个具有独特风格的地区性文化。法家思想是三晋文化思想的主体，同时这里也是纵横家和名家的发源地和活动中心。在对待传统的宗法制度及其观念形态的问题上，三晋文化表现了新兴封建势力的朝气蓬勃和积极进取的精神。由于独特的地理位置，使其在中国历史发展进程中长期成为黄河文化与北方文化相联系的重要纽带。如在史前时期中原和北方两大古文化区系的3次大冲撞中，它都起了纽带作用，使两大区系的史前文化不断扩散、融合。汉唐时期，这里的文化比较发达，科技、哲学、宗教、文学、艺术等都很繁荣，涌现出大批人才，佛教盛行。宋金元时期，三晋文化在当时的黄河文化中占有非常重要的地位。

（六）河湟文化区

河湟文化区包括黄河上游九曲之地和青海境内湟水谷地、甘青交界地区、河西走廊及宁夏部分地区。独特的地理环境赋予河湟文化游牧与农耕两种文化形态长期并存的特征。这两种文化经过与其他民族的4次文化汇合，实现了河湟区域文化的总体整合，体现了多元汇聚的历史机缘。从考古资料来看，这里的文化起源很早，新石器时代的马家窑文化和齐家文化是河湟史前文化的发端。它们均以农业为主要的经济形式，种植粟类作物，具有比较发达的农耕文明，特别是马家窑文化精彩绝伦的彩陶制作，更使其成为与仰韶文化、大汶口文化齐名的黄河流域史前时期三大彩陶中心之一。羌族是河湟地区最早的土著居民。他们原来过着以畜牧为主、穹庐为居的游牧生活。大约到战国时期，羌人无弋爰剑从秦人那里学到了较先进的农业生产技术，并将其带回到河湟地区，从此河湟地区的农耕文化再次出现了重大的变化。西汉时，汉人随着军事力量的发展，大量移居河湟地区，并在这里屯田，从而使河湟地区的农耕文化作为一种全新的文化脱颖而出。此后，在魏晋南北朝、隋唐、元代3个时期，河湟地区的土著文化与其他民族的文化又进行了3次大的交汇，从而实现了总体整合与多元汇聚的发展趋向。

第三节 黄河文化内容分类研究

一、黄河物态文化

黄河物态文化是以物质形态存在的水体和与水事活动有关的实物形象所体现的文化内容。黄河物态文化是人类为克服与水的矛盾而创造出来的，主要包括水工程、水景观、水工具等物质载体之中蕴含的水文化。它们都具有可视、可触的物质实体，其中融入了人类的体力和智力劳动，是水文化最直观的内容。黄河物态文化主要包括水工程文化、水景观文化、水工具文化3个方面。

（一）水工程文化

水工程通常称为水利工程，是人类为了克服与水的矛盾而创造出来的物质实体，旨在除水害、兴水利。历史上任何一项水工程都是一定政治、经济和社会发展的产物，都在一定程度上满足了当时生产发展和人民生活的需求，也体现了工程组织者和参与者的知识、观念、思想、智慧。一些著名的水工程因此而成为水文化的重要载体，其形象、文化内涵具有人文教化功能，会对人的意识、感情产生影响，在精神文明建设中发挥着积极的作用。黄河水工程的典型代表主要有龙羊峡水电站、青铜峡水电站、公伯峡水电站等。

（二）水景观文化

水景观即作为人审美观赏对象的水体。水从自然之物而成为景观，是从物质性的存在上升为审美意义的存在。在人的意识中，水景观主要体现的不是它的实用价值、科学价值和经济价值，而是其审美价值和生态价值。水景观主要是指存在于地面的液态水形成的稳定性景观，不包括空中的液态水、固态水、气态水形成的变化性景观。水景观的范围大小不一，如池、潭、泉、井属于"点状"的水景观，一段河流水域是"线状"的水景观，湖泊、大海属于"面状"的水景观。点状水景观主要有壶口瀑布、三门峡黄河风景区；线状水景观主要有黄河九曲第一湾、乾坤湾等；面状水景观主要有扎陵湖、鄂陵湖、青海湖等。

（三）水工具文化

水工具主要指用于生产劳动过程中的物质性器具，不包括语言、计算方法、技术模型等抽象意义上的工具。人们在与水打交道时通常要借助工具，特别是在治水、管水、用水等劳动过程中，除了使用普通工具（如挖掘工具、起重的器械和设备等）之外，还创造和发明了许多用于水事活动的工具。从形态上看，工具是物质性的器物，每一种水工具的创造和使用，都凝结着人类的知识、能力和智慧。水工具既是供使用的，也包含着一定的文化内涵，标志着人类文化的演进，体现了人水关系中人的能动性和创造性。随着现代科技的发展，有些工具的使用价值在逐渐减少乃至完全消失，但其文化价值依然存在；或者说，虽不再使用，却是有价值的文化遗存物，因此，这些工具依然是黄河物态文化的重要载体之一。最典型的水工具就是作为水运工具的羊皮筏子和作为提灌工具的黄河水车。

二、黄河制度文化

（一）黄河水利管理机构

1. 水利部黄河水利委员会

水利部黄河水利委员会为水利部派出的流域管理机构，代表水利部在黄河流域和新疆、青海、甘肃、内蒙古内陆河区域内（以下简称流域内）依法行使水行政管理职责，承担黄河防汛抗旱总指挥部办事机构职责。

2. 黄河上中游管理局

黄河上中游管理局是水利部黄河水利委员会所属管理机构，代表水利部黄河水利委员会在黄河流域上中游区域（不含山西省、陕西省境内黄河干流河道与河南省境内黄河中游区域）和新疆、青海、甘肃、内蒙古内陆河区域内（不含黑河、石羊河、疏勒河流域）依法行使水行政管理职责，承担黄河中游水土保持委员会办公室职责。

（二）黄河水利法律法规

1. 法律

《中华人民共和国水法》

《中华人民共和国防洪法》

《中华人民共和国水土保持法》

《中华人民共和国水污染防治法》

《中华人民共和国黄河保护法》

2. 行政法规和法规性文件

《中华人民共和国河道管理条例》

《黄河水量调度条例》

《水库大坝安全管理条例》
《中华人民共和国水文条例》
《取水许可和水资源费征收管理条例》
《中华人民共和国水土保持法实施条例》
《开发建设晋陕蒙接壤地区水土保持规定》
《关于加强蓄滞洪区建设与管理的若干意见》

3. 部门规章

《水文监测资料汇交管理办法》
《水利工程质量检测管理规定》
《生产建设项目水土保持方案管理办法》

（三）黄河管理与治理制度

1. 中华人民共和国成立以来的黄河管理与治理制度

中华人民共和国成立后，治理开发黄河作为国家大事被列入重要议事日程。1953年12月，水利部在全国水利会议上提出《四年水利工作总结与方针任务》，其中对黄河治理提出了具体要求。1954年1月，黄河水利委员会在整编黄河流域基本资料的基础上，提出了《黄河流域开发意见》。1955年7月，在第一届全国人大二次会议上审议并通过了《关于根治黄河水害和开发黄河水利的综合规划的报告》。

2. 改革开放以来的黄河管理与治理制度

1978年，刚成立的"黄河水质监测中心站"（现黄河流域水环境监管中心）开始在黄河干流及主要支流入黄口正式开展水质监测工作。1983年，第二次全国环境保护工作会议正式将环境保护确定为一项基本国策，纳入国民经济和社会发展计划。1984年，全国人大常委会通过《中华人民共和国水污染防治法》，环境保护、污染防治等重大环境问题进入了法制化轨道。1988年，第一部《黄河水资源保护规划》编制完成，为黄河水资源保护工作提供有力的科学依据。

3. 十八大"生态文明"以来的黄河管理与治理制度

2012年，党的十八大首次确立将生态文明建设作为"五位一体"总体布局的一个重要部分。自此，我国全面深入贯彻习近平生态文明思想，推动新时代生态文明建设发生历史性、转折性、全局性变化，黄河治理开发也随之进入新的时代。

三、黄河精神文化

（一）流传民间信仰

黄河是中华文明的发祥地，流传着不朽的黄河信仰。黄河绵延曲折，如同血脉世世代代维系炎黄子孙，可以说是中华民族最重要的精神图腾。拥有五千年历史的中华文明正是有了黄河的滋养才更加绚烂多彩，这是大河奔流带给华夏百姓的财富。黄河是中华民族的母亲河，这条大河与中华民族的生存、发展、壮大息息相关。中华民族有悠久深厚的历史，有光辉璀璨的文化，许多文化传统和人文精神与黄河紧紧联系在一起。黄河文化是人民大众用心灵和双手创造的文化，是民众自发创造的满足自己精神的一种生活文化，保持着血脉旺盛、生机勃勃的形态，留存着相对自由活泼的形式。它积淀深厚、博大灿烂，并且与人民的生活、情感和理想深深相连。古老的黄河哺育和滋养了中华民族，同时赋予中华民族特有的灵魂和精神。

（二）孕育民风民俗

俗话说："十里不同风，百里不同俗。"黄河全长约 5 464 km，流域面积达 752 443 km^2。特定的地理气候条件，多样的文化生态，使黄河民间习俗呈现有同有异、多姿多彩的生活样态。黄河民间习俗包罗万象，涉及人生礼仪、庙会节庆、生产生活、民间信仰、游艺竞技等，其中庙会节庆就极具特色和魅力。

黄河流域分布着大大小小很多庙会，其中有一些具有较大影响力和较强辐射力，如山东泰山东岳庙会、河南浚县正月古庙会等。除了庙会，灯会也是黄河流域群众喜闻乐见的民间传统节庆活动。

（三）塑造民间艺术

黄河民间艺术是黄河流域的民众为满足自己的生活和审美需求而创造的艺术。黄河民间艺术具有来自民间的质朴原始的特质，通过民众喜闻乐见的艺术形式，抒发黄河儿女深沉热烈的情感。黄河号子是黄河民间艺术的重要表现形式，它是人们在黄河上从事集体劳动时发出的似喊似唱的声调的总称。除了黄河号子，陕北民歌也是一种同样具有很强艺术感染力的黄河民间艺术形式。以黄河号子、陕北民歌为代表的黄河民间艺术，伴随着黄河的日夜流淌传承至今，深刻表达了黄河儿女的多样心声，共同滋润着黄河儿女的精神世界。

（四）发扬民间文学

黄河故事是黄河民间文学的主要类型，千百年来生活在黄河流域的民众创造了数不尽的故事，口耳相传，生生不息，流传至今。以黄河故事为代表的黄河民间文学，生动记录了与黄河有关的历史事件和历史人物，表达了黄河儿女对黄河的热爱和敬畏，对家乡故土的深沉情感，以及对历史人物、历史事件的记忆和评价。可以说，这是一宗丰厚的口头文化遗产，也是一部活态的口传黄河史。

黄河故事不仅有关于黄河来历的传说，还有关于黄河治理的神话传说；不仅有与黄河有关的风物传说,还有黄河儿女的生活故事。例如,大禹治水的传说,就是一篇流传千年、非常典型的黄河故事。

第四节 重点省份黄河文化特色研究

一、青海省黄河文化特色

青海绵延高耸的雪山、浩瀚的沙海、广袤的草原以及滚滚东流的江河水,不仅哺育了高原儿女,而且也孕育了灿烂夺目、独具异彩的文化,成为中华文化的策源地。

(一) 河湟文化

"河湟"指的是由黄河上游、湟水流域及大通河流域构成的"三河间"地区。河湟地区是中原地区与边远少数民族地区的过渡地带是黄土高原和青藏高原的接壤之地,是农业文化与草原文化的结合部,也是历史上中原与西域往来互通的重要廊道。早在数千年前,河湟地区就有人类活动,在以马家窑文化、齐家文化、卡约文化等为代表的新石器时代,河湟地区就产生了高超的制陶工艺。自秦汉以来,河湟地区中原文化和游牧文化交替兴衰,呈现出大融合的文化发展趋势,至今仍然是我国多民族共荣发展的典型区域。河湟文化是在漫长历史发展过程中,汉、藏、回、土、撒拉、蒙古6个世居民族和其他各少数民族人民在"三河间"共同生产生活、交往交流而创造的优秀传统文化的总和。河湟文化包括以马场垣遗址、柳湾遗址、喇家遗址等为代表的黄河地区古遗址文化;以《拉仁布与吉门索》、《祁家延西》、《骆驼泉的传说》、撒拉族婚礼、土族婚礼、土族"梆梆会"、循化藏族螭鼓舞、撒拉族篱笆楼营造技艺、河湟"花儿"、乐都九曲黄河灯阵为代表的宝贵的非物质文化遗产;以循化塔沙坡清真寺、化隆阿河滩清真寺、平安洪水泉清真寺为代表的全国重点文物保护单位;以雕刻、民族刺绣、黄河奇石、剪纸、服饰等为代表的河湟艺术文化;以塔尔寺、文都寺及班禅大师故居、夏琼寺、瞿昙寺、佑宁寺、广惠寺、街子清真大寺等为代表的色彩浓郁的宗教文化;以土族纳顿节、热贡六月会、那达慕、贵德六月庙会、尖扎达顿宴为代表的民间民俗节日文化等。

（二）昆仑文化

昆仑文化是以古老的昆仑神话为核心，以光辉灿烂的民族精神和壮丽宽广的青海地域文化景观为特征，反映青海文化特色的地域文化传说。中华昆仑神话已入选联合国教科文组织世界非物质文化遗产名录。古人把昆仑山脉当作"山的祖先""龙脉的祖先""龙山""龙的祖先"，并编织了许多美丽动人的神话传说，它是我国古代神话传说的摇篮。昆仑文化属于源头文化、根母文化和传统文化，是起源于中国青海昆仑山主脉的文化。昆仑文化主要反映在昆仑神话之中，它记载着我国人类发展史和经济社会发展，我国的传统节日、习俗和昆仑神话都有关联。同时，它是通过吸收中华文明的有益成果和传统精华而形成的。它是青藏高原自然、人类文化和审美经验的积淀，是人类生存、繁衍和社会进步创造的物质和精神的集合。昆仑文化包括山地文化、西王母文化等多种形式，它是一个大系统，包括自然、人文和一切可以被视为审美观察的事物。

（三）格萨尔文化

格萨尔文化是指以藏族史诗《格萨尔王传》为核心，深刻影响着人们的生产生活方式、习俗、社会制度和社会发展的一切物质文化和精神文化形态。世界上最长的史诗《格萨尔王传》是由藏族人民创作的一部宏大的英雄史诗，它有着极高的学术价值和艺术价值，是一部研究古代藏族社会生活及生产方式的百科全书，是了解藏族文化的重要桥梁。《格萨尔王传》因其独特性、多样性和生活特色在国内外享有很高的声誉，其恢宏的篇幅、曲折的故事情节、生动的人物形象和深刻的内涵，极大地丰富了中华民族的文化宝库。格萨尔文化主要由以下内容组成：传承活态文化、格萨尔信仰文化、格萨尔民俗文化、格萨尔文化纪念等，从而延伸到各种抄本、印刷书籍和各种民间文学载体；音乐、戏剧、曲艺、说唱等与格萨尔有关的艺术表现形式；格萨尔风景遗迹、历史遗迹、寺庙建筑、饮食用具、服饰道具等物质载体；格萨尔艺术家群体及其生活和歌唱的真实场域和文化空间；还有被称为格萨尔王的寄魂山的阿尼玛卿雪山、英雄放逐地玛麦玉隆松多、赛马称王起点遗址阿玉迪、格萨尔王妃珠姆故里扎陵湖等格萨尔文化象征的自然资源。

二、四川省黄河文化特色

（一）若尔盖文化

若尔盖是藏族对黄河源头区域的统称，也是若尔盖国家公园的核心区域。若尔盖国家公园是全球高海拔地带重要的湿地生态系统和生物栖息地，是黄河上游最大的"蓄水池",在黄河的水量补给和水质保持方面有着重要作用。若尔盖文化是藏族文化的重要组成部分,体现了藏族人民对自然的敬畏和珍惜,对水的崇拜和感恩,以及对生命的尊重和保护。若尔盖文化具有以下特点:第一,若尔盖地区是"水源圣地"。该地区存在许多神湖、神泉、神山等自然景观,被视为水神、山神、土神等的居所,藏族人民每年都会举行祭水、祭山、祭土等活动,以祈求水神的庇佑,感谢水神的恩赐。第二,在中华大地上广泛流传的若尔盖神话,承载着藏族早期的历史记忆。若尔盖神话是藏族神话的重要组成部分,反映了藏族人民对自然、社会、人生的认知和理解。其中有许多故事与水相关,如若尔盖湖的形成、黄河的发源、水怪的降服、海市蜃楼的吉兆等,体现了藏族人民对水的深切敬畏。

(二)长征文化

长征文化是红军长征途中形成的一种独特的文化形式,不仅是中华民族的宝贵精神财富,更是中国革命的重要历史遗产。红军长征时在若尔盖县召开的巴西会议,是决定党和红军前途命运的一次关键会议,也是红军长征的转折点。长征文化的特点有 3 个方面:首先是"英雄精神"。面对敌我力量悬殊、武器装备差距显著、自然环境条件恶劣、无后方依托的流动作战之艰难,红军将士仍不畏牺牲、英勇斗争,愈挫愈奋、一往无前,以血肉之躯开辟了胜利之路,代表了中华民族的奋斗精神。其次是在中华大地上广泛流传的长征故事,如"爬雪山""过草地""娄山关""腊子口"。这些故事是长征文化的重要组成部分,反映了红军和人民的感情和命运,记录了长征的艰辛和辉煌。最后,长征承载着中华民族的情感寄托和精神归宿,长征是中华民族伟大的自我救赎、自我超越、自我创造。

三、甘肃省黄河文化特色

(一)宗教文化

甘肃是多元宗教文化的早期传播流行地,道教和佛教最先在甘肃传播。据史载公元 1 世纪左右,敦煌等地就有佛教传入,魏晋南北朝时佛教在中国空前发展,尤其是前凉以佛教为国教,敦煌和凉州成为佛经翻译中心和高僧东传佛教的出发地,直接推动了佛教在中国的传播发展。拉卜楞寺是藏传佛教格鲁派六大寺院之一,为甘青川地区最大的藏族宗教和文化中心,被誉为"世界藏学府"。同时,丝绸之路甘肃段独特的地质地貌和气候环境,为佛教石窟的开凿和保存提供了有利条件,沿线开窟造像之早、经历朝代之多、绵延时间之长、分布地域之广,世所罕见,是世界上独一无二的石窟走廊和艺术走廊,有佛教石窟寺 337 处、石窟群 50 多处、洞窟 2 500 多座,被誉为"石窟艺术之乡"。开凿于东晋十六国时期的武威天梯山石窟,有"石窟鼻祖"之称。炳灵寺石窟的《建弘题记》是目前我国石窟寺中发现年代最早的题记。中国的四大石窟中，莫高窟、麦积山石窟都在甘肃省。

（二）革命文化

甘肃是一个具有光荣革命传统的省份。甘肃，不仅是中国工农红军二万五千里长征胜利的结束地，还是中国西部最早红色革命政权的诞生地，也是红军西路军悲壮历史的见证地。无数革命先辈曾在甘肃这片土地上浴血奋战，为中国革命事业和解放事业的最终胜利立下了汗马功劳。甘肃有众多宝贵的革命遗址。全省现存的革命遗址有720处，这些革命遗址、红色景区和文物保护单位的红色文化元素中所积淀、包容的道德精神、理想信念、思想情怀堪为宝贵财富。红军会师纪念地会宁、陕甘边区苏维埃政府旧址、腊子口战役纪念地、红军西路军烈士陵园、哈达铺会议纪念地、岷州会议纪念馆、榜罗镇革命遗址、八路军办事处旧址等8个景区被纳入全国重点打造的100个左右的"红色旅游经典景区"建设目录。

（三）敦煌文化

敦煌是中国通向西域的重要门户，古代中国文明同来自古印度、古希腊、古波斯等不同国家和地区的思想、宗教、艺术、文化在这里汇聚交融。著名学者季羡林先生曾说："世界上历史悠久、地域广阔、自成体系、影响深远的文化体系只有4个：中国、印度、希腊、伊斯兰，再没有第5个。而这4个文化体系汇流的地方只有1个，那就是中国的敦煌和新疆地区，再没有第2个。"这里所说的敦煌包括整个河西走廊。华夏文明以海纳百川、开放包容的广阔胸襟，不断吸收借鉴域外优秀文明成果，造就了独具特色的敦煌文化和丝路精神。敦煌莫高窟是敦煌文化的代表，被誉为"东方艺术宝库""世界最长的画廊""墙壁上的博物馆"。在收入《世界遗产名录》的1 121项遗产中，完全符合"世界文化遗产"6条标准的遗存仅有2个，其中就有敦煌莫高窟（另一个是意大利威尼斯）。敦煌学已经成为当今一门国际性显学。2019年8月，习近平总书记在视察敦煌莫高窟时评价："敦煌文化集建筑艺术、彩塑艺术、壁画艺术、佛教文化于一身，历史底蕴雄浑厚重，文化内涵博大精深，艺术形象美轮美奂，给我留下了很深的印象。"

四、宁夏回族自治区黄河文化特色

宁夏回族自治区地处西北干旱、半干旱地区，经济社会唯黄河而存在、依黄河而发展、靠黄河而兴盛，在长期的用水、治水、管水、赏水和亲水实践中，创造了宝贵的精神财富，形成了古老丰富、独具魅力的黄河文化。

(一) 民族文化

历史上,宁夏平原多有战争,一方面是为了争夺这块富庶之地,以供物资之需和战备供应;另一方面这里又是通向中原追求更大利益的重要通道。宁夏黄灌区既有来自内地的大量汉族移民,也有周边的少数民族不断进入这个地区。无论哪个民族、通过什么途径移民于此,他们都要利用这里的自然条件和开发基础,顺势而为,承续农耕。他们都意识到黄河之利的重要性,在继承灌溉传统的同时,又扩大灌区,再度移民,通过推进农业生产获得更大利益。可以说,各民族共同经营了黄灌区,共同保护了黄河,又开发了黄河,黄河是他们共同的母亲河,民族融合也成为这一地区的悠久传统。

(二) 农耕文化

宁夏平原地区的黄河水资源十分丰富,又与农业发达的关中毗邻,从秦汉时期开始,先进的农耕技术和工具随着人口的迁移传到宁夏平原地区,并与水利灌溉紧密结合起来,这里的社会面貌很快发生了转变。灌区开发与移民实边的实践,形成了将黄河文化与农耕文化有机结合的知识体系,这种文化的积累和应用,指导和推动了黄河灌区的建设,也培养了一代又一代善于利用黄河实施农耕的农民,他们用自己的聪明才智开发了延续至今的中国最早的精耕农业灌溉区。黄河文化与农耕文化都是中华文化的重要组成部分,二者结合,创造了宁夏黄河灌区这样一个典范,持续至今,不断发展,充分彰显了文化底蕴和文化动力的不可替代的作用。

(三) 引水工程文化

宁夏黄河灌溉区自秦汉开发后,原来环境脆弱、生产单一、封闭落后的荒蛮之地,面貌开始发生改变。历朝政府将这一地区作为移民实边的重点,在不断吸纳人口的同时,扩展灌区土地,人、地关系有了协调发展的条件。对黄河的有效开发利用,赋予了人、地生存和改善的空间,创造了一种人与自然和谐相处的生态结构。宁夏黄河灌溉区不仅造就了人与自然和谐相处的一块绿洲,也是我国西部重要的生态屏障,对于维系黄河中上游及华北、西北地区的生态安全有着重要的作用。

五、内蒙古自治区黄河文化特色

(一) 草原文化

草原文化是内蒙古文化的主要组成部分,其包罗万象、博大精深,包括草原观念文化、草原制度文化、草原器物文化、草原艺术文化、草原少数民族文化等。草原文化与黄河文化、长江文化、海洋文化共同构成了中华文化的"四大文明体系"。内蒙古文化中的草原文化，从地域上分，从西向东有阿拉善草原文化、乌拉特草原文化、鄂尔多斯草原文化、乌兰察布草原文化、锡林郭勒草原文化、昭乌达草原文化、科尔沁草原文化与呼伦贝尔草原文化。马头琴、长调等是草原文化的符号。

（二）黄河上游文化

内蒙古文化中的"黄河文化"主要是"黄河上游文化"，万里黄河从青海源头到内蒙古自治区呼和浩特市托克托县河口村（历史上为"河口镇"）为"上游"。黄河在内蒙古超千里，主要位于"上游地区"。黄河的源头在巴彦喀拉山，蒙语意为"富饶的黑山"。呼和浩特市托克托县的河口镇是黄河中上游的分界线，这个地名来源于元代，元、明、清时期，河口镇是黄河流域著名的"官渡"和商业集镇，地位高于包头村，仅次于归化城（现呼和浩特）。1840年，黄河发大水，河口被淹，河口商人迁移到萨拉齐厅包头村，为形成后来的包头镇、包头县及包头市打下了基础。内蒙古黄河上游文化包括乌海文化、阿拉善盟文化、巴彦淖尔文化、鄂尔多斯文化、包头文化与呼和浩特文化，核心文化是有3万多年历史的河套文化。

（三）长城古城文化

内蒙古有长度最长、建立时间最早、跨朝代最多、最具震撼力的长城群，古城也有100多座，其中包括盛乐、辽上京这样的首都城市。人们说"万里长城"，事实上，明长城留在当今的没有一万里，倒是内蒙古现存的历代长城超过8 000里，在中国排名第一。长城古城文化是内蒙古草原文化与中原文化的结合体，是中华文化的精彩篇章。内蒙古长城大体沿着大兴安岭山脉和阴山山脉走向分布，多集中于南部，在各盟市均有分布。城区内拥有总长度最长的长城的是乌兰察布市，拥有年代最久的长城的是内蒙古首府呼和浩特市。沿大兴安岭山脉分布的长城是少数民族女真族为防御蒙古族等其余少数民族所修的金界壕，是内蒙古境内长度最长的长城。内蒙古长城沿阴山山脉密集分布，各年代长城的位置沿山势走向有所变化。足以证明历史上这一区域战事频繁，是南北民族汇聚交流的重要地带。

六、山西省黄河文化特色

（一）商贾文化

晋商源于山西，作为历史上的著名商帮，在其漫长的发展历程中，逐步形成了涵盖商贸、建筑等方面优秀的晋商文化。晋商不仅创造了巨额物质财富，而且也留下了丰富的商业文化。晋商文化是由山西商人创造的精神财富，包括晋商的商业组织制度、商业技术、经营艺术、城乡建筑、庙宇奉祀、商业教育、社会习俗等整个商业文明体系。晋商文化的内涵十分丰富，其主要内容可以大致概括为唐晋遗风的管理思想，崇拜关公的商业伦理，源于地缘贸易的创业精神和乡土轴心的理财理念，人本思想的企业文化。

（二）民居文化

晋派只是一个泛称，不仅指山西一带，还包括陕西、甘肃、宁夏及青海部分地区。这些地区均为黄河流经省份，其中以山西的建筑风格最为成熟，故统称为晋派建筑。晋派建筑大体分为两类：一类是山西的城市建筑，这是狭义上的晋派建筑。山西历史上有晋商闻名天下，勤劳的世代晋商在积累无数财富的基础上，形成了自己的建筑风格。晋派建筑在很大程度上反映了晋商的品格——稳重、大气、严谨、深沉，它所蕴含的文化与精神是一笔无与伦比的财富。另一类是陕北及周边地区的窑洞建筑，这也是西北地区分布最广的一种建筑风格。黄土高原的祖先们就是在窑洞中生存、繁衍和壮大起来的。

（三）工业文化

山西是我国产煤第一大省，煤炭是山西的支柱产业。煤炭开采保障了黄河流域乃至全中国的社会经济发展，但不可避免地会扰动生态环境，诱发植被损伤、景观破碎、土地退化等系列问题。采煤耗水量巨大，平均吨煤排水量 2～3 t，这加剧了流域水资源短缺。相应地，高强度采煤会加重风沙区沙漠化态势，也会胁迫黄土区水土流失。其生态受损范围极易沿着点、线、面、网扩展，诱发区域性甚至全域性生态环境问题。平衡好黄河流域煤炭开发与生态环境保护的关系，是支撑流域高质量发展与全国能源产业绿色发展的关键所在。

七、陕西省黄河文化特色

（一）黄土高原文化

黄土高原文化是牧、猎文化与农耕文化经过长期融合后所产生的合成文化。在融合的过程中，经济形式的多样化起着决定这种文化的性质的作用，而经济形式的多样化又源于多部族的融合。这种合成文化，既区别于华夏的农耕文化，又区别于其他游牧游猎部族的牧猎文化，它有着古老性、丰富性、独特性等特征。黄土高原文化的表现形式主要有窑洞文化、陕北民歌和民间剪纸等。这些民俗文化和民间艺术充分体现了陕北民众憨厚朴实、勤劳善良的品质，以及既古朴、传统，又激情奔放的生活观念，同沟川遍布、千沟万壑的陕北地貌形成呼应，展示了高原的自然景观、社会风貌和陕北人的精神世界。

（二）古都文化

地处关中地区中心部位的西安及其附近地区，自公元前 11 世纪中期成为西周王朝的统治中心之后，至 10 世纪唐朝末年，在它作为周、秦、汉、隋、唐等强盛王朝首都的这一时期，正是中华文化经过之前历史时期孕育后形成并逐渐成熟至繁盛的阶段。因此，西周、秦、西汉、隋、唐之古都文化作为强势文化，凭借政治上的张力，自然成为中华文化的源头与主流。

古都文化充分吸纳了世界文化的精华，既彰显了东方文化神韵，也是世界文化的重要载体。这是因为在西安及其附近地区建都的西周、秦、西汉与隋、唐王朝，不仅是中国历史上强盛的王朝，而且统治集团与士庶百姓，对外族与域外文化也普遍持有开放、包容的心态，特别是西汉与唐王朝，更是心胸开阔、眼界高远、气魄宏大，对域外文化兼收并蓄，广泛吸纳。

（三）旅游文化

陕西沿黄区域人文旅游资源多姿多彩，既有丰富的自然地理旅游资源，也有众多的历史文化遗迹。陕西沿黄城镇带的文化旅游资源大致可以分为历史遗迹遗址、人文历史资源及民族风情资源。有代表性的历史遗迹遗址有黄河入陕第一城、古代军事要塞——府谷府州古城，以及佳县香炉寺、白云山道观、吴堡古城、会峰寨等；人文历史资源有如大禹文化、航运文化等；民俗文化有带有浓郁地方特色的陕北剪纸、壶口斗鼓、宜川刺绣、韩城龙门行鼓、合阳花馍等，这些都是陕西沿黄区域重要的文化资源。陕西沿黄区域还有丰富的红色旅游资源，如杨家沟革命纪念馆、毛主席东渡黄河纪念地、毛泽东故居、彭德怀故居、杨荫东故居等。

八、河南省黄河文化特色

（一）中原文化

中原文化以河南省为核心，将广大的黄河中下游地区作为腹地，逐层向外辐射，影响延及海外。中原地区是中华文明的摇篮，中原文化是中华文化的重要源头和核心组成部分。中原地区在古代不仅是中国的政治经济中心，也是主流文化和主导文化的发源地。中原地区以特殊的地理环境、历史地位和人文精神使中原文化在漫长的中国历史中长期居于正统主流地位，中原文化在一定程度上代表着中国传统文化。

（二）历史文化

河南是中华文明和中华民族最重要的发源地。4 000 多年前，河南为中国九州中心之豫州，故简称"豫"，且有"中州""中原"之称。河南是华夏民族早期主要居住的地方，也是今天绝大部分中国人的祖居之地。中国历史上绝大部分时间的政治、经济和文化中心都在河南，从中国历史上第一个王朝夏朝在河南建都起，先后有夏、商、西周（中后期）、东周、西汉（初期）、东汉、曹魏、西晋、北魏、隋、唐（含武周）、五代、北宋和金等20多个朝代在河南定都。中国八大古都中，河南一省就占了4个，分别为夏商故都郑州、商都安阳、十三朝古都洛阳和八朝古都开封。河南见证了多个朝代的发展变迁，留下了丰富的历史文化遗产；河南拥有众多古代文化遗址，如洛阳的龙门石窟、安阳的殷墟等，这些遗址反映了古代中国人民的生活方式和文化特色；河南历史上出现了许多杰出人物，如思想家老子、军事家岳飞等，他们的思想和事迹为河南文化增添了浓厚的一笔。

（三）民俗文化

河南地区民俗文化特色鲜明、斑斓多姿，集中体现在饮食、服饰、日常起居、生产活动、礼仪、信仰、节令、集会等各个方面。西周时期在中原形成的婚仪"六礼"，逐步演化为提亲、定礼、迎娶等固定婚俗，并延续至今。与生产生活密切相关的岁时风俗，如春节祭灶、守岁、吃饺子、拜年，正月十五闹元宵，三月祭祖扫墓，五月端午节插艾叶，七月七观星，八月中秋赏月，九月重阳登高等，大多起源于河南，并通行全国。河南民俗还塑造了民间的生活形态和艺术品，太昊陵庙会、洛阳花会、信阳茶叶节、马街书会、开封夜市等古代的民间节会至今不衰；开封的盘鼓和汴绣、朱仙镇木版年画、南阳玉雕、濮阳和周口的杂技等民间艺术享誉中外。河南的民俗文化还具有浓厚的地域特色，如豫剧、河南坠子等传统艺术形式，以及书会、庙会等传统节会活动，体现了河南人民的独特风情和文化传统。河南因"中天下而立"的独特地理位置，其民俗文化广泛影响了周边地区乃至华夏和世界华人族群。

九、山东省黄河文化特色

（一）儒家文化

儒家文化诞生、发展于黄河流域，是黄河文化的重要组成部分，黄河哺育了儒家文化。春秋战国时期的黄河下游地区是当时文化最发达、思想最活跃的地区。儒家学说的开创者孔子是鲁国人，他的学生也多来自黄河下游和济水流域的鲁、卫、齐、宋等国。孔子的众多学生在其后很长的一段时间里也主要在这一带传播儒家学说，使儒家文化在黄河下游地区发展壮大并最终走向世界。儒家文化成就了黄河文化。孔子创立儒家学说后，经过孔子及其弟子的弘扬与传播，其影响不断扩大，儒学在战国时期就已传播至中山国、楚国等广大的地区。汉武帝时董仲舒"独尊"儒学后，儒学渐渐深入中国各朝代的各个社会阶层，儒家思想对黄河文化发展的决定性影响越来越显著，尤其汉代以来更是奠定了黄河文化的发展方向，成为中国传统文化的主干，对中国文化的发展有着深远的影响。

（二）泰山文化

泰山在黄河下游巍然屹立，与黄河相距不过百里，是黄河下游地区最重要的山脉。泰山作为中国首个世界自然和文化双遗产，历史人文厚重、文明曙光久远，与中华文明的孕育息息相关、血脉相连。历代统治者、达官显贵、文人墨客、市井小民等社会各阶层都采取各自的独特仪式，表达对泰山的虔诚膜拜与景仰，由此形成了颇具特色的"泰山文化"，主要包括泰山崇拜及其民间信仰文化、泰山封禅文化与帝王文化、泰山宗教文化、泰山文学与艺术等。

（三）运河文化

黄河文化与运河文化，无论在时间、空间还是文化内涵上都存在一定程度的交叉和融合。运河开凿与黄河治理相伴共生，在其基础上形成的运河文化和黄河文化对中华文明的发展产生了重要影响。山东境内运河的开凿离不开对黄河水系的治理，黄河的改道治理也深刻影响了运河的走向布局。山东运河水系是黄河、淮河水系的有机组成部分，将山东与河南、河北、安徽、江苏等地连通起来。山东黄河流域的运河文化是齐鲁文化与其他运河流经地域的文化（如吴越文化、江淮文化、燕赵文化、中原文化等）相互融合的产物，虽然具有外来文化的因子，但主干仍是黄河下游的齐鲁文化，齐鲁文化也通过运河传播影响到其他地域。

第五节 黄河文化对流域生态保护和高质量发展的影响

一、黄河文化对流域生态保护的影响

（一）价值观层面

(1) 增强生态保护意识

黄河文化中蕴含着"天人合一"的哲学观念，其强调人与自然的和谐共生。例如，在古代黄河流域的农耕文明中，农民们依据节气和自然规律进行劳作，他们深知顺应自然才能获得好的收成。这种观念传承至今，让生活在黄河流域的人们从内

心深处认识到保持生态系统完整性的重要性,意识到人类是生态系统的一部分,而非主宰者,从而激发人们主动保护黄河流域生态环境的意识,像珍惜自己的家园一样去呵护黄河的生态环境。

在黄河文化中,敬畏自然的思想也十分突出。黄河在历史上既有哺育万物的功绩,也有洪水泛滥等灾害。古人对黄河的力量既感恩又敬畏,这种情感逐渐转化为对黄河生态的尊重。许多沿黄地区的传统习俗和祭祀活动都体现了对黄河的敬畏,如黄河河神祭祀。这种敬畏之心使得人们在开发利用黄河资源时更加谨慎,避免过度破坏生态环境。

(2) 培养生态责任感

黄河文化承载着流域居民共同的历史记忆和身份认同。人们以黄河儿女自居,这种身份认同赋予了他们对黄河流域生态保护的责任感。例如,当黄河出现生态问题时(如水质污染、水土流失等),这种责任感会促使当地居民积极参与治理活动。无论是参加义务植树造林、河道垃圾清理,还是参与生态保护的宣传工作,都体现了他们对维护黄河生态的责任担当。

(二) 行为规范层面

(1) 约束资源开发行为

传统的黄河文化包含了许多朴素的生态智慧。在农业方面,黄河流域很早就有休耕轮作的做法。这种传统的农业智慧有利于保持土壤肥力,减少水土流失。它规范了农民的耕种行为,避免过度开垦导致土地退化。在水资源利用方面,一些古老的水利灌溉规则也体现了对水资源合理利用的要求。比如,通过分水制度来确保上下游都能合理地利用黄河水资源,避免上游过度取水而影响下游生态。

黄河文化中的禁忌文化也对资源开发行为起到约束作用。在一些沿黄地区,有禁止在特定时期捕鱼、禁止在河边乱砍滥伐等习俗。这些禁忌是基于对黄河生态规律的长期观察而形成的,它们有效地防止了对黄河生态资源的过度开发和破坏。

(2) 引导生态友好型生活方式

黄河流域的传统建筑文化体现了生态友好的理念。例如,在一些窑洞建筑分布的地区,窑洞的设计充分利用了当地的地形和土壤条件。窑洞冬暖夏凉,这种建筑方式减少了对木材等建筑材料的依赖,也降低了建筑过程中的能源消耗。这种传统建筑文化引导人们在现代生活中也注重采用环保、节能的建筑方式。

饮食文化方面,黄河流域有丰富的农作物和特色饮食。传统的饮食习惯是以当地的农产品为主,这种自给自足的饮食方式减少了因大量运输和加工外来食品而带来的生态压力。同时,一些传统的食品加工方式,如自然晾晒谷物等,也体现了对自然能源的有效利用。

(三)社会治理层面

(1) 促进跨区域生态合作

黄河文化是整个流域共有的文化纽带。它跨越了不同的行政区域，使流域内的各个地区能够基于共同的文化认同而开展生态保护合作。例如，黄河流域生态补偿机制的建立，离不开流域内各地对黄河文化的共同认知。上游地区为了保护生态环境可能会限制一些产业的发展，下游地区受益于上游良好的生态而提供补偿。这种跨区域合作机制的顺利运行，在很大程度上是因为黄河文化所凝聚的共同利益和共同责任意识。

文化交流活动也为跨区域生态合作搭建了平台。以黄河文化为主题的学术研讨会、文化节等活动，不仅促进了流域内文化的融合，也为各地的生态保护部门和科研机构提供了交流合作的机会。通过这些活动，不同地区可以分享生态保护的经验和技术，共同应对黄河流域的生态挑战。

(2) 推动生态保护政策的实施

黄河文化的宣传和教育可以提高公众对生态保护政策的理解和支持。当政府出台关于黄河流域生态保护的政策时，如果能够结合黄河文化进行宣传，让公众了解这些政策与黄河文化传承的紧密联系，就能够更好地引导公众自觉遵守政策。例如，在一些地区，通过将生态保护知识与当地的黄河文化传说相结合，利用制作宣传手册、开展社区讲座等方式，提高了居民对生态保护政策的知晓率和认同感，从而推动政策的有效实施。

二、黄河文化对流域高质量发展的影响

(一)经济发展方面

(1) 文化产业带动

黄河文化为文化创意产业提供了丰富的素材。黄河流域的古老传说、民间故事、传统技艺等都可以转化为文化创意产品，如以黄河神话为主题的动漫制作、以黄河民俗为灵感的手工艺品等。文化创意产业从创意设计、制作生产到营销推广等环节都需要人力投入，因而能够为当地创造大量的就业机会。

文化旅游是黄河文化助力经济发展的又一重要途径。黄河流域有众多著名的历史遗迹，如龙门石窟、兵马俑等。这些文化景点吸引了大量国内外游客，带动了当地住宿、餐饮、交通等服务业的繁荣发展。同时，以黄河文化为主题的旅游线路，如"黄河溯源之旅""黄河民俗风情游"等，能够整合流域内的旅游资源，促进区域旅游经济的协同发展。

(2) 品牌塑造与营销

黄河文化能够塑造具有地域特色的产品品牌。以农产品为例，黄河流域的一些特色农产品，如洛川苹果、新郑大枣等，可以借助黄河文化进行品牌包装。通过讲述农产品背后的黄河流域农耕文化故事（如传统的种植技艺传承、与黄河水土的紧密联系等），提升产品的文化附加值，从而增强产品在市场上的竞争力。

在工业产品方面，黄河流域的一些传统工业城市也可以利用黄河文化进行品牌营销。例如，一些城市有着悠久的制造业历史，其产品可以融入黄河文化元素，在产品设计、品牌理念等方面体现黄河文化的底蕴，吸引消费者的关注，拓展市场份额。

(3) 激发创新活力

黄河文化中勇于探索的精神能够激发经济创新。历史上，黄河流域的先民们不断探索新的农业技术、水利工程等。这种探索精神传承至今，鼓励着流域内的企业和创业者勇于尝试新技术、新模式。例如，黄河流域的一些科技园区内，创业者们受黄河文化的激励，积极开展新能源、新材料等领域的创新研究，为经济高质量发展提供技术支撑。

黄河文化的开放性和包容性为经济交流与创新提供了良好的氛围。黄河流域自古以来就是多元文化交融的区域，这种文化特性使得不同的商业理念、技术等能够在这里汇聚和融合。例如，在黄河三角洲地区，海洋文化与黄河文化相互交融，吸引了大量的国内外企业投资，促进了港口经济、海洋产业等领域的创新发展。

(二) 社会进步方面

(1) 教育与人才培养

黄河文化丰富的内涵为教育提供了宝贵的资源。学校可以将黄河文化纳入课程体系，通过开设黄河文化专题课程、开展黄河文化主题研学活动等方式，培养学生的文化认同感和归属感。例如，在黄河流域的一些中小学活动中，学生们通过参观黄河博物馆、走访黄河古村落等，深入了解黄河文化，这有助于提升他们的人文素养。

黄河文化能够吸引人才汇聚。对于一些对文化研究、文化产业等领域感兴趣的人才来说，黄河文化的魅力是巨大的。一些高校和科研机构在黄河流域设立了黄河文化研究中心，这吸引了国内外众多专家学者前来工作和交流。这些人才的汇聚不仅促进了黄河文化的研究和传承，也为当地社会的全面进步提供了智力支持。

(2) 提升社会凝聚力

黄河文化是黄河流域人民的精神纽带。通过举办黄河文化节、黄河主题文艺演出等活动，能够增强流域内居民的文化互动和情感交流。例如，每年在黄河沿岸城市举办的黄河文化节，会有来自不同地区的居民参与，大家在活动中分享家乡的黄河文化特色，增进彼此之间的了解。

对黄河文化的共同传承和保护能够激发社会责任感。当人们意识到自己是黄河文化的守护者和传承者时，会更加积极地参与社会事务，包括社区建设、公益活动等。这种社会责任感的提升有助于构建和谐、稳定的社会环境，促进社会的高质量发展。

（三）生态可持续方面

（1）生态理念传承

黄河文化中的生态智慧为流域生态可持续发展提供了理念基础。古代黄河流域的灌溉技术中体现的节水意识以及传统农业中保持水土的做法等理念，可以指导现代生态农业的发展，如推广节水灌溉系统、采用生态护坡技术等，实现经济发展与生态保护的良性互动。

黄河文化中敬畏自然的观念能够引导人们树立正确的生态观。在进行经济建设和城市发展时，这种观念会促使人们充分考虑生态承载能力，避免过度开发。例如，在黄河沿岸的城市规划中，会充分考虑湿地保护、生态廊道建设等，以维护黄河流域生态系统的完整性。

（2）生态产业发展

黄河文化可以促进生态友好型产业的发展。以生态旅游为例，黄河流域的自然风光和生态环境与黄河文化相结合，可以打造出具有特色的生态旅游产品。如黄河湿地观鸟之旅、黄河生态保护区徒步游等。这些生态旅游项目在满足游客休闲需求的同时，也为生态保护提供了资金支持，促进生态环境的可持续改善。

黄河文化还可以推动生态农业的发展。在黄河流域推广有机农业、生态养殖等模式时，可以融入黄河文化元素，打造"黄河生态农产品品牌"，将农产品的生产过程与黄河文化故事相结合，提高农产品的附加值，同时也引导消费者关注生态农业产品，促进生态农业产业的壮大。

参考文献

[1] 燕生东,张溯.山东黄河文化的内涵、特点与价值[J].山东省社会主义学院学报,2022(4)：77-83.

[2] 陆地,孙延凤.黄河文化的内涵与周边传播探赜[J].新闻爱好者,2024(3)：24-28.

[3] 杨学燕.黄河文化的文旅融合发展研究[J].民族艺林,2021(3)：5-11.

[4] 张占仓.黄河文化的主要特征与时代价值[J].中原文化研究,2021,9(6)：86-91.

[5] 韩乾.黄河文化是中华文明的根源文化[J].山西社会主义学院学报,2023(4)：56-61.

[6] 苏怡.黄河青海流域特色文化发展路径研究[J].群文天地,2024(1):5-10.

[7] 王统勋,安雯.甘肃黄河流域文化高质量发展路径研究[J].甘肃高师学报,2024,29(2):138-142.

[8] 王三北,蒲利利,蔡立群,等.甘肃黄河文化与丝路文化的精神特质及时代价值[J].发展,2021(8):4-11.

[9] 王舒,杨文笔.论宁夏黄河文化的历史价值[J].宁夏社会科学,2023(6):199-204.

[10] 汪克会,高硕.宁夏黄河文化旅游发展浅析[J].当代经济,2021(1):96-98.

[11] 山西省社会科学院课题组,高春平.山西省黄河文化保护传承与文旅融合路径研究[J].经济问题,2020(7):106-115.

[12] 李艳丽.河南省文化资源开发利用研究[D].郑州:郑州大学,2016.

[13] 何炳武,王永莉.陕西省历史文化资源整合研究[J].长安大学学报(社会科学版),2011,13(1):16-21.

[14] 刘霜婷.基于内涵认知的陕西黄河文化遗产构成体系研究[D].西安:西安建筑科技大学,2021.

[15] 陈小红.陕西沿黄区域文化旅游高质量发展的路径分析[J].渭南师范学院学报,2021,36(7):46-51,86.

[16] 翟禹.推动内蒙古黄河文化与长城文化的互动互促研究[J].地方文化研究辑刊,2023(2):237-241.

[17] 刘星,杨艳辉.内蒙古河套地区黄河文化探微[J].前沿,2023(4):104-110.

[18] 陈林.内蒙古草原民族生态文化的浅析[J].内蒙古农业大学学报(社会科学版),2014,16(2):97-99.

[19] 薛正昌.草原文化的融合地带——贺兰山与阴山环黄河而生成的多元文化[C]//内蒙古党委宣传部,内蒙古社会科学院,内蒙古社会科学界联合会,等.论草原文化(第七辑).2010:331-342.

[20] 林剑鸣.从秦人的价值观看秦文化的特点[J].历史研究,1987(3):66-79.

[21] 王兴文.论宁夏黄河文化的内涵及其符号表达[J].西夏研究,2015(2):99-103.

第八章　基于机理模型的数字孪生流域建设与发展

第一节　机理模型在数字孪生流域中的应用背景

一、数字孪生流域的兴起

数字孪生流域构想可追溯到 21 世纪初提出的"数字黄河",随着数字孪生技术发展,数字流域和数字孪生逐步融合嬗变,诞生了"数字孪生流域"。

(一) 数字孪生技术

2003 年,美国密歇根大学 Michael Grieves 教授首次明确提出"物理产品的数字等同体或数字孪生体"概念。2015 年,我国提出"数字中国"概念,数字孪生技术与流域及城市管理等行业逐步融合,形成了数字孪生技术下的数字孪生城市等一系列新概念。

(二) 数字黄河

数字黄河的基础是数据,核心是模型,目标是应用。围绕模型这个核心,清华大学王光谦等主持研发了数字流域模型,数字流域理论和技术在水利信息化的推动下逐步深化拓展,为流域水循环及其伴生过程耦合模拟提供了关键支撑。

(三) 数字孪生流域

2021 年 6 月,水利部提出将推进智慧水利建设作为推动新阶段水利高质量发展的 6 条实施路径之一,并在 2022 年发布的《数字孪生流域建设技术大纲(试行)》中明确了数字孪生流域的定义,即以物理流域为单元、时空数据为底座、数学模型为核心、水利知识为驱动,对物理流域全要素和水利治理管理活动全过程进行数字映射、智能模拟和前瞻预演,与物理流域同步仿真运行、虚实交互、迭代优化,实现对物理流域的实时监控、发现问题、优化调度的新型基础设施。2021 年 12 月,水利部召开推进数字孪生流域建设工作会议,要求大力推进数字孪生流域建设,各流域管理机构、地方水行政主管部门和有关水利工程管理单位陆续开展数字孪生流域先行先试项目建设,水利行业掀起了建设数字孪生流域的高潮。

二、机理模型发展现状

(一)传统机理模型

数字孪生流域作为推动智慧水利建设的核心和关键,是一项复杂的系统工程。水利专业模型通过分析物理流域的要素变化和相互关系,对水利治理管理活动过程进行智能模拟,为数字孪生流域提供算法服务。水利专业模型由水文、水资源、水力学、水土保持、生态环境等专业的机理分析模型、数理统计模型和混合模型组成。机理模型作为一种基于物理、化学和生物等自然科学原理的数学模型,通过描述系统内部各种过程和相互作用,为系统行为的模拟和预测提供了科学依据。机理模型在数字孪生流域的应用中主要有水文模型、水动力模型、水工程调度模型、水质模型和生态模型等。

1. 水文模型

水文模型主要用于模拟降雨-径流过程,以预测流域内的水流和水量。水文模型的构建是依据流域水文气候条件、地形地质等特征确定其产汇流形式,然后选择合适的水文模型进行相应模型的构建。例如,HEC-HMS(Hydrologic Modeling System)和 SWAT(Soil and Water Assessment Tool)是典型的水文模型,这些模型基于降雨、蒸发、土壤湿度等参数,模拟流域内水流的生成和运动过程。目前,中国水利水电科学研究院已研发的模型库包括集总式新安江模型、分布式垂向混合产流模型、分布式 HBV 模型、分布式 NAM 模型等,实现了超渗、蓄满、混合多种产流模式的计算,以及马斯京根法、单位线法、动态分段马斯京根法、圣维南方程组等多种汇流模式的计算,并采用系统响应、SCE-UA 等参数优化方法实现了预报方案参数的快速自动率定。

2. 水动力模型

水动力模型主要用于模拟水体的流动和运动过程,常用于河流、湖泊和海洋的水动力学研究。水动力模型根据空间维度可分为一维、二维和三维模型,分别适用于不同尺度和复杂度的水体流动模拟。一维模型适合模拟河流、渠道等简单流动,二维模型适用于河口、水库、潮汐等复杂流动,三维模型则用于模拟海洋、湖泊等需要考虑三维流动现象的场景。中国水利水电科学研究院自主研发的洪水分析软件(IFMS)就是一种水动力模型,它可以根据实际情况选择不同维度模型,并结合潮汐预报模型等,实时推演各种洪水情形下流域的洪水运动特点和规律,为制定精细的防洪预案提供了技术支撑。

3. 水工程调度模型

针对实际调度需求，面向防洪"四预"的水工程调度模型主要包含单一水工程调度模型和梯级水工程联合调度模型。其中，单一水工程调度模型包含规则调度模型、指令调度模型、泄量控制调度模型、水位控制调度模型。联合调度模型主要针对水库群的防洪联合调度而构建，通过统筹水库群的蓄泄过程，实现水库间防洪库容的优化分配，最大程度发挥防洪效益。模型主要以水库占用尽可能小的防洪库容及下游控制断面削峰最大为目标，可通过加权确定单目标函数，在各水库调度规程的基础上，以下游河道安全泄量、洪水演进等为约束条件进行调度。联合调度模型可采用遗传算法、粒子群算法、逐步优化算法等进行求解。

4. 水质模型

水质模型主要用于模拟水体中污染物的输移和转化过程，帮助评估水质变化和污染源的影响。例如，QUAL2K 和 CE-QUAL-W2 是常见的水质模型，通过模拟污染物在水体中的扩散、沉降和降解过程，提供水质管理的科学依据。

5. 生态模型

生态模型主要用于模拟生态系统内部的生物和环境相互作用，评估生态系统的健康状态和环境变化对生态系统的影响。例如，AQUATOX 是一个用于模拟水生生态系统的模型，通过模拟生物种群的动态变化和环境因子的影响，评估生态系统的健康状态。

（二）机理模型发展方向

近年来，机理模型的发展取得了显著进展，主要体现在多过程耦合与集成、数据驱动与智能化、三维可视化与智能诊断以及新一代流域管理模型等方面。

1. 多过程耦合与集成

机理模型正逐渐从单一的物理过程模拟向多过程耦合集成方向发展。这些模型不仅包括水文、水动力、水质等传统领域，还涵盖了生态、经济和社会等多个维度。例如，中国科学院南京地理与湖泊研究所段洪涛团队以巢湖流域为研究对象，实现了流域地理要素的逼真模拟、高效可视化和三维空间分析，构建了面向流域多源水环境监测数据的时空数据模型和智能分析算法，并在"实景三维"环境中实现了流域的精细化管理，集成了面向流域污染物精准减排的成套机理模型。

2. 数据驱动与智能化

随着大数据、人工智能等技术的应用，机理模型的精度和实用性得到了显著提升。例如，长江水利委员会水文局采用数据驱动的方法识别敏感参数的时变序列，构建基于新安江模型的时变参数函数式，对参数进行动态预测，从而实现变化环境下自适应的洪水预报。研究成果在汉江流域得到广泛运用，通过数据驱动方法，建立了旬河向家坪以上流域时变参数与降雨、潜在蒸散发因子的相关系数，水文模型确定性系数提高了 0.02，模拟水量相对误差减小了 12%。

3. 三维可视化与智能诊断

数字孪生流域的建设也推动了机理模型在三维可视化和智能诊断方面的应用。通过将机理模型与三维地理信息系统（GIS）相结合，可以实现流域内复杂过程的直观展示和分析。例如，四川省遂宁水文水资源勘测中心通过无人机拍摄和三维建模技术，构建了郪江流域的数据底板，使管理者能够"身临其境"地掌握流域的实时状态和历史变化。同时，智能诊断和自动报警系统的构建，使得机理模型能够实时监测流域状态，及时发现异常并提供预警。

4. 新一代流域管理模型

气候变化的强不确定性和下垫面条件的强复杂化，使得大尺度流域水循环变得愈加复杂，以传统水文模型全面认识流域现状和预测未来变化趋势已显得有些"力不从心"。因此，研发新一代流域管理治理的数字水文模型，即数字孪生流域模型（DWM），拓宽其在大尺度流域的应用范围，可为数字孪生流域建设提供重要的模型平台，并推动数字孪生流域的进一步发展。

三、机理模型与数字孪生流域

（一）机理模型与数字孪生流域的关系

智慧水利由数字孪生流域、业务应用、网络安全体系、保障体系等组成。其中，数字孪生流域是智慧水利建设的核心与关键，包括数字孪生平台和信息化基础设施；流域防洪、水资源管理与调配及 N 项业务应用调用数字孪生流域提供的算据、算法、算力等资源。

由图 8-1 所示，数字孪生流域主要包括数字孪生平台和信息化基础设施。其中，数字孪生平台主要由数据底板、模型平台、知识平台等构成。数据底板汇聚水利信息网传输的各类数据，经处理后为模型平台和知识平台提供数据服务；模型平台利用数据底板的成果，以水利专业模型分析物理流域的要素变化、活动规律和相互关系，通过智能识别模型提升水利感知能力，利用模拟仿真引擎模拟物理流域的运行状态和发展趋势，并将以上结果通过可视化模型动态呈现；知识平台汇集数据底板产生的相关数据、模型平台的分析计算结果，并融合业务规则与专家经验，经水利知识引擎处理形成知识图谱和知识库服务水利业务应用。

信息化基础设施主要由水利感知网、水利信息网、水利云等构成。水利感知网负责采集数字孪生流域所需的各类数据，通过水利信息网将数据传输至数字孪生平台数据底板，水利云负责提供数据计算和存储资源。

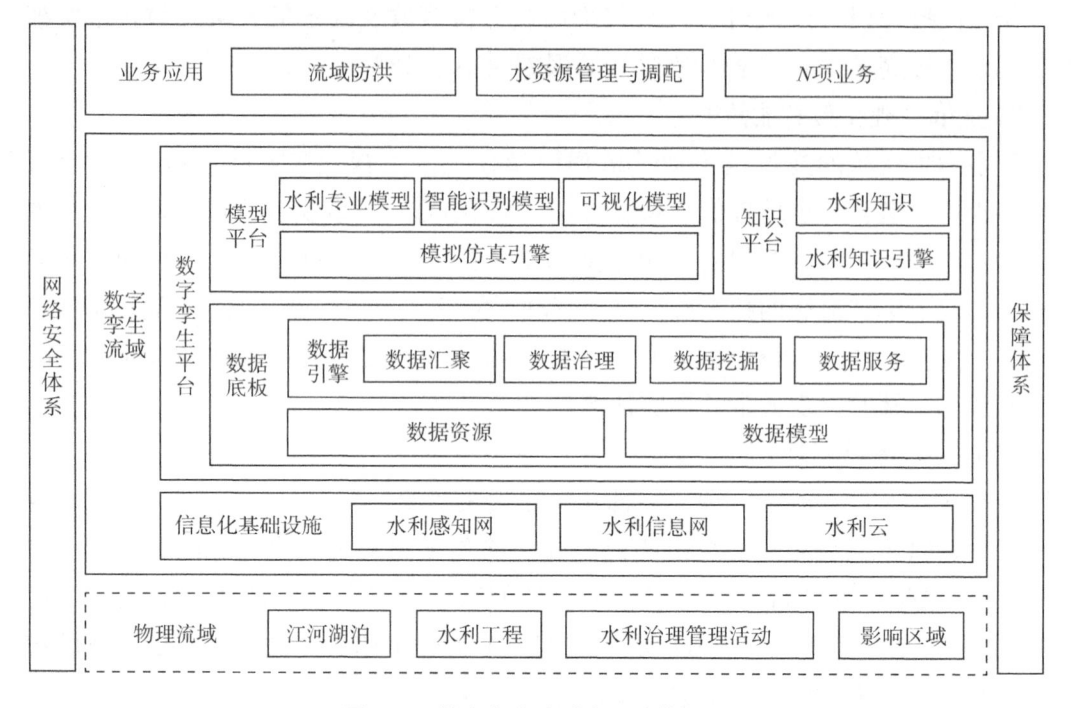

图 8-1　数字孪生流域建设总体框架

（二）机理模型在数字孪生流域中的应用现状

传统机理模型构建比较成熟，在各地数字孪生水利建设实践中得到初步应用，但在通用化、高效化、便捷化等方面还存在不足，不能完全满足数字孪生流域建设的需求，特别是对预报、预警、预演、预案等防洪"四预"核心业务的支撑不够。具体而言，水文模型主要以 API 和集总式新安江模型为主，模拟手段比较单一；以站点降雨数据为输入，与降雨数值预报、雷达测雨等新型监测感知数据融合不够；以服务关键断面预报为主，模拟成果无法为数字化场景构建提供支撑。水动力模型以商用一二维模拟计算软件应用为主，模型拓展性、移植性不强；以水位、流量、流速等单一水相动力过程模拟为主，应用场景单一；不具备二次开发条件，无法与业务系统进行统一集成；模型计算效率不满足超大规模水动力实时模拟计算的要求，无法为防洪"四预"功能中的前瞻预演提供算法支撑。此外，传统模型多针对特定流域、特定业务应用场景定制开发，受模型开发语言、部署环境限制，模型构建和运行方式难以适应数字孪生流域环境，无法在防洪业务系统平台进行统一集成应用。各模型独立开发，彼此耦合联系不紧密，与预报、调度、预演一体化的防洪业务流程不匹配。

第二节　机理模型在数字孪生流域中的应用需求

一、数字孪生流域对机理模型的构建需求

过去几十年来，随着中国各流域、省/市的防汛抗旱指挥系统、水资源监控能力建设等项目逐步建成并投运，以及众多高校、科研院所、规划设计单位、科技产业公司等在水利信息化行业的大力投入，水利专业模型的研究、开发和应用已经取得了显著成效。但现有水利专业模型的开发方式大多以定制化为主，且水利专业人员大多习惯把模型算法与具体的业务对象、特征数据、模型参数等进行不同程度绑定，使之能为业务需求直接提供计算支撑。因此，目前水利行业内所理解和认知的水利专业模型，大部分是指将对象、参数、特征数据、机理和算法等多种要素融合，经过一定串联操作后最终生成的"耦合模型"。这类模型在整体上较为封闭，可供交互的接口较少，模型应用的普适性、模型调用的灵活性、模型接口的开放性都存在不足。

根据水利部印发的《"十四五"期间推进智慧水利建设实施方案》的要求，在建设水利专业模型方面，需搭建水文、水力学等通用模型（方法）库，接入调用泥沙动力学模型，开发水资源、水环境、水土保持、水利工程安全等相关专业模型；根据《数字孪生流域建设技术大纲（试行）》的要求，水利专业模型组件开发应按照计算过程划分成多个模块，每个模块能独立进行运算，运用微服务、面向服务架构等技术进行封装。综上所述，面向数字孪生场景构建水利专业模型，需重点考虑以下几个方面的关键需求。

（一）通用性

不同水利专业模型的核心原理是基本固定的，这是水利专业模型具备通用性的内在基础。在模型构建时，重点应聚焦将这些具有通用性的原理、算法、步骤及处理过程等进行程序化开发实现，此过程中涉及的各类水利对象和业务数据尽可能以抽象的类对象、参数等方式进行定义和应用，不在程序代码中植入任何有可能会随着不同应用场景不断变化的对象和数据，从而充分保障模型的原生性和纯粹性。

（二）颗粒度

不同水利专业模型的原理复杂度存在较大差异，有的原理简单，有的原理复杂，有的复杂原理中又会包含多个简单原理，甚至一些简单原理会在复杂原理中被反复多次调用。因此，水利专业模型在原理维度上是存在颗粒度的，任何具有一定独立性和逻辑性的原理都可封装为一个模型，每个模型都可视为一个"颗粒"，不同模型颗粒之间又可以根据应用需要进行相互调用和组合，从而组装生成新的模型颗粒。

（三）层级化

对于具有相同原理的水利专业模型，如果应用到不同的业务对象上，也会存在较大的规模差异，如单一水库与梯级水库群、单一预报区间与多级预报区间、单一河流与干支流河网等。因此，不同水利专业模型在规模维度上具有明显的层级化特征，需考虑好不同层级之间的调用和耦合关系，处理好不同层级之间的业务流和数据流。

（四）微服务

微服务具有单一职责、高度自治、可扩展、灵活组合、技术异构等特征。不同水利专业模型承担的计算任务是各不相同的，在数字孪生建设中，非常适合采用微服务方式对水利专业模型进行封装发布，最大程度保障各模型实例的独立性，并实现对所有模型资源在统一框架下的注册管理和调用授权。此外，采用微服务方式还能降低不同模型之间的关联影响，并可根据算力需求，在服务端灵活配置不同数量的节点资源，实现分布式、差异化部署。

二、数字孪生流域对机理模型的业务需求

（一）水安全应用需求

水安全方面，数字孪生流域建设需要共享汇集重点区域降雨、水位、水量监测数据以及沿线工程实时调度数据，利用洪水预报模型、水库调度模型、潮位预报模型、城市内涝模型、大坝安全评估模型等，结合数据分析工具开展模拟、仿真、分析、预测，对流域防洪重点区域水体的运动过程、水量交换、演变过程进行模拟，强化流域洪水预报、流域汛情监视预警、调度方案预演与决策分析、调度预案管理与优化，解决流域防洪、山洪联防、水库纳蓄、城市内涝、管网冒溢、工程安全等问题，提升流域水旱灾害预报预警能力、水库优化调度能力、水利工程安全防护能力等，实现精细化、智慧化防洪，为科学研判提供更加有力的技术支撑，保障流域区域水安全。

1. 预报

预报预警作为水安全管理中的重要环节，不仅能够帮助管理者及时了解流域内

的水文变化，还能为预防自然灾害提供有力的支持。基于流域水文模型，通过对流域内降水、蒸发、径流等系列水文过程的模拟，预测未来一段时间内的水文状况，包括但不限于降雨量、河流流量、水库水位等关键指标的变化趋势。

2. 预警

基于模拟预测结果，采用情景分析、风险评估等方法，对流域可能面临的洪水、干旱等风险进行预警，并提出相应的防控对策。预报预警为流域管理决策提供科学依据，有助于提高流域管理的前瞻性和主动性，实现流域水安全精细化管控和智慧调度。

3. 预演

场景预演作为预报预警体系的延伸，涵盖了对未来可能发生事件的模拟以及对过去已发生事件的回顾分析。预演可以在不同的空间尺度上进行——从覆盖整个流域的大尺度预演，到专注于河流主干道的中尺度预演，再到针对重点区域的小尺度预演。对气象预估降雨预报洪水、典型历史洪水、不同情境设计洪水等多场景下的水工程进行模拟调度仿真，对比分析不同预演方案下洪水淹没情况差异和演进过程差异，推演洪水淹没风险统计清单，为水利工程防洪调度提供高效、精准支撑。

4. 预案

依据预演确定的方案，考虑水利工程最新工况、经济社会情况，确定工程调度运用、非工程措施和组织实施方案，并据此规划应急措施，提高各类水旱突发事件响应能力，实现资源的高效调度与应急响应，从而有效降低洪旱灾害影响范围和影响程度，保护群众生命财产安全。

5. 水库调度

基于流域水雨情监测数据，通过调度目标分析、调度参数拟定、调度模型选择，构建联合调度分析模型，生成联合调度方案，经人工干预、仿真模拟、多部门决策会商后，按有关程序生成并下发调度令至水行政主管部门，同步将调度控制目标、决策风险指标、决策效益指标等进行共享输出。

6. 风险评估

建立流域防洪减灾风险评估模型，对暴雨、洪水、干旱等极端气候现象进行模拟，量化分析洪灾影响范围、影响对象、影响历时和洪灾损失，识别洪灾高风险区域和防洪薄弱环节，如城市低洼区域、积水道路、重要电力设施等。通过分析可针对性地对防洪重点保护对象加强防护措施，减少洪灾损失。

（二）水资源管理应用需求

水资源是人类社会赖以生存和发展的基础，合理利用和保护水资源是实现可持续发展的重要保障。数字孪生流域技术为水资源管理提供了全新的视角和工具，能够模拟和分析流域水资源的时空分布、水文过程，为跨区域水资源配置、地下水资源管护、取用水量动态评价等提供决策支持。

1. 跨区域水资源配置

跨区域水资源配置是解决区域水资源不均衡问题的重要手段，以机理模型为核心的数字孪生流域技术在此过程中可发挥重要作用。该技术能够快速而全面地还原调水过程中水文动态变化，并对各种调水方案进行动态模拟，及时推演和分析出资源分配效率高、对生态环境影响小的最优方案，从而实现高效的计算机辅助人工决策。此外，机理模型还能及时根据调水过程中出现的变化及不确定性，提前预警水资源配置过程中可能出现的风险，并给出相应的对策和措施，大幅提升跨区域水资源配置的效能。

2. 地下水资源管护

地下水资源作为一种重要而脆弱的水资源形式，科学利用显得尤为重要。以机理模型为核心的数字孪生流域技术在地下水管护中的应用遵循"监测—分析—预警—管理"的逻辑链条，即通过感知网络全面监测地下水相关要素，继而利用数字孪生模型对采集的数据进行综合评价与深入分析，基于分析结果构建地下资源的预警机制，最终为管理部门地下水资源的合理开发与保护提供科学依据，有效应对地下水污染与过度开采等挑战，实现地下水资源的可持续利用。

3. 取用水量动态评价

取用水总量管控是机理模型的一个重要应用领域。在开展取用水总量管控过程中，通过引入数字孪生流域机理模型，可将与取用水相关的数据进行有效汇集，并通过对取用水规律的分析，结合水资源的动态变化及未来取用水规模的变化，更好地进行水资源取用量的科学、合理管控，从而达到可持续取用水的目的。

（三）城市供水保障应用需求

城市供水保障是机理模型应用的另一个关键领域。为满足公众日益提升的供水安全保障需求，机理模型的应用势在必行。从供水水质安全角度来看，公众对供水水质的动态变化、供水压力的持续稳定、供水突发情况的及时知情等都有着日益强烈的需求，而供水企业在降低制水成本、降低管网漏损、减少供水能耗、保障供水水质稳定等方面也同样有着强烈的需求。这些需求的实现，离不开机理模型的应用，通过在供水系统中很好地嵌入供水机理模型算法，基于算法及时向供水管理平台反馈异常情况，提供可靠的分析过程，才能让供水管理者及时监控和掌握供水过程中的各类问题，确保相关问题得到及时处置，从而提升供水服务品质。

（四）水生态环境应用需求

水生态环境方面，随着城镇化和工业化的快速发展，我国生态用水短缺、水环境污染严重等问题未得到根本解决，水生态环境面临严峻挑战，水生态环境的保护与管理成为我国亟待解决的重要问题。然而，水体中的污染物扩散、生态系统健康状况评估、排污管理等问题十分复杂，需要精准分析与决策支持的工具。在此背景下，机理模型因其能够模拟水体中的物理、化学及生物过程，成为水生态环境管理领域不可或缺的技术手段。通过机理模型，管理者能够更好地预测污染物的迁移路径、评估污染对生态的长远影响，并在决策过程中，提供科学依据，从而为水生态环境的保护和治理提供强有力的支持。

1. 污染源强估算

基于流域水文模型，模拟降水、蒸发、径流等水文过程，并结合污染源排放数据，估算污染物进入水体的总量。通过模拟不同排放情景下的污染物输移过程，识别主要污染源，评估不同污染源对水体的影响程度，分析污染源排放特征，为污染源管控提供目标和方向，并为污染防治提供科学依据。

2. 污染影响预测

利用水环境模型，模拟污染物在水体中的迁移转化过程，预测污染物浓度时空分布。评估不同污染物对水环境的影响程度，包括水质变化、生态系统变化等。分析不同污染治理措施的效果，为水环境治理方案的制定提供科学依据。

3. 生态需水评估

通过水文模型模拟水资源供需关系，结合生态需水指标，评估不同水资源配置方案对生态环境的影响。分析不同水资源配置方案对水生生物、湿地、河流等生态系统的影响，识别水资源短缺区域和生态敏感区域。为水资源合理配置提供科学依据，保障生态用水需求，维护生态系统健康。

4. 生物生境分析

利用水环境模型模拟环境要素变化，通过量化的方式分析环境变化对水生生物栖息地的影响，尤其是长期的生态效应；并识别水生生物栖息地受威胁区域。为水生生物保护提供科学依据，制定水生生物保护措施，维护生物多样性。

第三节　机理模型在数字孪生流域的应用场景

一、流域防洪减灾

（一）流域数字化场景

汇聚 DEM/DSM/DOM、倾斜摄影影像/激光点云、水下地形等地理空间数据、基础数据、监测数据、业务管理数据以及跨行业共享数据，以流域为单元，对水库、河道、堤防、分蓄滞洪区、淤地坝等防洪工程进行精细化建模，完成物理空间与数字空间的映射，通过仿真模拟等可视化技术，构建洪水防御应用场景，实现物理防洪工程在数字化场景里的全要素、全过程、实时性动态展示，支撑河道泄洪、水库调蓄、分蓄洪区的分洪和蓄洪、淤地坝防洪等水利业务，支撑防洪会商、防汛调度指挥等业务应用。

（二）洪水防御应用场景

1. 洪水预报

对水位、流量、水量、地下水位、墒情、淹没影响、位移形变等水安全要素进行预测预报，提高预报精度，延长预见期，为预警工作赢得先机；将流域内大中型水库、重要水利工程枢纽、蓄滞洪区、河道主要控制站布设的工情信息采集点和工情信息移动采集站、按河系布设的报汛站、部分大型水库和重点防洪区建立的水文自动测报系统及部分单站等作为预报对象。对降雨、流量、水下垫面信息等关键要素进行预报。根据防汛调度提供的调度对象节点、调度目标节点，确定所需的模拟范围及预报节点，开发流域洪水模拟应用模块，包括降雨预报、洪水预报、水量预测、预报评估、预报成果管理、预报成果展示等，实现服务于水工程联合调度预报节点需求的水文气象预报及流域模拟功能。

2. 洪水预警

根据雨情、水情、工情、灾情等现状及可能的变化态势，依据江河湖库洪水预警指标体系发布相关预警信息。结合预警指标体系，开展流域库区、河道、蓄滞洪区、重点区域防洪形势动态分析，为调度管理提供水情预警及水库、重要控制断面的危险性预警。当出现或预报出现汛情超过警戒值，或出现险工、灾害时，以音响、颜色、闪烁等多媒体手段向用户提示，实现连续跟踪。

3. 洪水预演

利用水力学、洪水淹没分析、可视化等模型，针对重点河段、重要库区、蓄滞洪区等仿真模拟洪水淹没数字流场，实现河道、蓄滞洪区、防洪保护区等区域的洪水一维二维动态演进、淹没成灾风险影响的实时分析评估。同时在数字孪生场景中对模拟预演进行映射，生动直观地展示预演场景的各种要素，以及不同预演方案的影响范围，模拟区域水位的沿程变化，并与地形数据进行叠加分析，输出干支流沿程淹没情况及洪水波传播过程，在此基础上，动态计算下游堤防及重点地区的防洪风险，供用户研判当前防洪形势。

4. 洪水预案

针对调度会商的业务需求，以数字模拟仿真引擎和防洪智能引擎为基础，提出方案优选并推荐解决方案，利用水利专业服务分析、大数据平台自学习能力，让计算机学习流域内各水利工程调度规则及各联合调度规则，通过对历史调度方案及调度效果的洞察，为当前实时调度提供最优的调度方案推荐，并通过可视化手段将推荐的调度方案直观地展示给用户。

5. 水库调度

配置调度参数和目标，基于实时校正的预报调度耦合模型，以水库群多目标联合调度和控制性水利枢纽防洪调度为核心，引入调度规则、专家经验等知识，根据目标寻优等调度技术，实现调度方案的自动生成、集合生成，通过调度会商对多个方案进行比选，推荐最优调度方案。

（三）旱情防御应用场景

1. 旱情监测

构建水资源模型，依托物联网、遥感等技术，实时集成并分析多种数据资源，包括气象数据、土壤墒情信息、地下水位等关键指标，基于数字孪生基底场景形成一个高精度的虚拟仿真环境，实时展现旱情发展态势。

2. 旱情预报

结合中长期河系水文预报方案，通过降雨输入，预报河道断面来水，为上游补水精细调度和河道来水合理利用提供技术支撑。

3. 旱情动态评估

利用气象、水文、土壤墒情、遥感农情等多源监测信息及旱情评估分析模型、应急水量调度模型，构建旱情动态评估平台，通过旱情"一张图"，汇聚土地利用、土壤类型、灌溉条件、作物类型、物候情况、旱情监测等信息，实现农作物、林木、牧草、重点湖泊湿地生态评估以及因旱导致的人畜饮水困难的周、旬、月、季尺度旱情渐进式动态评估，提升旱情监测预警、干旱地区水量调度及应急响应能力。

4. 旱情分析和预警

根据实时水情、来水预报结果，结合蓄水量等指标数据，对水库蓄水、取水等情况判别分析，明晰流域取水缺口，结合统计分析及时发出预警信息，提前通知水厂、航运、泵站管理站等部门，提早做好抗旱及保供水准备。

5. 抗旱调度

汇集雨（水）情、水库蓄水动态、水厂运行状况等信息，集成中长期预报调度等多种模型，滚动预报预测旱情的变化态势，结合抗旱保供水"三道防线"，动态滚动调度预演，多要素智能预警，不断优化联合调度方案，精准调度补水，确保供水安全。

二、水资源管理

（一）跨区域水资源配置应用场景

跨区域水资源配置是解决水资源时空分布不均的重要手段。数字孪生流域技术可以用于优化跨流域调水方案，提高水资源的利用效率。例如，中国的南水北调工程，通过数字孪生技术优化水资源配置方案，提高了水资源的利用效率。这种技术手段能够帮助预测水资源配置过程中的潜在风险，并提出应对措施，保障水资源配置工程的顺利实施。数字孪生流域技术还可以在水资源配置过程中实时监控水质和水量，确保水资源配置工程的安全和高效运行。

（二）地下水资源管护应用场景

地下水资源管护是水资源管理中的重要组成部分。地下水资源的合理开发和利用对于保障水资源的可持续利用具有重要意义。利用数字孪生流域技术，可以更好地监测和管理地下水资源。通过构建地下水模型，数字孪生流域能够实时监测地下水位和水质变化，评估地下水资源的动态变化，为地下水资源的合理开发和利用提供科学依据。例如，山东省的地下水监测系统项目，通过对地下水进行全要素数据采集，实现地下水资源的动态监测、评价、分析和预警，为地下水资源开发和综合管理提供科学依据和技术支撑。这种技术手段能够帮助管理者及时掌握地下水资源的动态变化，为地下水资源的合理开发和利用提供科学依据。通过智能化的地下水资源管护系统，管理者可以实时监测地下水位和水质变化，及时采取措施应对地下水污染和过度开采等问题。

（三）取用水总量管控应用场景

取用水总量管控是数字孪生流域技术的关键应用领域之一。通过知识图谱、大数据分析和数值模型等技术,数字孪生流域能够实时监测和分析取用水情况,确保水资源的合理利用和管理。例如,水利部信息中心的水资源取用水总量动态评价示范应用,通过创新数据汇交体系,提升了取用水监测总量的监管能力。通过实时监测取用水数据,管理者可以及时发现和处理取用水过程中的问题,确保水资源的合理利用和管理。通过对取用水数据的深入分析,管理者可以制订更加科学的用水计划,优化水资源配置,提高水资源利用效率。

三、城市供水保障

(一)供水智能调度应用场景

基于机理模型的数字孪生技术可为供水系统提供全方位的智能化调度能力,提高供水效率和安全性。例如,某水厂的原水输配智能调度决策支持系统,通过大数据和人工智能技术构建峰谷经济用能梯级调度优化解决方案,实现了"数字供水"向"智慧供水"的跨越。这种智能调度系统不仅能够提高供水效率,减少水资源浪费,还能在出现供水危机时迅速做出反应,保障供水安全。通过实时监测供水管网的状态和水质,管理者可以及时发现和处理供水中的问题,确保供水系统的稳定运行。

(二)水质检测与应急能力建设应用场景

加强供水水质检测和应急能力建设是保障供水安全的重要方面。机理模型通过实时监测和模拟供水系统中的水质变化,提供水质监测预警和应急响应的科学依据。完善供水应急预案、建立应急净水装备日常维护制度,可以提高供水应急救援能力,确保在水源突发污染等风险状况下的供水安全。通过机理模型,可以实时监测水质变化,及时发现和处理水质问题,确保供水安全。

(三)供水安全保障应用场景

研究和开发新的供水安全保障技术对于提升供水安全水平至关重要。例如,中国计量大学研究团队创建的全流程供水管网水质研究平台,利用机理模型突破了管网水质稳定控制的核心关键技术,为供水管网水质安全保障提供了技术支撑。通过研究和开发管网水质稳定控制技术、在线监测技术、智能化管理系统等,可以提高供水系统的安全性和可靠性,确保供水水质的稳定和安全。

(四)管网漏损控制应用场景

加强公共供水管网漏损控制,提高水资源利用效率,是保障供水安全的重要措施。通过实施供水管网改造工程、推动供水管网分区计量工程,以及实施"一户一表"改造等措施，可以有效降低供水管网漏损率。机理模型可以模拟供水管网的运行状态，识别漏损点和薄弱环节，指导供水管网的改造和优化，确保供水系统的高效运行。

（五）水源保护与水质管理应用场景

构建城市群和流域尺度的饮用水水源保护体系，加强水源水质管理，是保障供水安全的前提。机理模型可以模拟水源地的水质变化和污染物扩散过程，提供水源保护和水质管理的科学依据。要严格控制高风险污染物排放，保护水源不受污染，并采取有效措施应对气候变化对水源的影响。通过加强水源保护和水质管理，可以确保水源的安全和稳定，为供水系统提供可靠的水源保障。

（六）设施升级改造应用场景

为提高供水安全，需要对现有的供水设施进行升级改造。通过机理模型，可以模拟供水系统的运行状态，预测可能出现的问题，从而指导水厂净水工艺的升级和供水管网的建设与改造。同时，推进居民加压调蓄设施的统筹管理，确保供水系统的安全、低耗、节能运行。机理模型的应用能够帮助优化供水设施的布局和运行参数，提高供水能力，降低供水过程中的漏损，确保供水系统的高效运行。

四、水生态健康重构

（一）湖泊生态系统健康评估应用场景

湖泊生态系统健康评估是水生态健康重构的核心组成部分。通过机理模型，研究者能够对湖泊的水文状况、水质、栖息地状况以及生物群落的健康状况进行定量分析。模型通过输入诸如流域气候、水文、营养物质负荷等关键参数，来模拟湖泊的水流过程、营养物质循环以及沉积物输移等。这些模拟数据为决策者提供了科学依据，帮助他们识别湖泊生态系统中的问题，评估其健康状况，并制定有效的管理和恢复策略。湖泊生态系统健康评估可以通过模型更清晰地了解到湖泊中的水质变化、生物多样性变化以及关键生态过程。通过这种精准的模拟分析，决策者能够针对湖泊的特定问题制定管理措施，从而确保湖泊生态系统的长期健康与可持续发展。

（二）湖泊富营养化分析与模拟应用场景

湖泊富营养化是全球许多水体面临的主要生态威胁，通常由过量的氮、磷等营养物质的输入引起。这些营养物质刺激了藻类的过度生长，导致水体透明度下降、溶解氧降低，进而破坏水生生态系统。通过机理模型可以有效模拟这些营养物质在湖泊中的动态输移、沉积和转化过程，评估其对水生态系统的具体影响。例如，AQUATOX模型可以通过模拟污染物输入、富营养化程度及其扩散过程，来预测水体的透明度、溶解氧水平和生物多样性变化。这类模型还可以在不同管理情景下进行模拟，帮助政策制定者评估污染控制策略的效果，并制订长期治理计划。通过模型模拟，管理者可以识别营养物质的来源，设计合理的干预措施，减少富营养化的影响，保护湖泊生态系统的健康。

（三）污染防治与水质管理应用场景

水质管理和污染防治是维持水生态健康的关键。在这方面，机理模型作为工具发挥了重要作用，帮助模拟污染物在水体中的扩散、沉降和降解过程。模型不仅能够追踪污染源的分布，还可以预测污染物随时间的输送路径，并分析其对水质的长期影响。通过模型模拟，管理者能够制定更加精确的污染控制策略，合理配置污水处理资源，提升水体的自净能力，防止进一步污染。有研究者针对水质变化的突发性特征，提出了一种数据驱动模型与机理模型耦合的水质预警预测方法，进一步提高突发性特征水质的预测水平，可实现对发生突发性污染事件后的水体水质进行预测。

（四）水生态修复策略评估应用场景

当水生态系统受到污染或过度开发时，生态修复便成为恢复其功能和健康的关键措施。机理模型能够帮助管理者评估不同修复策略的有效性，模拟修复措施的效果，进而优化生态修复工程的实施。例如，模型可以模拟植被恢复、生态补水、湿地修复等对水质改善的效果，预测生态系统的修复进程。通过这种模拟，管理者能够选择最佳的修复方案，有效避免资源浪费。同时，模型还能帮助预测生态修复过程中可能出现的风险，确保修复措施的实施科学合理。研究人员通过模型对修复效果进行模拟分析，确保修复项目的成功实施，提升生态修复的效率，减少修复过程中不确定因素的干扰。

（五）水生生态系统动态分析应用场景

水生生态系统是一个复杂的动态系统，包含多个相互作用的物理、化学和生物过程。通过机理模型，科学家能够模拟水体中的关键动态变化，如温度、溶解氧浓度、营养物质的循环等，从而进一步分析这些变化对水生生物群落的影响。这些分析为水生生态系统的管理提供了宝贵的数据支持，帮助决策者制定合适的保护措施，确保水生物种的多样性和栖息环境的可持续性。此外，机理模型还能提供水生生态系统中的物种动态变化的详细描述，帮助管理者及时了解生态系统内的平衡变化。

通过这些预测和分析，生态保护和恢复工作能够更具有针对性，从而确保水生生态系统的动态平衡和稳定。

（六）水环境监测网络应用场景

水环境监测网络是实现水生态健康重构的保障。通过实时监测水质、污染物浓度以及水体的物理和化学参数，可以及时掌握水环境的动态变化，评估水体健康状况和污染风险。基于这些监测数据，管理者能够制定科学的水环境治理措施，如污染源控制、面源污染治理和水资源调度等，有效保障水生态健康。例如，流域通过构建完善的水环境监测网络，进行监测断面水质、水量数据的实时传输，实时跟踪水质指标和污染物变化，快速识别污染事件并采取应对措施，从而有效改善水体质量，保障水资源的健康和安全。

五、水环境长效治理

（一）污染物扩散与传播路径模拟应用场景

水体是一个由物理环境、化学物质和水生生物共同组成的复杂生态系统，水体污染问题通常涉及复杂的物理、化学和生物相互作用。机理模型能够通过精确模拟污染物的扩散过程，为管理者提供详尽的污染物传播路径信息。结合流体动力学模型，它可以预测污染物的时空分布，从而为管理者提供合理规划排污口位置的科学依据。这类模型的应用大大提高了管理者在污染扩散控制中的决策精准性，减少了生态风险。中电建生态环境集团有限公司研究团队通过建立大亚湾二维水质模型，以COD作为研究对象来模拟大亚湾海域COD浓度的变化情况及污染物的迁移扩散规律，模拟效果较好。

（二）水质改善措施的效果评估应用场景

在治理污染的过程中，治理措施的效果评估尤为重要。通过机理模型，管理者可以在实施水质改善措施之前进行模拟，预测水质变化的趋势与治理措施可能带来的生态影响。例如，当污水处理厂建设或排污口位置调整时，管理者可以通过模型模拟，评估这些措施对水质的改善效果以及其对水生态系统的潜在影响。这种模拟为制定科学合理的治理方案提供了有力支持，也为优化方案提供了明确的依据。

（三）水生态系统的健康评估应用场景

水生态系统的健康状况依赖于水质、营养物质和水文环境的稳定平衡。机理模型能够通过模拟水体中的水质变化及其对水生生物的影响，评估整个生态系统的健康状况。例如，某些河流或湖泊容易因营养物质过多导致水体富营养化，从而引发藻类过度繁殖，破坏生态平衡。机理模型可以模拟营养物负荷及其对藻类繁殖的影响，帮助管理者预防水体富营养化，保护水生态系统的稳定性。

（四）应对排污事故的应急响应应用场景

突发性的排污事故，如工业废水泄漏或污染物意外排放，可能会对水生态环境造成巨大的破坏。机理模型能够在事故发生后迅速进行模拟，帮助预测污染物的扩散路径和速率，判断受污染影响的区域，进而为管理者提供科学的应急响应决策支持。烟台市生态环境局海阳分局研究团队采用二维数值模型对滨海污水处理厂排污口事故状态下排放污水的海洋环境影响进行研究分析，预测了叠加现状背景浓度下的扩散范围和影响距离，并提出相应的污染防治和减缓措施。

（五）水环境容量与排污总量控制应用场景

水体的自净能力有限，因此水环境容量的评估在制定污染物总量控制标准时显得尤为重要。机理模型通过模拟水体的自净能力，能够帮助确定水体对污染物的最大容纳量，制订排污总量控制计划，防止水体超负荷排污。河海大学研究团队建立了临海市河网水量水质数学模型，计算出河网水环境容量，提出污染物排放总量控制和削减方案。

（六）极端气候条件下的水生态响应应用场景

全球气候变化的加剧，使得洪水、干旱等极端天气事件的发生频率越来越高。极端气候条件下，水生态系统承受着更大的压力，水体的污染物扩散、营养物质负荷以及水质状况均可能发生剧烈变化。通过机理模型可以模拟极端气候条件下水生态系统的响应情况，帮助管理者更好地应对这种环境变化。

第四节　数字孪生流域面临的机遇与挑战

一、面临的挑战

尽管数字孪生技术在流域管理中展现出了巨大的潜力，但其应用也面临着诸多挑战。

（1）构建数字孪生流域需要整合气象、水文、水质等多源数据，数据的采集、处理和整合存在一定的技术难度。不同数据源的数据格式、采集频率和精度各不相同，如何将这些数据进行有效整合和处理，是数字孪生流域面临的一个重要挑战。此外，数据的质量和准确性也直接影响数字孪生流域的应用效果，如何确保数据的高质量和高准确性，是数字孪生流域需要解决的问题。

（2）机理模型需要准确地反映流域内的水文过程和水质变化，模型的精度直接影响到数字孪生流域的应用效果。流域内的水文过程和水质变化复杂多样，机理模型需要考虑多种因素和变量，模型的构建和校准难度较大。此外，模型的计算复杂度和计算效率也是需要考虑的问题，如何在保证模型精度的同时，提高模型的计算效率，是数字孪生流域面临的又一挑战。

（3）数字孪生流域涉及的技术领域更新迅速，需要不断地更新和维护技术系统，以适应新的技术发展。随着大数据、人工智能、物联网等技术的快速发展，数字孪生流域的技术体系需要不断更新和升级，以保持技术的先进性和适应性。这需要大量的技术投入和维护成本，对于技术团队的能力和资源也是一个巨大的挑战。

（4）随着数字孪生流域技术的应用，网络安全问题也日益突出。数字孪生流域涉及大量的敏感数据和信息，如何保护这些数据的安全，防止数据泄露和网络攻击，是数字孪生流域需要面对的重要问题。加强数据保护和网络安全管理，建立健全的网络安全防护体系，是确保数字孪生流域安全运行的重要保障。

（5）数字孪生流域的建设和维护需要较大的资金投入，对于财政预算有限的地区来说，资金筹集是难点问题。数字孪生流域的建设涉及数据采集、模型构建、系统开发和维护等多个方面，需要大量的资金投入。如何筹集和合理使用资金，确保数字孪生流域的顺利建设和运行，是需要解决的问题。

（6）数字孪生流域的建设和运营需要专业的技术人才，人才培养和技术培训是推动数字孪生流域发展的关键。数字孪生流域涉及多个技术领域，需要具备多学科背景和专业技能的技术人才。然而，目前具备这些能力的人才相对较少，如何培养和吸引更多的专业技术人才，是数字孪生流域发展面临的一个重要挑战。

综上所述，数字孪生流域的应用前景广阔，但也面临着不少挑战。需要政府、企业和研究机构共同努力，不断推进技术创新和应用实践，充分发挥其在流域管理中的巨大潜力。

二、发展趋势

数字孪生流域系统通过借鉴产生于工业互联网领域的数字孪生理念，结合流域防洪、水资源管理与调配、河湖管理保护等业务，赋能水利领域，主要包括赋能流域感知、赋能流域认知、赋能流域智能、赋能流域调控、赋能流域管理等方面。

（1）赋能流域感知。利用数字孪生流域对流域自然规律的掌握，补充水利传感器的不足。从理想角度而言，在流域自然社会系统布设更多的水利传感器能够更好地跟踪、捕捉流域自然水系、水利工程和水利治理管理活动的运行状态，但是庞大数量的水利传感器不仅要求在前期投入大量资金，后期还要投入很多运维成本，因而要求结合潜在收益研究分析和实践验证，寻找最佳的水利传感器布设方式。数字孪生流域和大数据相结合，基于"自然—社会"二元水循环规律和演变特征、部门共享数据、天空地监测数据、社交媒体数据，可以对没有布设水利传感器的自然水系、水利工程和水利治理管理活动对象的状态进行推算和了解。

（2）赋能流域认知。流域水利系统是以流域为单元，由水资源系统、生态环境系统、社会经济系统组成的相互作用、耦合共生的复杂性系统，如极端降水和超标洪水形成机理、自然水循环和社会水循环演变机理和变化规律、江河变化机理和泥沙冲淤规律等基础性科学问题仍有待研究。可以采用整体论和还原论相结合的综合集成思路，利用数字孪生流域的虚拟流域不断模拟水利系统的运行特性，形成水利大数据集，以大数据分析方法探索未知物理流域对象的时空特征和变化规律。

（3）赋能流域智能。流域智能主要体现在物理流域对象的自我感知、自主学习、自主判断、自主预测、自主决策和自主执行的进化能力。流域环境是一个同样需要处理复杂大数据的研究领域，大数据与人工智能的结合为建模、监测和研究不同的环境问题提供了新的可能性。虚拟流域以在线、全面的运行方式，通过在线实时的模拟仿真、历史数据的萃取、经验数据的积累形成海量的样本数据，利用深度学习、强化学习，总结物理流域对象的特征，构建物理流域对象的运行规则和知识图谱，并进行不断的自我训练，获得最优决策方案以指导执行操作，再根据执行效果进行训练，增加虚拟流域的"智商"，提高其在不确定场景的应变能力。

（4）赋能流域调控。数字孪生流域可以预演洪水行进路径、洪峰、洪量、过程，动态调整防洪调度方案；根据流域内不同区域生产、生活、生态对水位、水量、水质等指标的要求，预演工程体系调度，动态调整和优化水资源调度方案。由于河流、渠道、管道等组成的水利工程群存在输入数据多、输出变量多，模型存在非线性、随机扰动频繁等问题，数字孪生流域可以作为水库群、灌区、引调水工程等的闸门、泵站联合控制的仿真测试平台，在不同水动力边界条件下获得闸门、泵站的控制运行规律，为全面评估闸门、泵站的预测控制、最优控制等算法适用性提供闭环验证环境，从而实现水利工程群的准确控制和性能优化。

（5）赋能流域管理。数字孪生流域可有助于管理者动态掌握水资源利用、河湖"四乱"、河湖水系连通、复苏河湖生态环境、生产建设项目水土流失、水利设施毁坏等情况，实现权威存证、精准定位、影响分析，加强信息共享和业务协同，支撑上下游、左右岸、干支流的跨层级、跨行业、跨部门之间对涉水日常事务和应急事件的联合防御、联合管控、联合治理，赋能依法实施流域统一监督和管理。

参考文献

[1] 中华人民共和国水利部.水利部部署数字孪生流域建设工作[EB/OL].(2021-12-23)[2024-10-20].http://www.mwr.gov.cn/xw/slyw/202112/t20211223_1556623.html.

[2] 中华人民共和国水利部.数字孪生流域建设技术大纲(试行)[Z].北京:中华人民共和国水利部,2022.

[3] 蔡阳,成建国,曾焱,等.加快构建具有"四预"功能的智慧水利体系[J].中国水利,2021(20):2-5.

[4] 任明磊,赵丽平,陈智洋,等.面向防洪"四预"的数字孪生流域水利专业模型研发与实践应用——以数字孪生飞云江流域为例[J].水利信息化,2024(5):58-64.

[5] 谢文君,李家欢,李鑫雨,等.《数字孪生流域建设技术大纲(试行)》解析[J].水利信息化,2022(4):6-12.

[6] 曾志强,杨明祥,雷晓辉,等.流域河流系统水文-水动力耦合模型研究综述[J].中国农村水利水电,2017(9):72-76.

[7] 王本德,周惠成,卢迪.我国水库(群)调度理论方法研究应用现状与展望[J].水利学报,2016,47(3):337-345.

[8] 胡春宏,郭庆超,张磊,等.数字孪生流域模型研发若干问题思考[J].中国水利,2022(20):7-10.

[9] 唐海华,黄瓅瑶,张振东,等.面向数字孪生的水利专业模型构建关键技术[J].人民长江,2024,55(3):1-5+20.

[10] 刘晓东,赵晓芳,陈雅静,等.基于服务能力模型的微服务弹性资源供给机制[J].高技术通讯,2019,29(1):1-11.

[11] 王小艺.水资源管理与调配系统建设研究[C]//河海大学,甘肃省水利学会.2023中国水资源高效利用与节水技术论坛论文集.2023:384-390.

[12] 中华人民共和国水利部."十四五"智慧水利建设规划[Z].北京:中华人民共和国水利部,2021.

[13] 张洋,刘福春.数字孪生海河防洪"四预"应用需求分析[J].信息化建设,2022(12):48-51.

[14] 安雪,杨跃,王井腾,等.珠江水旱灾害防御"四预"平台建设与应用[J].水利信息化,2023(4):14-19.

[15] ZHANG Y C, OKI T. Water transfer contributes to water resources management: crisis mitigation for future water allocation in the Yellow River basin[J]. iScience, 2024, 27(9): 110586.

[16] 原广平.大数据技术在滇池流域水环境监测网络及信息平台中的应用[J].环境与发展,2018,30(11):146-147.

[17] 郭佳静,郭佳进.关于城市供水安全保障及应急体系构建探讨[C]//河海大学,河北工程大学,浙江水利水电学院,等.2023(第二届)城市水利与洪涝防治学术研讨会论文集.2023:145-150.

[18] 余芬芳,阮伟,段昌兵.浅谈水生态系统健康评估[J].资源节约与环保,2022(6):35-37.

[19] 胡洪营,孙迎雪,陈卓,等.城市水环境治理面临的课题与长效治理模式[J].环境工程,2019,37(10):6-15.

[20] 冶运涛,蒋云钟,梁犁丽,等.数字孪生流域:未来流域治理管理的新基建新范式[J].水科学进展,2023(5):683-703.

[21] 劳佳怡,王小燕,施博,等.人工智能在环境科学领域应用研究进展[J].自然杂志,2024,46(4):271-280.

第九章 生态环境领域科技成果转移转化现状及发展趋势研究

第一节 生态环境领域科技成果转移转化现状

一、生态环境科技成果转移转化的内涵及其特点

（一）生态环境科技成果转移转化的内涵

广义的科技成果转化包括各类科技成果的应用，使劳动者素质、技能增加，生产工具改善，劳动效率提高，经济和社会发展。狭义的科技成果转化指技术成果从科研单位转移到生产部门，实现经济和社会效益。

科技成果注重"转"（应用技术成果的流动过程）和"化"（技术成果的演化过程），政府、企业、高校及科研机构等多方主体在推动这一过程中都有一定的作用和贡献。科技成果转化是为提高生产力水平，对具有实用价值的科技成果进行后续试验等活动，主要涉及成果所有权和使用权转移及"质"的变化。其中，政府是关键政策决策方，企业是主要主体，高校及科研机构是重要供应方，各方合作推动科技成果转化和应用。

《中华人民共和国促进科技成果转化法》《实施〈中华人民共和国促进科技成果转化法〉若干规定》《促进科技成果转移转化行动方案》《关于实行以增加知识价值为导向分配政策的若干意见》等法律和文件对于成果转化的形式及转化过程做了明确的要求，对科技成果转移转化过程中，技术拥有方如何通过技术许可、入股、转让等形式来获得收益进行了详细的规定。

生态环境科技成果转化的目的是解决实际生态环境问题，这不能仅靠企业和市场手段，还需政策调控。例如，在水污染治理方面，通过开展技术评估、验证和二次开发，推动污水处理技术的进步和应用，创造新的污水处理工艺和装备，提高水环境质量。在废气治理方面，企业虽能采用某些技术减少废气排放，但从政策角度对排放标准进行严格规定并保证监管措施落实到位，才能确保整体成效。对于固废处理，企业的技术创新固然重要，但政策在分类、回收、处置等环节的规范和支持，才是实现固废高效

处理和资源再利用的关键。

科技成果最有价值的部分是无形的科技知识，外在表现为设备、材料、工程、图纸等物质形式。其发挥作用的关键载体是"人"，且作用渠道多元复杂，难以用简单指标衡量转化效果，要充分发挥科研人员的能动作用，促使其根据需求提出针对性解决方案。

（二）生态环境科技成果转移转化的特点

1. 政策和市场双导向性

市场需求是成果推广转化的主要动力，政府政策创造了最大市场需求，倒逼产业升级和治污标准提升，带动技术研发进步。市场推动科技成果推广转化，符合环境治理需求的生态环境科技成果才能实现其市场价值。例如，在水处理领域，随着国家、行业和地方污水排放标准逐渐严格，污水处理厂普遍面临提标改造的问题，这就为膜处理等深度处理技术创造了巨大的市场。

2. 集成性和长周期性

生态环境领域技术成果转化往往是多个技术的组合转化，是一个工艺包、一个整体方案的集成转化。比如，某项针对农村污水的生化处理技术，需要与配套的管网建设、污水处理设施等相结合，才能形成一个完整的治理方案。生态环境科技的成果从产出到转化要经过多个环节，成果转化周期长。例如，一项污染防治技术从实验室研发到中试、规模化验证、工程化、标准化、产业化等过程，需要较长时间的投入和验证。

3. 转化应用场景的复杂性

推动成果转化是政府帮助企业制定环境治理方案、落实"放管服"精神的手段。明确需求方实际需求是前提，其需求场景复杂，包括技术转让、工艺路线等。供需双方需有效见面且匹配，信息不对称会导致供需不匹配，需求方表述的可能只是表象，需科学分析问题根源以提出有效方案。例如，污水处理厂提标改造为深度处理技术创造市场；农村污水生化处理技术在不同地区效果不同。在污染防治攻坚战中，要以解决实际环境问题为目标，推动符合需求的成果转化，助力环保产业发展。同时，要统筹兼顾，避免简单粗暴的处置措施，增强服务意识，为企业提供有效的环境治理解决方案。

二、生态环境科技成果转移转化面临的主要问题

（一）整体转化率低

我国科技成果向产业转化的比例偏低。根据在"2024新京报贝壳财经年会"开幕式上，工业和信息化部原部长、中国工业经济联合会会长李毅中在相关会议上的

介绍，中国科技成果转化率约30%，大量研发成果未能形成现实生产力。生态环境科技领域也存在类似问题，生态环境科技创新与产业发展尚未形成互惠的良性关系，成果转化率低对提高我国综合国力和国际竞争力不利。

（二）面临的具体问题

1. "不愿用"：研究方向与产业及社会需求脱节

科技成果无法真正落地或与产业实际需求距离过远。例如，一些生态环境科技研发课题主要着眼于发表论文，研究人员对国家实际需求及相关产业链了解甚少，导致成果在国家项目验收后便束之高阁，无法落地应用。

2. "不易用"：研究缺乏市场导向

科技成果表面繁荣但实际难以转化。在环境技术专利申请数量方面，我国占据优势，但国外专利机构已经布局了大量高价值核心专利，对许多领域的技术和市场已形成垄断。我国的一些生态环境科技项目，因为缺乏市场导向，教师研发往往关注专利、论文产出，而不是基于市场应用实际考虑，导致部分高校或科研院所的研发成果成熟度不高、市场风险大，企业不愿或不敢进行科技成果转化。

3. "不实用"：成果转化的经济可行性限制

科技成果与产业实际成本要求不匹配或相关产业链配套技术不完善。部分实验室中诞生的科技成果往往需要较昂贵的原材料或较高的制备工艺成本，最终的生态环境科技成果虽然技术通过验收却与产业实际成本要求不匹配。例如，某项环保技术虽然在实验室中表现出色，但在实际应用中，由于原材料成本过高，导致企业无法承受，难以推广。

4. 未能有效服务于社会、经济产业大循环

应从区域和国家的系统视角，引导生态环境科技成果为社会与经济的绿色、循环、可持续发展服务。例如，在资源与能源循环方面，需要系统性地解决好资源与能源的畅通循环问题，从源头解决污染物排放造成的生态环境问题。

5. 对公众生态诉求把握失准，为管理业务需求支撑欠精

公众是生态环境科技成果转化的最终受益者，应精准把握公众诉求，兼顾管理部门业务要求，以检验生态环境科技成果转化的效果。例如，在黑臭水体治理方面，水体黑臭只是问题的表象，需要对黑臭产生的根源进行科学的分析和判断，才能提出有效解决的技术方案。

（三）成果转化难的表现

1. 生态环境科技成果转化工作体系不完善

科学化的技术评估方法不完善，技术二次开发环节基本处于空白，缺乏成果转

化供需对接的有效渠道和平台。

2. 生态环境科技成果供给侧与需求侧脱节

科研项目立项与地方实际需求有偏差，科研院所对市场信息判断不足，导致科研成果不能直接有效转化。例如，以污泥减量与处置为例，当前科研项目大多关注如何将简单的堆积填埋发展为系统性的无害化处理，但绝大部分污水厂只能将污泥含水率降低到80%左右，无法满足填埋、焚烧对含水率的要求，因此污泥处置的痛点在于如何高效降低含水率，这需要科研项目更加关注实际需求。

3. 缺少生态环境科技成果转化供需对接的有效渠道和平台

现有平台大多缺乏对技术落地应用层面的深度服务，真正发挥作用的少。

4. 技术交易市场尚不成熟，活跃的科技中介较为缺乏

当下的交易平台基本功能存在不完善之处，既没有统一的技术市场网络，也缺少科技成果信息网络，服务定位模糊，对成果缺乏深入的专业评估，难以保障交易的安全性和规范性。

5. 金融服务体系不够健全，成果转化缺少持续的推动力量

商业银行、其余相关金融机构以及财政部门在支持创新方面的微观引导力度不足，完善的金融服务体系支撑缺位，致使生态环境科技成果转化后续的推动力匮乏。

三、生态环境科技成果转移转化的主体类型和转化方式

生态环境科技成果转移转化面临的诸多主要问题，严重制约了其发展进程和实际效果。为了突破这些困境，深入了解生态环境科技成果转移转化的主体类型和转化方式就显得尤为重要。

（一）主体类型

1. 科技研发平台

科技研发平台主要致力于解决产业化过程中关键核心技术被"卡脖子"的问题。围绕国家战略需求，在人工智能、先进制造、生命健康等前沿领域提前规划建设一批高端研发平台，全力突破产业共性关键技术。推动龙头企业与高等院校和科研院所联合共建研发平台，针对产业化过程中的关键核心技术瓶颈展开联合攻关，构建高效强大的共性技术供给体系。建立权责明确、成果共享、风险共担的研发平台共用机制，支持科技型中小企业与高等院校和科研院所围绕市场需求开展创新活动。

2. 科技成果产业化平台

科技成果产业化平台的重点在于解决技术与市场脱节的问题。鼓励企业与高等院校和科研院所联合共建科技成果转化平台，该平台的功能要求如下：供需对接精

准、优势互补明显、利益共享合理，面向市场需求共同开展技术定制、测试检验、中试熟化、产业化开发等活动，从源头推动科技创新成果进入市场。以国家级高新技术开发区、国家火炬产业基地、火炬创业中心、大学科技园、归国留学人员创业园等科技成果产业化平台为基础，以培育特色产业集群为目标，构建以创业苗圃、孵化器、加速器等创业服务平台为主线的科技成果孵化转化基地，促进创新链与产业链对接。加速建立以企业为主体，以高等院校、科研院所为依托，各创新主体共同参与的创新创业联合体，通过转让、并购、合作研发、产权买断等方式，深化产学研融合，连通创新链与产业链。建立信息通畅、服务完备、交易有序的技术交易平台，大力发展各类科技中介服务机构，规范技术交易市场，为科技成果产业化创造良好环境。

3. 创新科技金融支撑平台

创新科技金融支撑平台的重点在于解决科技型企业"融资难"的问题。应围绕创新链完善资金链，强化资金链与创新链的链式对接，为企业创新活动的各个环节提供资金支持，获取风险投资。完善和规范股权交易市场与债权交易市场，探索建立众筹银行、创客银行等新型金融服务机构，构建健全的科技金融支撑服务体系。发挥政府引导基金的作用，充分撬动天使投资基金、创业投资基金等社会资本，全面支持科技创新活动，构建多渠道、多层次的科技金融投资体系。创新金融产品，规范民间金融秩序，鼓励小额贷款公司、融资性担保公司、股权投资基金、融资租赁公司、典当行等各类融资服务组织支持科技型企业发展。建立科技型企业信用体系，运用"互联网＋"技术构建企业大数据信用平台，健全科技金融风控体系。

4. 科技资源共享平台

科技资源共享平台的重点在于解决科技创新资源"孤立"的问题。需加强顶层设计，整合现有的科技资源共享平台，促进科技资源集聚，构建多层次、广领域、网络化的科技资源共享平台体系。鼓励高等院校和科研机构向企业开放实验室及大型科研仪器设备，提高资源利用率。支持建立产业科技资源共享联盟，鼓励依托联盟搭建科技资源共享平台，推动科技资源在联盟内部共建共享，推进产学研深度合作。建立完善的科技数据库、科研仪器库、生物种质库等科技资源数据库，打造信息支撑有力、服务专业高效、合作良性互动的科技资源共享平台。加强科技资源共享管理服务人才的培养，加快培育一批专业化的科技资源共享服务机构，提升科技资源共享服务水平。

（二）转化方式

科技成果转化按转化的方式和阶段来划分，主要包括科技成果孵化、技术转让和合作、产业化推广等。

科技成果孵化侧重于为科技成果提供培育和发展的环境和支持，帮助其成长和成熟。比如，为企业提供技术可行性评估、市场需求分析、知识产权保护、商业规划与营销策略，为新的科技想法提供办公场地、资金支持、导师指导等，助力其逐步转化为可行的产品或服务。技术转让和合作则更强调技术所有权的转移或者技术拥有方与需求方之间的合作。例如，某高校将一项专利技术转让给企业，企业获得该技术的所有权并进行商业化应用；或者企业与科研机构合作，共同开发和应用某项技术。产业化推广是指将已经相对成熟的科技成果进行大规模的生产和市场推广，以实现其经济效益和社会效益的最大化。

1. 科技成果孵化

科技成果孵化作为促进科技成果转化的关键机制，发挥着不可或缺的作用。它为科技创新型企业提供了全方位的支持，包括场地、设备以及资金等重要资源，这些支持为企业将科技成果转化为实际应用奠定了坚实的基础。

经过多年发展，承载科技成果孵化功能的科创载体平台具有多种形式，包括孵化器、众创空间、大学科技园、产业园区、专业技术服务机构、联合创新实验室、创业投资基金等，其功能不仅仅局限于提供物质、资金支持，还为科技成果提供了展示和推广的平台。通过这些平台，企业能够更好地展示自己的创新成果，吸引更多的关注和资源，从而提高科技成果的知名度和影响力。

此外，科技成果孵化平台还积极促进企业与相关产业链上下游的合作。它充当着桥梁和纽带的角色，帮助企业与供应商、合作伙伴等建立联系，实现资源共享和优势互补。这种合作有助于整合产业链资源，提高创新效率，加速科技创新成果的转化进程。

2. 技术转让和合作

技术转让和合作是科技创新成果转化的重要途径。科研机构和高校通常在基础研究和前沿技术领域具有强大的创新能力，而将科技成果推向市场并实现产业化应用，则需要企业的参与和市场化运作。将科技成果转让给企业或其他机构，这些成果可以得到更有效地开发和利用，实现商业化价值。企业凭借其市场洞察力、生产能力和营销渠道，能够将科技成果转化为实际的产品或服务，满足市场需求。

技术合作也是实现科技创新成果转化的重要方式。通过共享知识、资源和市场，不同主体可以充分发挥各自的优势，实现协同创新。在技术合作中，科研机构和高校可以提供先进的技术和专业知识，企业可以提供资金、生产设施和市场渠道，各方共同努力，加速科技成果的转化和应用。这种合作模式有助于打破创新壁垒，促进资源的优化配置，提高创新效率和成功率。

3. 产业化推广

生态环境科技成果的产业化推广是将科技创新成果转化为实际应用的重要环节。

通过与相关产业链的合作，将科技成果应用于实际生产中，能够有效地解决生态环境问题，推动可持续发展。在产业化推广过程中，科研机构可以与企业紧密合作，共同开展技术研发和应用。例如，在清洁能源领域，科研机构可以与能源企业合作，将研发的新型清洁能源技术进行商业化应用，提高能源利用效率，减少环境污染。

产业化推广还需要政府的支持和引导。政府可以制定相关政策，鼓励企业采用生态环境科技成果，提供资金支持和税收优惠等，促进科技成果的产业化应用。另外，加强科技成果的宣传和推广也是产业化推广的重要手段。通过举办科技展览、技术培训等活动，提高企业和公众对生态环境科技成果的认识和了解，增强其应用的积极性。

科技成果转化按转化的途径和种类划分，可分为直接转化和间接转化两类，但两者并非界限分明，常常相互包含。直接转化包括科技人员创办企业、高校、科研机构与企业开展合作或共同研究，开展人才交流，以及利用网络平台进行沟通交流等。间接转化则往往通过各类中介机构进行，如专门机构、高校设立的科技成果转化机构、各类孵化器平台以及科技咨询公司等开展科技成果转化活动。

第二节 生态环境领域科技成果转移转化对推动新质生产力发展的意义

2023年9月，习近平总书记在黑龙江考察调研期间首次提到"新质生产力"。新质生产力，其核心要义是"以新促质"，关键在于通过技术革命性突破、生产要素创新性配置、产业深度转型升级，使全要素生产率大幅提升，从而更好地推动高质量发展、支撑中国式现代化建设并满足人民美好生活需要。生态环境部在2024年1月召开的全国生态环境保护工作会议上提出，要将"加强生态环境科技平台建设，打造生态环境领域战略科技力量，促进生态环境科技成果转化"作为年度重点工作之一。由此可见，生态环境领域科技成果转移转化对推动新质生产力发展具有重要的引领和驱动作用。新质生产力是以创新为主导，摆脱传统经济增长方式和生产力发展路径，具有高科技、高效能、高质量特征，符合新发展理念的先进生产力质态。而生态环境领域的科技成果转移转化，正是实现这一转变的重要途径。

一、推动科技创新和绿色发展，实现经济社会的可持续发展

（1）促进科技创新。生态环境领域的科技成果转移转化，是实施创新驱动发展战略的重要组成部分，它本质上是对科技创新的实践应用。这些成果，如清洁能源技术、污染控制技术、生态修复技术等，通过转化为实际产品或服务，不仅验证了科技研发的有效性，还进一步激励了科研机构和企业加大研发投入，形成科技创新的良性循环。这种持续的创新动力，为经济社会发展提供了源源不断的科技支撑。

（2）引领绿色发展。随着环境问题的日益严峻，绿色发展已成为全球共识。生态环境科技成果的转化应用，如推广高效节能设备、发展循环经济模式、实施绿色制造等，有效降低了生产活动对环境的负面影响，促进了资源的高效利用和循环利用，为实现经济社会与环境的和谐共生提供了可能。

（3）实现可持续发展。通过科技创新和绿色发展的有机结合，生态环境领域的科技成果转移转化有助于构建绿色、低碳、循环的现代产业体系，推动经济社会向更加可持续的方向发展。这种发展模式不仅符合全球发展趋势，也是实现人类长期福祉的必然选择。

二、推动环保产业绿色转型升级，为新质生产力发展提供有力保障

（1）促进产业升级。环保产业的绿色转型升级，是生态环境科技成果转移转化的直接结果，不仅能够为经济社会发展提供新的增长点，还能够为新质生产力的发展提供有力保障。这些成果的应用，促使传统环保产业向高技术、高附加值方向转型，提高了环保产业的整体竞争力和市场占有率。与此同时，还催生了新的环保产品和服务，拓宽了环保产业的发展空间。

（2）增强新质生产力。环保产业的绿色转型升级，不仅提升了自身的生产力水平，还为新质生产力的发展提供了有力保障。新质生产力，即基于新技术、新模式、新业态的生产力，是推动经济社会高质量发展的重要力量。环保产业的转型升级，为新技术的研发和应用提供了广阔平台，促进了新技术与传统产业的深度融合，加速了新质生产力的形成和发展。

（3）提升产业竞争力。通过科技成果的转移转化，环保产业在技术创新、产品研发、市场开拓等方面取得了显著成效，提升了产业的整体竞争力。这种竞争力的提升，不仅有助于环保产业在国际市场上占据有利地位，也为新质生产力的发展提供了有力支撑；同时科技成果的转移转化有助于推动产业结构的优化升级。通过引入绿色技术，可以改造和提升传统产业，降低能耗和排放，提高资源利用效率；同时，也可以催生和培育新兴产业，形成新的经济增长点。

三、激发更多跨学科创新与融合，为新质生产力提供更多可能性和创新源泉

（1）促进跨学科交流。生态环境领域的科技成果转移转化，往往需要多学科知识的交叉融合。这种需求促进了不同学科之间的交流与合作，打破了学科壁垒，激发了跨学科创新的活力。跨学科的创新思维和方法，为新质生产力的发展提供了更加多元化的视角和解决方案。

（2）拓展创新领域。随着跨学科创新的深入发展，生态环境领域的科技成果开始渗透到其他领域，如信息技术、生物技术、新材料等。这种渗透不仅拓展了创新领域，也促进了新技术、新产品、新服务的不断涌现。这些新兴领域的快速发展，为新质生产力的形成和发展提供了丰富的创新源泉。

（3）增强创新能力。跨学科创新与融合的深入发展，提升了整个社会的创新能力。这种能力的提升不仅体现在科技创新方面，还体现在制度创新、管理创新等多个层面。创新能力的全面提升，为新质生产力的持续发展提供了强有力的保障和支持。政府、企业、科研机构等各方可以通过合作与交流，共同推动科技成果的转化应用，形成产学研用一体化的创新体系，从而加速新质生产力发展。

第三节 生态环境领域科技成果转移转化发展趋势研究

一、美国科技成果转移转化模式特征

（一）政府立法促转化

在当今科技迅猛发展的时代，科技成果的转化与技术的有效转移成为推动国家经济发展的重要动力。为此，美国政府实施了一系列法案，构建了较为完善的法律体系，以促进科技成果的商业化和应用。自1980年以来，多部关键法案的出台为这一目标提供了法律保障。

于1980年颁布的《拜杜法案》《史蒂文森-怀德勒技术创新法案》奠定了美国科技成果转化的立法基础。这些法案旨在鼓励大学和研究机构将其科研成果转化为实际应用，推动科技与经济的结合。随后，1982年的《小企业创新发展法案》则进一步支持小型企业在科技创新方面的努力，鼓励其参与技术开发和市场竞争。

进入1986年，《联邦政府技术转让法案》的实施标志着美国政府在技术转移方面

的进一步努力。该法案促进了联邦政府与私营部门之间的合作，使科技成果能够更快速地进入市场。1988年和1989年相继发布的《综合贸易与竞争法案》和《国家竞争力技术转移法》则强调了国际竞争背景下的技术转移重要性，提升了美国在全球科技竞争中的地位。

随着科技不断进步，1996年的《国家技术转移与升级法》、2000年的《技术转移商业法案》以及2013年的《创新法案》相继出台，美国政府进一步强化了科技成果转化的法律框架。这些法案不仅为科技创新提供了法律支持，也为企业和研究机构之间的合作提供了更为明确的法律指引。

美国通过一系列法案的实施，建立了较为完善的科技成果转化法律体系。这一体系为科技创新提供了强有力的法律保障，促进了技术的有效转移和应用，为国家经济的持续发展注入了新的活力。

（二）专业机构担转化

为了促进科学技术的研发，美国政府设立了多家官方转化机构，其中最为关键的有美国国家标准与技术研究院（NIST）、美国国家海洋和大气管理局（NOAA）以及隶属于国家电信和信息管理局的电信科学研究所（ITS）等联邦实验室。具体来说，美国国家标准与技术研究院主要通过指导、培训、记录和合作等多种方式推动知识的转移，旨在借助企业或其他组织实现技术的商业化。美国国家海洋和大气管理局负责对气候、天气、海洋和沿海地区变化的预测，致力于共享这些知识和信息，以实现海洋科技成果的转化。电信科学研究所则侧重于通过合作研发、出版技术期刊和建立电信行业标准，促进知识成果的转化。

（三）高校自设中心推转化

在当今全球科技迅速发展的背景下，美国高校在科技成果转化方面的表现尤为突出。许多高校建立了专门的中介机构，如哥伦比亚大学的"创新企业"、哈佛大学的"技术与商标许可办公室"以及美国中部的"十校联盟"，这些机构在促进科技成果向实际应用转化的过程中发挥了重要作用。

美国高校的科技成果转化率和收益在全球范围内名列前茅，大学技术向产业界的有效转移被广泛认为是推动美国高新技术产业在20世纪90年代快速增长的关键因素之一。例如，斯坦福大学设立的技术转化中心，通过专职工作人员、律师和评估师的协作，专注于对发明进行价值评估，并提供相关的知识产权保护与转让法律服务。这种集中化的管理模式不仅提高了科技成果的转化效率，还为创新提供了法律保障。

通过这些中介机构的努力，美国高校能够将科研成果与市场需求紧密结合，推动科技创新与经济发展的良性循环。这一模式不仅为高校带来了可观的经济收益，也为社会创造了更多的就业机会。因此，美国高校的科技成果转化机制值得其他国家和地区借鉴与学习，以促进全球科技创新的共同发展。

（四）产学研联动催转化

科技成果转化是将技术创新转化为实际产品的关键过程。在这一过程中，涉及多方利益主体，其中大学和科研机构是重要的技术提供者，具备较强的研究能力，企业则是具备生产能力的实施者，但通常缺乏创新技术或创意。由于两者理念不同，导致了研究机构研发的技术常常无法有效对接市场需求。

为了克服这一困难，美国政府特别制定了《国家合作研究法》，旨在通过政策引导加强产学研之间的合作。这一法律的实施，为技术的开发与市场需求的对接提供了必要的框架和机制，促使高校、科研机构与企业之间有效合作，从而推动科技成果的商业化进程。这种合作模式不仅能够充分发挥各方的优势，还能够在一定程度上降低技术转化过程中的风险。

科技成果的成功转化依赖于不同利益主体之间的协同合作。通过合理的政策支持和合作机制，不仅能够提升科技创新的效率，还能够有效促进经济的可持续发展。

二、德国科技成果转移转化模式特征

（一）依托政府宏观调控助力成果转化

德国政府的宏观调控模式展现出其在科技创新领域的深远影响。一方面，通过立法和政策引导，德国政府为科技发展提供了坚实的制度保障；另一方面，政府还积极投入大量资金建设科技园区，以促进科技成果的转移和转化。

自1983年以来，德国政府采取专项投资的方式，在全国范围内建立了80多个科技中心或创新中心的科技园区。这些科技园区不仅为科研机构和企业提供了良好的发展环境，还为科技成果的转化提供了必要的平台。通过集聚创新资源，科技园区成为推动地区经济发展的重要引擎。

科技园区建成后，德国政府进一步通过制定一系列优惠政策来激励大学毕业生和企业家进入园区创办企业。这些政策包括税收减免、资金支持以及创业培训等，旨在降低创业门槛，鼓励创新精神。这一系列举措有效促进了园区内企业的快速发展，增强了科技成果转化的效率。

德国政府的宏观调控模式通过立法、政策引导和资金投入，形成了良好的科技创新生态系统。这不仅推动了科技成果的转化，也为国家的经济增长和社会进步注入了新的活力。

（二）借助中介机构搭建转化桥梁

在中介机构进行科技成果转化的过程中，德国政府与经济界的紧密合作显得尤为重要。通过政府部门、行业协会及金融机构等多方协作，德国构建了一个完善的中小企业社会化服务体系网。这一服务体系的建立，不仅为中小企业提供了必要的支持，还为科技型企业的引入和服务平台的建立奠定了基础。

以弗劳恩霍夫协会（Fraunhofer-Gesellschaft）为例，该机构总部位于慕尼黑，是德国乃至欧洲最大的应用科学研究机构。作为一个公助、公益、非营利的科研机构，弗劳恩霍夫协会专注于为企业，尤其是中小企业，开发新技术、新产品和新工艺，并协助它们解决在创新发展过程中面临的组织和管理问题。通过与各行业的紧密合作，弗劳恩霍夫协会为企业提供定制化的科研服务，采用"合同科研"的方式，确保科研成果能够有效转化为实际应用。

弗劳恩霍夫协会旗下的各研究所拥有近15 000名科研人员，包括德国合作院校的教授及参与实习的学生和研究生，年均为3 000多家企业客户完成约10 000项科研开发项目，年经费超过21亿欧元。这一庞大的科研网络不仅提升了中小企业的创新能力，也为德国经济的可持续发展提供了强有力的支持。

德国通过构建中小企业社会化服务体系网，促进了科技成果的有效转化。这一模式不仅增强了企业的市场竞争力，也为国家的科技进步和经济发展提供了重要动力。

（三）构建政府、银行、企业三方联动转化模式

为了解决转化主体面临的资金压力，德国政府采取了一系列积极举措，设立了专门负责的部门，并联合银行和风险投资基金在企业内设立转化中心。这一创新模式在促进科技成果转化方面，展现了显著的效率和活力。

德国政府通过建立转化中心，为科技成果的应用提供了必要的支持。这些转化中心不仅在企业内运作，还将政府、银行和企业的资金分担机制引入其中，以减轻单一主体的财务负担。具体而言，转化中心的建设费用由政府、银行和企业按一定比例分担，这一策略有效地整合了各方资源，形成合力，推动科技创新的实际应用。

更为重要的是，这些转化中心并不以营利为主要目的，而是致力于为需要科技成果转化的企业提供免费的咨询服务。这一举措不仅降低了企业转化科技成果的风险，也激励了更多的科研团队和企业积极进行科技成果的转化。通过专业的咨询和指导，企业能够更好地理解市场需求，从而更精准地进行技术应用与商业模式的创新。

德国政府设立转化中心的措施，体现了对科技成果转化过程的重视，是促进科

技与经济深度融合的有效途径。

（四）以工业实验室为前沿阵地推动直接转化

在德国，大多数企业选择在自己的工业实验室内完成从技术研发到产品生产、销售的全过程。这种模式不仅集中体现了科学研究活动的多元化特征，还为企业开创了一个全新的工业开发与利用科学的制度框架。德国的工业实验室作为知识生产的重要平台，有效促进了科学技术与市场需求之间的紧密衔接。

工业实验室的运作模式构建了一种新的工业共同体研发模式。通过将研发、生产和销售整合在一起，企业能够在技术创新的同时更快速地将成果转化为市场产品。这种紧密的合作机制，使企业能够及时获取市场反馈，从而更好地调整研发方向，提高科技成果的转化率。

三、以色列科技成果转移转化模式特征

以色列由科技成果转化体系、环境支撑体系和科技金融体系等组成的国家创新体系，将政府、高校、企业联结在一起，形成3个主体各司其职又相互促进的"三螺旋"协同创新结构。

科技成果转化体系，以高校技术转移公司为主体，从市场需求出发自下而上地推动科技成果向产业界转移，打通了高校和企业之间的合作通道。环境支撑体系，由政府出资设立科技计划和孵化器支持研发成果产业化和初创型科技企业成长，政府帮助高校解决早期研发投入匮乏的问题。科技金融体系，由政府出资建立引导基金发展风险投资产业，为孵化出的科技型中小企业提供资金支持。最终形成由高校及技术转移公司负责原始创新和技术转移、企业主导技术熟化和商业化、政府主导科技创新战略方向和健全政策保障支撑的架构。以色列政府、高校、企业以技术的开发和商业化为核心进行紧密互动，进而促进科技创新与进步。

20世纪60年代，以色列高校开始提出技术转移公司（Technology Transfer Company，简称TTC）的概念，通过TTC进行科技成果转化，在加强学术界和工业部门之间的联系的同时，将高校科研成果广泛地推向市场。TTC是以色列推动科技成果转化最具特色的代表性机构，该国研究型大学和科研院所均设立了全资的TTC。TTC代表大学将学术研究商业化，以独立的法人实体身份，作为大学的非营利附属机构运营，全权负责挖掘、保护和商业化科研成果。TTC的出现加速推动科研成果的产业化，2008—2016年以色列技术转移公司平均每年通过出售知识产权所得收入约为4.5亿美元，整体保持在较高水平。

四、日本科技成果转移转化模式特征

日本文部科学省是推动日本科技技术发展及产业化的主要政府部门。文部科学省下设两个机构，共同推进科技成果的转化工作。一个是独立法人机构日本科学技术振兴机构（Japan Science and Technology Agency，简称 JST），根据国家的科研目标和任务，通过科研人员的自我申报和国家科研目标的政策指南，在全国范围内选定合适的科研组织和科研人员，给予中长期的科研经费支持，主要工作包括给予专利申请、专利实施、技术转移咨询、人才培养等方面的支援。另一个是独立法人机构日本学术振兴会（Japan Society for the Promotion of Science，简称 JSPS），主要职责是通过实施研究合作计划来推动技术转移。

日本科技成果转化体系内的成员包括大学以及大学知识产权本部、技术转移组织机构、国立实验机构、区域研究中心、民间机构、社会团体组织、企业等，各机构分工合作，共同推动科技成果转化工作。具体包括：

（1）地域共同研究中心主要功能是通过开发先进技术促进区域经济的发展，一般设立在大学，以推动产学研共同研究为目的。

（2）日本的科技成果很多来自大学，大学知识产权本部承担了重要的角色。大学知识产权本部以对大学的知识产权的创造、管理、使用为目的，主要工作包括知识产权政策等各项制度的建设，以及确保从事知识产权活动人才的组织体制建设。日本在全国选择了43家大学设立了知识产权本部。

（3）技术转移机构（Technology Licensing Organization，TLO）是将科技成果专利化并向企业转移的、在产学之间起到中介作用的组织。

（4）日本的社会团体组织也积极参与日本的科技成果转移工作，甚至有些社会团体是专门针对科技成果转移而设立的。比较具有代表性的有一般社团法人大学技术转移协会（University Technology Transfer Association Japan，简称 UNITT），主要负责推动高等教育机构、技术转移机构（TLO）和个人与机构保持紧密的伙伴关系，继而促进日本的学术发展、技术进步和产业发展。一般社团法人发明推进协会（Japan Institute of Invention and Innovation，简称 JIII），主要负责推进日本原创能力，促进科技成果的商业化应用。

（5）日本政府先后出台了一系列科技计划促进产研合作，促进科技成果转化。例如，在2001年，日本经济产业省开始实施中小企业支援型研发事业计划，促进企业和日本产业技术综合研究所合作开展研究，解决企业的技术问题，推进产学研合作，促进科技成果转化。

五、我国科技成果转移转化发展趋势

2024年1月31日，习近平总书记在二十届中央政治局第十一次集体学习时指出："科技创新能够催生新产业、新模式、新动能，是发展新质生产力的核心要素。这就要求我们加强科技创新特别是原创性、颠覆性科技创新，加快实现高水平科技自立自强。""打好关键核心技术攻坚战，使原创性、颠覆性科技创新成果竞相涌现，培育发展新质生产力的新动能。"我国科技成果转移转化近年来呈现出显著的发展趋势，主要趋势和特点有以下几方面。

（一）政策支持力度加大

国家和地方各级政府出台了一系列完善的政策法规，鼓励和促进科技成果的转移转化。例如，《中华人民共和国促进科技成果转化法》《中华人民共和国科学技术进步法》《促进创业投资高质量发展的若干政策措施》等政策文件，明确了科技人员的权益，并提供了一系列激励措施。

（二）市场化机制不断完善

科技成果向市场转化的机制日趋成熟，多种形式的科技成果转化服务平台和中介机构应运而生。技术交易所、科技企业孵化器、创新创业园区等，为科技成果转化提供了综合服务，如早期股权投资创投机构代表之一——中科创星。中科创星是由中科院西安光机所联合社会资本发起创办，是中国首个专注于硬科技创业投资与孵化的专业平台，作为"硬科技"理念的缔造者和"硬科技"投资的先行者，中科创星致力于打造以"研究机构＋天使投资＋创业平台＋孵化服务"为一体的硬科技创业生态，为科技创业者提供专业、深度、全面的投资、孵化及融资解决方案。截至2024年6月，已投资孵化超过475家硬科技企业，投资项目估值达5 026亿元。

（三）产学研协同创新

高校、科研院所和企业之间的合作进一步加强，共同开展科技攻关，推动技术创新和成果转化。通过设立联合研发中心、产业技术联盟等合作模式，促进产学研协同发展。2022年，全国技术合同成交额达到47 791.02亿元，比上年增长28.2%；高校和科研院所技术科技成果转化合同成交金额为1 771.6亿元，约占全国总额的3.7%，比上年度增长12.3%。2023年，全国技术合同成交额达到61 475.66亿元，比上年增长28.6%；高校和科研院所技术科技成果转化合同成交金额为2 054.4亿元，约占全国总额的3.7%，比上年度增长15.6%。

（四）科技型中小企业增长迅速

科技型中小企业成为科技成果转化的重要载体和生力军。政府提供多种支持政策、资金和资源扶持，鼓励创新创业，提升企业科技创新能力。截至2023年末，全国各省份入库的科技型中小企业数量排在前三位的分别是江苏省94 277家、广东省76 726家、山东省45 895家。各省入库数量明显增长，如江苏省2022年入库数量达到8.7万家，成为全国首个突破8万家的地区，同比增长21%；2023年又成为全国首个突破9万家的地区，同比增长8.4%。通过这些数据可以看出，我国科技型中小企业在近3年内数量显著增长，体现了国家在支持中小企业科技创新方面的持续努力和成效。

（五）区域特色化发展

各地区根据自身的资源禀赋和产业特点，实施差异化的发展策略，形成了具有地方特色的科技成果转化模式。北京作为中国的政治、文化和科技创新中心，拥有丰富的高校、科研院所和科技企业资源。中关村是中国第一个国家级高新技术产业开发区，是科技创新和创业的高地，汇聚了大量科技企业、创业者和投资机构。中关村采用先行先试政策，建立众创空间和科技孵化器，提供技术交易市场和知识产权保护服务。实施"科技成果先使用后付费"等创新机制，降低企业技术转化风险。通过"政产学研金服用"的协同创新，促进科技成果从实验室走向市场。上海在张江高科技园区设立了多家创业孵化器，并成立专项基金支持生物医药初创企业，提供临床试验基地和技术服务。依托上海国际金融中心的地位和其在生物医药领域的优势，上海主推金融科技和生物技术领域的科技成果转化。深圳市依托自身作为"科技创新之都"的定位，重点推动电子信息、智能硬件、新能源汽车等高新技术产业的科技成果转化。深圳市政府设立了深圳高新技术产业园区，提供一站式创新创业服务，设立产业引导基金，鼓励高校和科研机构与企业合作，加速技术商品化。各地区通过结合自身的独特资源和产业优势，选择合适的突破口，制定和落实契合本地实际情况的科技成果转化策略，取得了显著效果。这些具有地方特色的科技成果转化模式不仅增强了地方经济的竞争力，还为全国科技创新体系的发展贡献了宝贵经验。

（六）金融支持体系逐步完善

科技金融创新不断推进，风险投资、股权投资、科技保险、融资担保等多种金融工具运用于科技成果转化过程，缓解了科技型企业融资难的问题。2024年4月30日召开的中共中央政治局会议，在强调"要因地制宜发展新质生产力"时提出，要积极发展风险投资，壮大耐心资本。所谓"耐心资本"，是长期投资资本的另一种说法，泛指对风险有较高承受力且对资本回报有着较长期限展望的资金。我国进一步壮大耐心资本，有助于促进新质生产力的发展。

（七）国际合作深入开展

我国积极融入全球科技创新网络，加强与国际先进科技力量的合作，参与国际科技合作项目，吸引国际高端科技成果在国内转化应用。2014年5月23—24日，习近平总书记在上海考察时提出："上海要努力在推进科技创新、实施创新驱动发展方面走在全国前头、走在世界前列，加快向具有全球影响力的科技创新中心进军。"2023年11月28日—12月2日，习近平总书记再次赴上海考察时强调："推进中国式现代化离不开科技、教育、人才的战略支撑，上海在这方面要当好龙头，加快向具有全球影响力的科技创新中心迈进。"这十年来，上海按照中央部署，坚持科技创新与体制机制创新双轮驱动，实现了科技综合实力和创新整体效能的大幅跃升。上海坚持科技创新与体制机制创新，出台了一系列改革举措，为创新企业量体裁衣，布局基础研究先行区、超前孵化培育耐心资本、政策扶持新型研发机构、开放共享国家重大科技基础设施。2024年是上海国际科技创新中心建设十周年，上海全链条式科创政策供给体系已然成型。面向前沿赛道和共性技术，上海前瞻布局了张江复旦国际创新中心、长三角国家技术创新中心、上海树图区块链研究院等一批新型研发机构，与400余家企业技术中心、公共技术服务平台一起，成为科技创新的新引擎。在世界知识产权组织发布的《2023年全球创新指数》中，上海—苏州集群排名上升至全球第5位；《中国区域科技创新评价报告2023》显示，上海综合科技创新水平持续保持全国第一。

（八）数字化和智能化

伴随数字经济的发展，我国利用大数据、人工智能等新一代信息技术，提升科技成果转化效率和透明度，推动科技成果线上交易和资源共享平台的建设。2024年7月2—3日，中共中央政治局常委、国务院总理李强在江苏苏州调研时强调，要深入贯彻习近平总书记关于加快构建现代化产业体系的重要指示精神，抢抓新一轮科技革命和产业变革机遇，坚持创新驱动，强化科技赋能，加快推动制造业数字化转型，促进专精特新企业蓬勃发展，为构建现代化产业体系、实现经济高质量发展注入强劲动能。

我国科技成果转移转化呈现出政策支持不断增强、市场机制逐步完善、产学研深度融合、区域特色发展明显、金融服务更加有力、国际合作不断拓展的良好态势，显著推动了科技创新能力的提升和经济高质量发展。

六、生态环境领域的科技成果转移转化趋势

生态环境领域的科技成果转移转化近年来呈现出一系列积极的发展趋势,随着全球对可持续发展和环境保护的重视,这一领域的科技成果转化变得尤为重要。以下是一些主要的趋势和特点。

(一)政策引导和支持力度加大

我国政府在环保科技成果转化方面出台了多项政策和计划。例如,《"十四五"生态环境领域科技创新专项规划》中明确提出,构建绿色技术创新体系,加快推进技术成果的产业化进程。《关于促进生态环境科技成果转化的指导意见》提出,进一步优化生态环境科技创新环境,提升科技成果转化成效。各项政策文件的出台,完善了生态环境科技成果转化机制,为生态环境科技成果转移转化提供了明确的政策引导和资金支持。

(二)市场需求驱动

社会对环保的需求日益强烈,绿色技术和环保产品市场前景广阔,推动了科技成果向市场化转化。例如,(1)空气污染治理。工业废气处理、机动车尾气处理、室内空气净化,空气污染治理市场规模预计将持续增长,特别是在发展中国家和新兴市场,随着环保政策的加强和城市化进程的加快,市场需求将进一步扩大。(2)水污染防治。污水处理技术、水体修复技术、饮用水净化,水污染防治市场前景广阔,特别是在水资源短缺和污染严重的地区,高效、低成本的水处理技术将具有巨大的市场潜力。(3)固体废物处理。垃圾分类和回收、垃圾焚烧和填埋、危险废物处理,随着城市化进程的推进和生活水平的提高,固体废物处理市场将持续扩展,特别是资源化和无害化处理技术将成为市场热点,相关领域的技术需求不断上升。

(三)技术集成和系统解决方案升级

单一技术的应用向整体解决方案转变,推动多个环保技术的集成应用,形成系统化、综合性的环境治理方案。例如,生态修复、流域治理等领域的技术综合应用。随着信息技术的深入发展和深度应用,大数据、物联网、人工智能等新一代信息技术在环境监测、数据分析和决策支持等方面发挥着越来越重要的作用,有效提升了环保科技成果的转化效率和应用效果。如在垃圾分类领域,智能垃圾分类和处理系统利用智能垃圾桶和传感器实现垃圾分类,先通过AI进行垃圾识别和自动分类,再结合大数据分析进行垃圾生产情况的预测和管理,最后通过智能回收设备进行处理

和再利用；在智慧水务领域，通过在水务系统的各个环节布置传感器，实现对水质的实时监测和数据采集，将数据传输到云端，并利用大数据进行实时分析和预警，结合先进的污水处理技术，实现智能化管理和治理。这一发展趋势不仅提高了环境治理的效果，还推动了环保产业的全面升级。

（四）产学研合作深入推进

高校、科研院所和企业在环保领域的合作更加密切，共同协作攻关难题并推动技术应用。产学研联合实验室、研究中心和产业技术创新联盟等合作形式成为促进环保科技成果转化的重要平台。绿色创业和环保创新企业不断涌现，依托创新技术进入市场，为生态环境治理提供新的解决方案和商业模式。科技型中小企业在环保技术转化中发挥了重要作用。

（五）国际合作与技术引进

我国积极参与国际环境保护合作，引进和吸收国外先进环保技术，并加以自主创新，实现本土化应用。国际合作为我国环保科技成果转化提供了丰富的经验和技术来源，是提升环境治理能力的重要途径。通过与日本等在环保技术方面具有优势的国家合作，可以引进先进的技术和管理经验，推动本国环境治理的进步。生态环境部环境发展中心（中日友好环境保护中心）是生态环境部直属单位，是生态环境管理的综合性技术支持与服务机构，是对日环境交流与合作的平台和窗口。该中心通过技术交流、联合研究、示范项目和政策建议等多种形式，促进了两国在环保领域的深度合作，取得了显著的成果。这不仅提升了我国的环境治理水平，也为全球环境保护事业做出了积极贡献。

（六）逐渐形成一批示范平台和先行区域

一些示范项目和示范区域成为环保科技成果转化的标杆，示范项目的成功经验推动了更大范围的技术应用和推广。例如，生态环境部环境发展中心与江苏省产业技术研究院、无锡市产业创新研究院、宜兴市人民政府、中国宜兴环保科技工业园管委会、国合环境高端装备制造基地合作，共建国际绿色低碳科技成果转移转化创新示范基地。该创新示范基地作为我国在绿色低碳科技创新领域首个采用"部、省、市、县、高新区、科创载体"6方共建形式推进建设的重大科技成果转化平台，将充分发挥共建6方的优势，打造涵盖境内外优质标的来源渠道、概念验证中心、直投孵化器、场景应用中心、VC赋能基金为一体的闭环式平台服务体系，围绕创新链、产业链、资金链和人才链深度融合，高水平打造技术转化平台、产业孵化平台、智能制造平台，共同探索打造在全国范围内具有领先示范效应的绿色低碳领域，特别是在生态环境领域的科技成果转移转化平台发展模式。

(七) 绿色金融支持

绿色金融体系不断完善，绿色信贷、绿色债券、环保基金等金融工具为环保科技成果转化提供了重要的资金保障，降低了技术转化的金融风险。国家绿色发展基金是由中华人民共和国财政部、中华人民共和国生态环境部、上海市共同发起设立，国务院授权财政部履行国家出资人职责，财政部委托上海市承担绿色基金管理的具体事宜。基金将重点投资污染治理、生态修复和国土空间绿化、能源资源节约利用、绿色交通和清洁能源等领域。国家绿色发展基金的设立，将为支持生态文明建设注入新动力。基金将聚焦长江经济带沿线绿色发展重点领域，探索可复制、可推广经验，并适当辐射其他国家重点战略区域。

生态环境领域的科技成果转移转化在政策支持、产学研合作、市场需求驱动、技术集成应用、信息化技术应用、国际合作和绿色金融支持等方面呈现出良好的发展势头。这些积极的趋势有助于推动生态环境保护技术的推广应用，提高环境治理水平，实现生态环境的可持续发展。

第四节 生态环境领域科技成果转移转化案例

党的二十大报告明确指出，要加快实施创新驱动发展战略，提高科技成果转化和产业化水平。同时，《国家中长期科学和技术发展规划纲要（2006—2020年）》也提出，"以建立企业为主体、产学研结合的技术创新体系为突破口，全面推进中国特色国家创新体系建设，大幅度提高国家自主创新能力"。

这表明，国家对科技创新及其成果转化有极高的关注度，并突出了实施创新驱动发展战略的必要性。在这样的发展大势下，作为科技和经济结合点的科技成果转化无疑成为振兴经济的核心要素和重要枢纽。然而，相比于其他领域的科技成果转化，生态环境领域的科技成果转化具有投资风险高、政策与市场双导向性、回报周期长等显著特点，是一项多资源投入的系统性工程。

尽管在当前绿色低碳引领高质量发展的转型背景下，产业生态化、生态产业化均高度依赖于生态环境科技成果，但同绿色发展对生态环境科技成果的急切需求相比，生态环境科技成果仍存在资源要素整合不理想、供给侧与需求侧脱节、中试环节薄弱以及投资不足等问题。

中试环节薄弱是我国科技成果转化普遍存在的问题，依托高校与科研院所建立的中试基地主要面向其自身需要，加上国有资产管理难题，该类中试基地并不能满足实际需求；而依托企业自身建立的中试基地具有前述封闭性的特点，因而游离于拥有完善产业化体系的大型企业之外的中小型企业，其资产无力承担中试装置的投资成本，加之中试放大固有的失败风险，急需公共中试基地的公共服务。这在生态环境科技成果转化领域尤为突出，《中国环保产业发展状况报告（2022）》指出，2021年列入统计的环保企业中73.3%为小微企业，其营收占比仅为2.4%，整体实力较弱。生态环境科技成果转化公共中试基地作为典型的"公共物品"，无法在以个体理性为基础的社会实践中自动实现，而需要由能有效克服个体理性缺陷的公共机构加以提供。

一、科技企业孵化器——无锡国合基地

坐落在江苏省宜兴市的宜兴环保科技工业园是我国唯一以发展环保产业为特色的国家级高新技术产业开发区，这里有一家专业从事生态环境领域的科技成果转移转化的科技企业孵化器——国合环境高端装备制造基地。

作为推动环保产业转型升级、提升国际国内合作水平的主要载体平台，国合基地通过组建生态创新联合体，采用市场化运营的方式，以生态环境领域装备制造为基石，以科研成果转化为核心，以国际合作产业孵化为驱动，实现了各项要素资源的重组与激活，旨在打造国内领先、国际知名的绿色产业"技术转化平台、产业孵化平台、智能制造平台"。

国合内涵概括为"三国三合"，即与国家合拍、与国际合作、与国企合力。融入国家发展战略，为产业发展创造智力贡献；引入与原创相融合，创新和输出中国特色生态环境技术；与国企优势互补、资源共享，形成融通发展机制，创造中国特色"混改"典型范例。

在国合基地聚焦生态环境领域科技成果转移转化的6年多时间里，通过高频率的开展平台服务，积累了大量专有技术和平台管理经验，掌握了闭环服务操盘能力；并且通过有效的组织建设和建章立制，将服务流程体系化、标准化，建立了权责清晰、分工明确的组织管理架构，提供技术可行性研究、概念验证评估、原型机研制、工程样机生产、小批量试制、中试性能测试、工程化场景应用、商业可行性评价、产业化方案规划、股权架构设计、合资公司组建、战略投资人引进、示范项目实施、超级团队训练营等全流程科技成果转移转化服务。

二、科技成果转移转化案例

（一）科技成果转移转化案例一：国合绿材

国合绿材科技（江苏）有限公司成立于2017年10月18日，是国合基地与东南大学—蒙纳士大学苏州联合研究生院海绵城市联合研究中心开展的产学研合作，主要针对雨水收集系统技术进行科技成果转化。国合基地作为设立期发起股东对其进行孵化。作为一家专注于海绵城市领域的科技创新企业，以方案设计、产品制造、工程服务及智慧运维为一体的全过程生命周期综合服务商，国合绿材携手中国建筑集团及南京工业大学，建立"智慧制造研究中心"和"工程建设碳中和研究院"，并成立"无锡市（国合）海绵城市工程技术研究中心"。国合绿材现拥有自主知识产权专利40多项，其中发明专利5项，参编6项行业标准，在海绵城市建设及城市水资源领域具有领先地位。经过5年的发展，国合绿材雨水收集系统主要应用于海绵城市建设中雨水高效收集利用以及市政给排水等领域，在城市开发、新基建、绿色产业园、交通物流等各类工程中得到广泛应用。公司与众多央企国企、省市设计院、大中型开发商及专业工程公司等建立了长期稳定的合作关系，构筑了遍布全国的市场及工程服务网络。近3年来，已累计完成1500多个项目工程，其中参与完成50项国家级重点工程，700多个省市重点项目的设计和施工，包括武汉火神山医院、威海市应急医院、雄安容东片区建设、无锡国家智能交通基地、南京地铁7号线、杭州亚运会场馆、杭州西站枢纽、富芯模拟芯片产业化基地、中石科技5G模组项目等。

（二）科技成果转移转化案例二：国合绿能

国合绿能生态（无锡）有限公司成立于2023年3月1日。国合绿能是国合基地与东南大学又一大科技成果转化的案例。在国合绿材的基础上，2022年，国合基地与东南大学吕锡武教授专家团队以及东南大学无锡太湖水环境工程研究中心围绕农村生活污水处理、农业废弃物资源化循环利用等领域持续开展创新性、实用性、稳定性技术与装备研发合作，在国家自然科学基金、863计划、国家科技支撑计划研究基础上开展技术成果转化。其主要技术成果经中国环保产业协会组织的专家鉴定达到国际领先水平，并多次作为推荐技术，入选江苏省技术指引、导则、规范，农业农村部2019年主推技术、水专项标志性成果等，并获评江苏省2020年科技进步二等奖。国合基地为本项目定制股权架构，推荐国家专精特新企业泰源环保等行业头部作为战略投资人，并协助组建职业经理人团队，推动产品二次开发和工业样迭代更新。

（三）科技成果转移转化案例三：博旭新能源

浙江博旭新能源科技有限公司成立于 2019 年 9 月 24 日，由国合基地作为公司设立期发起股东孵化成立。博旭定位为全球特种膨胀机及系统研发制造公司，产品应用于烯烃类生产流程、气体分离流程、工业余热余压发电、液化压缩气体储能等方向。目前，国内特种透平市场主要由欧美高端厂商供应，博旭力争短期内实现工业特种透平的国产化研发供应。博旭的磁悬浮膨胀机产品系列最为出色，目前是世界上最大的首台套产品，优势明显，对行业迭代推广有巨大潜力。2023 年，公司荣获省级专精特新、战略性新兴产业企业等称号，获得各类金融机构低利率长周期融资授信额度超购亿元人民币，且开始进入俄罗斯、非洲、东亚市场签订订单，目前正在和俄罗斯石油国企就烯烃裂解中大功率高参数液力透平替代性技术展开研发合作。

（四）科技成果转移转化案例四：国合水生态

国合水生态修复（江苏）有限公司成立于 2020 年 5 月，是国合基地与生态链企业江苏菲力环保工程有限公司为了解决传统水源治理成本高、能耗高、治标不治本的问题而成立的科技型企业，国合基地通过与日本技术提供方对接，引进日本 WEP 水生态原位修复技术，并共同参与水生态修复技术在国内的研发与应用，协助国合水生态进行改进与试验。在完成项目小试、中试后顺利生产样机，国合基地提供实际市场需求信息，帮助国合水生态对接设计，并成功中标广西北流、四川五排 2 个示范应用项目，是一家专业从事饮用水水源地原位修复的科技型中小企业。

三、国合基地科技成果转移转化的经验

（1）强有力的技术支撑。国合基地设立生产型研发中心，并构建了完整的服务流程，通过对孵化企业全生命周期发展需求的分析研究，集合创新工场和孵化器、加速器等功能，提供办公场所 3 000 m^2，拥有 7 000 m^2 高标准生产型研发中心和 500 m^2 研发实验室，建设数控车床、龙门加工中心、激光切割机等完整装备制造生产线，可为孵化企业提供从设计构思与分析，到数字样机开发，物理样机制作，调试与优化，ODM、OEM 制造的一条龙服务。

（2）丰富的产业上下游配套。宜兴环保科技工业园作为我国唯一以发展环保产业为特色的国家级高新区，围绕水、土、气、固、声、仪 6 个领域，已经成为全国范围内产业链最完整、配套最齐全的产业集聚区。国合基地让需求与供给紧密结合，通过扎根产业集聚区，深度服务企业转型升级。产业集聚区企业蓬勃的技术原创和技

术升级需求也将成为创新示范基地重要的项目来源。与此同时，完整的产业资源也将为科技成果转化、技术应用示范和产业孵化培育提供关键性要素保障。

（3）完善的人才与队伍建设机制。国合基地与东南大学、湖北大学、天津大学等国内多所高校建立了长效合作机制，大力培育生态环境领域符合产业需求的相关技术，高校保障了平台高端人才的供应，平台提供公共服务平台，积极协助高端人才申请国家、省市区级人才补贴，以吸引并留住更多的专业人才。

（4）全链条的孵化与投资服务。国合基地拥有丰富的初创企业服务经验，建立了覆盖整个创新生态链的创新孵化体系，为孵化的项目提供全方位服务。依托现有公共服务平台，与国企合力，建立联合创新中心，协助中试项目寻找示范应用场景，开展产业化，并利用合作设立的基金对中试项目提供初期资金支持，加强与企业的价值强链接，并协助对接外部融资团队，解决运营融资难题。

（5）同行者计划。国合孵化模式推行"早期参与、一路同行、价值链接"的特色环保产业孵化模式。区别于传统 VC/PE 投资机构的财务/战略投资人角色，国合控股作为出资方全程参与合资公司组建、股权设计、股东方选择、经营团队组建与提升、知识产权（专利技术/非专利技术合法参与及有效保护）、核心战略梳理及建议、核心客户伙伴关系搭建等，以创业团队同行者的心态参与投前、投中、投后各孵化培育阶段，引导和帮助企业在设立初期建立严谨、审慎的内控合规管理体系，建立资本市场对接通道。

（6）完备的平台职业经理人团队。为有效提高项目服务质量，提升团队职业化服务水平，建立健全市场化柔性用才机制，国合基地设立产业经理合伙人团队。产业经理合伙人团队成员主要定位为连续创业者，即具有 10 年以上行业从业经验，具有较高的专业化能力和行业渠道资源；采用"1+3"的形式，即由 1 名产业经理合伙人和 3 名孵化器经营管理团队成员组成工作小组，以孵化成立产业化公司为目标，围绕推进科技成果转化、提升项目成熟度提供相关服务。

参考文献

[1] 孙敬锋,高晨宇,王昊,等.生态环境科技成果转化瓶颈与对策分析[J].环境保护,2022,50(19):65-68.

[2] 曹茜,周雯,魏东洋,等.面向生态环境科技成果转化的产业基金研究及实践案例分析[J].环境保护科学,2023,49(4):1-8.

[3] 徐金英,叶晔,魏东洋,等.我国生态环境产业技术创新战略联盟建设案例分析及国际经验借鉴研究[J].环境保护科学,2023,49(4):9-14.

第十章 中国水治理产业低碳化发展的趋势与前景

第一节 水治理产业低碳化发展的政策导向

一、政策背景

(一)全球气候变化挑战

全球气候变化的政治背景是一个复杂而多维的议题,涵盖国际关系、经济发展、环境保护和社会公正等多个方面。根据联合国政府间气候变化专门委员会(IPCC)发布的《气候变化2023》报告,全球气温已上升1.1℃,极端天气事件频繁发生,海平面上升等问题日益严峻,这要求全球采取紧急行动,减少温室气体排放并提升气候韧性。随着这些挑战的加剧,各国政府逐渐意识到应对气候变化不仅是一项环境问题,更是一项涉及经济安全和社会发展的重要议题。

各国在应对气候变化方面的政策和行动表现出不同特点。例如,欧洲联盟通过《欧洲绿色协议》设定了在2050年前实现碳中和的目标,并在此过程中推动可再生能源的使用和能源效率的提升。与此同时,发展中国家则面临着更为复杂的挑战。尽管这些国家在历史上排放的温室气体相对较少,但它们在应对气候变化带来的影响时,往往表现出脆弱性。

以中国为例,我国政府高度重视气候变化问题,将其纳入国家发展战略,并制定了具体的目标和措施。中国承诺在2030年前实现碳达峰,2060年前实现碳中和。这一承诺不仅体现了中国在全球气候治理中的责任感,也反映了其转型发展的决心。中国在"十四五"规划中明确提出了提高城市生活污水集中收集率和污水处理率的目标,显示了在水治理领域的政策导向。

水治理产业作为基础设施的重要组成部分,其低碳化发展是应对气候变化的关键领域之一。中国的水环境治理行业在政策的大力支持下迅速发展,预计到2025年市场规模将达到1.43万亿元,年均复合增长率约为14.64%。这一增长不仅是政策推动的结果,更是对未来可持续发展和生态保护深刻理解的体现。

在《中共中央 国务院关于加快经济社会发展全面绿色转型的意见》中，中国政府提出了全面转型、协同转型、创新转型和安全转型的原则，旨在推动经济社会的全面绿色转型，构建人与自然的生命共同体。该文件的主要目标是到2030年，重点领域绿色转型取得积极进展，基本形成绿色生产和生活方式，显著增强减污降碳协同能力，进一步提高主要资源的利用效率，并完善支持绿色发展的政策和标准体系。到2035年，绿色低碳循环发展经济体系基本建立，绿色生产和生活方式广泛形成，减污降碳的协同增效显著提升。

除了政策目标，科技创新在推动水治理产业低碳化方面也发挥着重要作用。政府强调加强绿色低碳技术的研发与应用，推动水治理产业在技术创新方面取得进展，以提升整体减排能力。新技术的采用，如污水处理、节水设备和再生水利用等，正逐步改变传统水治理模式，提高了资源的利用效率。

然而，推动低碳化发展的过程中，仍面临诸多挑战。首先，水治理产业的技术和资金需求较高，尤其是在发展中国家，缺乏相应的技术支持和资金投入可能限制其转型进程。其次，政策实施过程中，地方政府和企业的积极性和配合程度将直接影响政策效果。最后，公众环保意识的提升也是实现水治理产业低碳化的关键因素。政府需要通过教育和宣传，引导公众积极参与环境保护，形成全社会共同参与的良好氛围。

总的来说，全球气候变化的挑战呼唤各国政府采取更为积极和有效的应对措施。中国在此过程中，通过设定明确的减排目标、构建政策框架、推动重点行业的绿色升级和实施协同减排机制，为水治理产业的低碳化发展提供了坚实的基础。随着技术的进步和政策的完善，中国的水治理产业将为应对气候变化、实现可持续发展目标做出更大贡献。通过这些努力，各国不仅能够应对气候变化带来的挑战，也能为经济增长和社会发展开辟新的机遇。

（二）国家绿色发展战略

在全球范围内，许多国家已将绿色发展纳入国家战略，通过政策引导和激励措施促进各行业向低碳、环保方向转型。中国的绿色发展战略涵盖了多个层面，展现出应对气候变化和促进可持续发展的深刻承诺。

中国政府强调优化国土空间开发和保护格局，建立全国统一的国土空间规划体系。该体系不仅严守耕地和生态保护红线，还加快建设以国家公园为主体的自然保护地体系。《全国国土空间规划纲要（2021—2035年）》首次全面完成了全国生态保护红线的划定，以保障生态安全和生物多样性。相关研究指出，这种陆海协同的可持续发展模式有效平衡了经济发展与生态保护之间的关系，促进了环境治理的系统性和协调性。

在传统产业的绿色低碳改造方面，政府积极鼓励钢铁、石化等行业进行技术改造，推广节能和清洁生产技术。这些措施不仅有助于降低污染物排放，还能提高资源利用效率。《中国制造2025》中明确提出要推动传统产业的智能化、绿色化转型，促进高技术和高附加值产业的发展。推动绿色转型的政策能够有效提升产业竞争力，带动经济高质量发展。

在能源转型方面，中国政府采取了一系列重要措施，强调在清洁高效利用化石能源的同时，积极推动风电、光伏等非化石能源的发展，努力构建新型电力系统。《关于加快经济社会发展全面绿色转型的意见》提出，稳妥推进能源绿色低碳转型，强调加强化石能源清洁高效利用，大力发展非化石能源，明确要求加快西北风电光伏、西南水电、海上风电等清洁能源基地建设，积极发展分布式光伏和分散式风电。

在交通运输领域，政府正在优化运输结构，推广新能源汽车，并加快绿色交通基础设施的建设。同时，在城乡建设方面，积极推进绿色转型，推行绿色规划建设方式，发展低碳建筑，促进农村的绿色发展和消费模式转变。《"十四五"建筑节能与绿色建筑发展规划》要求，围绕落实我国2030年前碳达峰与2060年前碳中和目标，立足城乡建设绿色发展，提高建筑绿色低碳发展质量，降低建筑能源资源消耗，转变城乡建设发展方式，为2030年实现城乡建设领域碳达峰奠定坚实基础。相关研究表明，绿色建筑的推广可以显著降低能源消耗，提高资源利用效率。

乡村振兴战略中也强调了生态文明建设的重要性，倡导在农村地区推动绿色产业和生态保护的融合。政策的实施不仅促进了经济的可持续发展，也为生态环境的保护提供了有力保障。根据研究，乡村振兴与生态保护的有机结合能够推动农村的可持续发展，增强农村地区的环境韧性。

通过以上措施，中国的绿色发展战略展示了其在全球气候治理中的责任感和决心，为应对气候变化和实现可持续发展目标提供了坚实基础。

（三）公众环保意识提升

公众环保意识的提升是中国政府推动绿色发展政策的重要背景之一。随着社会对生态环境保护的重视，政府采取了一系列措施，以促进公民的环保行为和绿色生活方式，旨在构建全社会共同参与的生态环境保护体系。

首先，生态文明教育被纳入国民教育体系，旨在通过学校和社会教育提高公民的环保意识和生态意识，鼓励公众积极参与生态环境保护。此外，政府通过《环境影响评价公众参与办法》等法规，保障公众在环境影响评价过程中的知情权、参与权和监督权，确保公众能够参与环境保护的决策与监督。

其次，政府倡导简约适度、绿色低碳的生活方式，鼓励公众减少污染产生、节约能源，并积极参与垃圾分类等环保活动。同时，生态环境志愿服务工作机制的建立，鼓励公众参与环保志愿活动，形成全社会共同参与生态环境保护的良好氛围。为了引导公众选择绿色产品，政府还通过推广绿色产品和实施绿色采购政策，促进绿色消费市场的扩大。

最后，政府加强环境信息公开，保障公众的知情权，鼓励公众参与监督企业的环境行为，提高企业的环保责任。《"美丽中国，我是行动者"提升公民生态文明意识行动计划（2021—2025年）》的实施，明确了全国生态文明宣传教育工作的指导思想和具体行动，推动生态环境治理的全民参与。

这些政策和措施体现了中国政府在提升公众环保意识和推动水治理产业环境友好性转型方面的努力和承诺。通过实施这些政策，旨在促进绿色低碳发展，实现人与自然的和谐共生。

二、政策导向分析

（一）减排目标设定

中国政府通过设定明确的碳排放减少目标，积极引导水治理产业采取有效措施，以减少生产运营中的温室气体排放。这一政策导向体现在多个方面。

根据《"十四五"节能减排综合工作方案》，到2025年，全国单位国内生产总值的能源消耗将比2020年下降13.5%，而化学需氧量、氨氮、氮氧化物和挥发性有机物的排放总量比2020年分别下降8%、8%、10%以上和10%以上。这些具体的减排目标为水治理产业提供了清晰的方向和动力。

《中共中央 国务院关于完整准确全面贯彻新发展理念做好碳达峰碳中和工作的意见》中强调了绿色转型的重要性，要求各地区和部门根据实际情况制定实施方案，确保减排目标的落实。同时，政府特别提到要推进钢铁、有色金属、建材和石化化工等重点行业的节能改造和污染物深度治理，这些行业的绿色转型将直接影响水治理产业的减排效果。

在促进水治理产业与其他行业的联动发展方面，政府充分利用现有生态环境制度体系协同促进低碳发展，创新政策措施，优化治理路线，推动减污降碳协同增效。《减污降碳协同增效实施方案》强调了在水环境治理中推进碳排放控制的重要性，以实现环境效益和经济效益的双赢。此外，政府正在推进全国碳排放权交易市场的建设，鼓励企业通过市场化手段实现减排目标，从而为水治理产业提供灵活的减排路径，促进资源的高效配置。

多项政策文件都强调了加强绿色低碳技术的研发与应用，以推动水治理产业在实现减排目标方面的持续进步。通过这些措施，中国政府为水治理产业的绿色转型和可持续发展提供了坚实的政策保障和发展动力。

（二）技术创新与应用推广

在全球气候变化的背景下，中国政府高度重视技术创新在水治理产业中的作用，特别是在节能和降碳方面。政策导向明确支持低碳技术的研发与应用，如水处理过程中的能源回收技术和智能化管理系统，这些措施旨在推动绿色低碳发展。

根据《2024—2025年节能降碳行动方案》，中国政府设定了具体的节能和降碳目标，旨在降低单位国内生产总值的能源消耗和二氧化碳排放，同时提升非化石能源消费的比重。这些目标促使水治理产业采取有效措施，减少生产运营中的温室气体排放，具体举措包括优化能源结构、提升能效和推广清洁能源。通过技术改造，水处理设施能够实现高效的能源利用，从而降低运营成本和环境影响。

国家发展改革委办公厅印发的《绿色低碳先进技术示范项目清单（第一批）》标志着政府对绿色低碳技术示范应用的支持。这一政策不仅推动水处理领域的技术进步，还为后续的广泛应用提供了重要的数据和经验基础。例如，某些水处理厂成功使用了能源回收技术，显著降低了整体能耗。

智能化管理系统的引入则进一步提升了水治理产业的运营效率。通过采用物联网、大数据分析和人工智能等先进技术，这些系统能够实时监控水处理过程，实现资源的高效配置，最大限度地减少资源浪费。这种智能化的管理方式为运营决策提供了科学依据，有助于实现环境影响的最小化。

为支持技术创新，政府通过预算内投资及其他财政资金渠道，为符合条件的绿色低碳技术示范项目提供资金支持。此外，政策还积极鼓励金融机构和社会资本参与示范项目建设，确保技术创新获得充分的资金保障。

（三）经济激励与补贴政策

为了确保绿色低碳技术在水治理产业中的创新与应用能够顺利推进，中国政府通过多种经济激励与补贴政策为企业的转型提供了有力支持。中央财政预算内投资及其他财政资金渠道被广泛应用于支持符合条件的绿色低碳技术示范项目建设。《绿色低碳先进技术示范项目清单（第一批）》明确提出，将充分发挥中央财政资金的引导作用，统筹利用现有中央预算内投资渠道，对符合条件的示范项目进行重点扶持。这些示范项目涵盖了节能降碳、智能化管理和水处理工艺改进等关键领域，旨在通过创新技术的示范效应，推动整个水治理行业向低碳、环保方向发展。

具体而言，政府采取了多项措施以确保财政资金的有效配置。中央政府将通过预算内专项资金，优先支持绿色低碳技术的研发与应用。对于符合条件的示范项目，政府不仅提供直接的财政补贴，还将为企业在项目建设初期提供低息贷款和税收减免等优惠政策，以减轻企业在技术开发和设备更新过程中所面临的资金压力。此外，政府还通过财政激励机制鼓励地方政府积极配套资金,加大对当地水治理企业的支持力度。这种中央与地方联动的资金支持模式,不仅能够有效分担财政压力,还能够激励地方政府因地制宜地制定和实施适合本地的水治理绿色转型政策。

为进一步激发社会资本参与的积极性,政府鼓励金融机构和社会资本参与示范项目的投资与建设,并提供相应的风险保障措施。通过引入社会资本,政府希望构建一个多元化的资金支持体系,使更多的资金能够流向绿色低碳技术的开发与应用领域。这一举措不仅为企业的技术创新提供了充足的资金支持,也为社会资本进入绿色产业领域提供了政策保障,降低了投资风险。

在经济激励政策方面,中央和地方政府均出台了一系列税收优惠政策。例如,对于符合条件的企业,在绿色低碳技术研发投入方面给予研发费用加计扣除,在设备购置和技术改造中享受增值税退税等优惠措施。这些财税政策的实施,显著降低了企业在绿色技术开发和应用中的成本负担,提高了企业采用新技术的积极性。

此外,为保障财政资金的使用效果,政府还建立了严格的监管和评估机制。针对获得补贴和投资支持的示范项目,政府将对项目的实施过程进行全程监督,确保资金使用的公开透明。同时,通过项目绩效评估和环境效益分析,及时了解和掌握示范项目的实际运行效果和技术应用效果。这不仅能够有效防范资金滥用和项目质量不达标的问题,还可以为未来政策的调整和优化提供依据。

总体而言,中国政府在水治理产业中的经济激励与补贴政策充分利用了财政资金的杠杆作用,通过中央与地方联动、财政与社会资本协同的方式,为企业的绿色转型和技术创新提供了有力保障。这些政策措施不仅显著降低了企业在低碳技术开发和应用中的成本,也为绿色技术的推广和应用奠定了坚实的经济基础,为实现国家的节能降碳目标和推动经济高质量发展提供了重要支撑。

三、政策意义

(一)促进产业可持续发展

政策导向对水治理产业的长期可持续发展具有深远的影响。随着全球对环境保护的重视,政府越来越认识到低碳化转型不仅有助于减轻环境负担,更能提高资源利用效率。根据《中华人民共和国环境保护法》和《水污染防治行动计划》,中国明确提出了推动水治理产业向绿色、可持续方向发展的要求。这些政策促进了生态文明建设,强调了资源的节约与高效利用。例如,"十四五"规划明确指出,要提升水资源管理能力和水环境治理水平,从而实现可持续发展目标。

通过低碳化转型,水治理产业不仅能够减少废水和污水对生态环境的影响,还能推动资源的循环利用。在这一过程中,企业可通过引入先进的污水处理技术和设备，提高废水的回用率，从而实现经济效益与环境效益的双赢。此外，政府还通过财政补贴和税收优惠等手段，鼓励企业进行技术改造和设备升级，以降低转型成本并提升竞争力。这种支持不仅体现了政府的政策导向，也为企业提供了实实在在的发展机遇。

（二）增强产业竞争力

低碳化政策的实施为水治理产业的竞争力提升提供了有力保障。政策引导企业采用先进技术和管理方法，不仅提高了生产效率，也提升了产品质量。根据《水污染防治行动计划》，中国政府鼓励企业在污水处理和水资源管理中应用新技术，以实现资源的高效利用。例如，利用膜分离、反渗透等先进技术，企业能够在降低能耗的同时，提高水处理效果，从而在国内外市场上占据优势地位。

进一步而言，通过技术创新和管理优化，企业能够更好地满足市场需求。面对日益严格的环保法规和市场竞争压力，水治理企业必须提升自身的技术能力与管理水平，以保持竞争优势。政策的支持使企业在技术研发、设备更新和管理模式创新等方面获得了更多的资源和机会。随着市场对环保产品和服务需求的增加，水治理产业的竞争格局也随之发生变化。

（三）实现社会经济双重效益

水治理产业的低碳化发展不仅关注环境保护，还能为经济发展和社会进步创造新的机遇。根据《中华人民共和国国民经济和社会发展第十四个五年规划和2035年远景目标纲要》，中国将大力发展绿色经济，推动可持续发展。低碳化转型的过程中，企业通过采用新技术和新工艺，不仅减少了环境污染，也为社会创造了大量的就业机会。例如，发展绿色技术和服务领域，吸引更多的人才进入这一行业，推动人力资源的优化配置。

此外，低碳化发展还能够刺激相关产业的增长，形成新的经济增长点。在水治理领域，随着绿色技术的推广和应用，企业可以开发出更多的环保产品和服务，从而推动经济的全面发展。在这一过程中，政府通过政策引导和资金支持，鼓励企业进行创新，推动产业结构调整，进而实现社会经济的双重效益。

（四）响应国际环保承诺

治理产业的低碳化发展是中国政府积极响应国际环保协议和承诺的重要体现。根据《巴黎协定》，各国应共同努力应对气候变化，而中国作为全球最大的温室气体排放国，承担着重要的国际责任。通过推动水治理产业的低碳化发展，中国不仅展示了在全球气候治理中的责任感，也提升了国家的国际形象。

政府在关于"十四五"生态环境保护规划的多个文件中提出了明确的环保目标，强调要提升国家在国际环保领域的影响力。这一政策导向促使水治理产业在技术创新和市场拓展上更加注重国际合作。通过与其他国家和地区的技术交流与合作，水治理企业能够引进先进的管理理念和技术，从而提升自身的核心竞争力和国际影响力。

总之，水治理产业的低碳化发展不仅有助于实现生态环境的保护，还能够推动经济增长和社会进步。通过政策的引导与支持，产业将迎来新的发展机遇，并在全球环境治理中发挥更大的作用。在这一过程中，政府、企业和社会各界需共同努力，以实现可持续发展的目标。

第二节 水治理产业低碳化发展面临的挑战与机遇

一、水治理产业低碳化发展面临的挑战

（一）从业人员认识不足

从业人员对低碳化重要性的认识不足，缺乏足够的培训和教育，这限制了低碳技术的采纳和推广。传统污水处理主要专注于废物处理，基本原则是用能耗来换取水质的提升。然而，面向未来的污水处理，更多地是将能源和资源回收作为实现水务部门碳中和的核心策略。这不仅仅是让污水处理厂实现能量的自给自足，还包括对设备的维护和升级、污水处理的能耗和物耗以及污泥处理的运输与利用等环节在内的全生命周期排放的综合考量。因此，需要提升从业人员对水务行业实现碳中和目标的理解；强化培训，提升从业人员的思想，使其深刻认识到碳中和对经济和社会转型的重要影响及其对水务行业的迫切需求；水务行业作为环保领域的一部分，应认识到在追求碳中和目标的过程中面临着新的发展机遇；鼓励从业人员积极探索在碳中和框架下，成为促进水务行业高质量转型和发展的新动力。

（二）技术储备不足

我国污水处理水平与发达国家相比存在差距，特别是农村污水处理技术水平较低，缺乏专业运营人员，单位能耗较高，难以适应低碳化发展的需求。另外，污水处理级别越高，能耗越高，相应的温室气体排放也越高。随着污水处理标准的提升，水务行业将面临更大的节能降碳压力，需要加强污水环境领域的低碳技术研发。因此，

产业内部应调整水务产业的布局和流程结构，推动工艺和装备向智能化升级，实现全流程的碳减排效果。完善产品从研发到评价再到服务的全生命周期技术体系，构建以产品为中心的上下游生态网络，提高水务产品和水利工程的性能及使用寿命。推广环保、轻便、耐用、可回收的高性能水务产品，实施生态设计和低碳生产策略，向下游客户提供绿色低碳的水务解决方案，通过产业链的协作减少碳排放，并关注新型温室气体减排技术的开发与实施，特别是针对非二氧化碳温室气体的减排技术。

（三）公益属性限制

水治理项目往往需要大量资金投入，而公益属性可能导致资金筹集困难，较高的运营和管理成本限制了企业在低碳技术改造和升级方面的投入。

（四）政策与市场驱动不足

虽然已有一些政策支持，但与低碳化发展相关的经济政策、技术标准、法规体系尚需进一步完善，以激励和规范低碳技术的推广和应用。增强政府资金的引导作用，积极促进社会资本的参与，扩展有效的投资渠道，通过多种途径筹集水务部门的转型升级资金。研究水务行业加入碳排放权交易市场的可能性，评估碳市场试点和交易机制以及履约政策对该行业的影响。

（五）管理机制不健全

减污降碳的管理机制尚未建立，相关法律法规、标准规范中协同控制温室气体排放的要求尚不完善，需要将水污染源管控体系与减污降碳需求充分融合。

（六）经济政策支持有限

需要通过加大对绿色低碳项目投资和财政补贴等直接支持政策，以及探索通过排污权交易、碳交易等政策机制提升市场作用。

二、水治理产业低碳化发展的机遇

（一）政策支持

国家层面对碳达峰、碳中和目标的重视为水治理产业提供了政策支持和发展方向。

（1）绿色债券政策。近年来，我国绿色债券市场的基础性制度不断统一，市场发展更加规范。新发布的《绿色债券支持项目目录（2021年版）》对绿色项目的界定更加科学，规范了国内统一标准，并与国际通行标准和规范进一步趋同。中国人民银行联合多部门印发了《关于进一步强化金融支持绿色低碳发展的指导意见》。该指导意见的主要目标是在未来 5 年内基本构建起国际领先的金融支持绿色低碳发展体系，并达成到 2035 年，各类经济金融绿色低碳政策协同高效推进，金融支持绿色低碳发展的标准体系和政策支持体系更加成熟的目标。

（2）减污降碳协同增效。生态环境部联合多部门印发的《减污降碳协同增效实施方案》中，明确提出在推进水环境治理环节进行碳排放协同控制，增强污染防治与碳排放治理的协调性，实现环境效益、气候效益、经济效益多赢。

（3）节能降碳行动方案。国务院发布的《2024—2025 年节能降碳行动方案》中，提出了化石能源消费减量替代、非化石能源消费提升、钢铁行业节能降碳、石化化工行业节能降碳、有色金属行业节能降碳、建材行业节能降碳、建筑节能降碳、交通运输节能降碳、公共机构节能降碳、用能产品设备节能降碳等一系列行动，旨在推动各行业的节能降碳。

（4）美丽中国建设意见。《中共中央 国务院关于全面推进美丽中国建设的意见》中，提出了优化国土空间开发保护格局、积极稳妥推进碳达峰碳中和、统筹推进重点领域绿色低碳发展、持续深入推进污染防治攻坚等措施，为水生态环境产业的低碳化发展提供了政策指导和支持。

（二）市场需求增长

随着环保意识的提升，市场对低碳、环保的水治理技术和服务的需求不断增长。近年来，我国环境治理逐渐转向了大区域、大项目综合模式，整个产业链也不断延伸完善。环保行业产业链的上游主要由原材料、设备供应商构成；中游是污染处理供应商、运维服务商，在这一环节会涉及大量资源投入；下游主要涉及环境污染产出行业，如煤化工、石油化工、纺织、金属等污染产出方。未来，产业链可以纳入更广泛的清洁能源市场和碳排放交易市场，以更深入、更系统地探索绿色经济中的风险溢出效应。作为全球最大的能源消费国与可再生能源市场的领跑者，中国通过持续推动清洁能源转型和环境政策创新，已成功构建起兼具经济竞争力与生态可持续性的战略优势。"双碳"目标的设定为市场指明了清晰的发展路径，未来的中国市场应在把握市场机遇的同时，进一步评估潜在风险，将风险溢出效应的测量细化为不同的分位数，探索各种市场条件下的风险溢出效应。

（三）技术创新潜力

水治理产业在新技术、新材料、新工艺方面具有巨大的创新潜力。通过引入先进的厌氧硝化技术和其他新兴技术，可以在降低碳排放的同时，提高废水处理效率。研究表明，在低能耗和低碳排放的情况下，不断引进和应用新技术，实现高效氮去除，是提升废水处理行业碳排放效率的重要途径。另外，积极开展数字化转型，也有利于促进企业低碳创新、实质性低碳创新和战略性低碳创新的整体水平。

（四）数字化转型

数字化技术的应用可以提高水治理效率，降低运营成本，促进低碳化发展。尤其对于规模大、属于高垄断行业、地处高市场化地区的企业来说，推动数字化转型比实质性低碳创新的效果更为显著，更有利于战略性低碳创新发展。并且，通过众多碳减排的实践发现，分配和目标不匹配易导致减排不平等，而数字技术创新（DTI）有望缩小这些差距。DTI可以有力缓解中国的碳不平等局面，通过收入均衡、空间集聚和数字包容性效应强化碳平衡。

（1）构建智慧水务系统。利用云计算、大数据、人工智能和5G等信息与通信技术（ICT），实现水文、水质的实时监测和信息共享，提高水务管理的智能化水平。

（2）数字孪生技术。通过创建物理水系统的虚拟副本，实现对水利工程的可视化展示、智能化模拟和前瞻性预演，从而优化水利工程的规划、设计和调度。

（3）数据采集与分析。加强水文、水资源、水环境、水生态等数据的收集和管理，利用数据分析进行决策支持，提高水资源管理的精准性和效率。

（4）应用自动化和智能化设备。在水处理过程中使用智能水泵、智能阀门等自动化设备，减少人力成本，提高运行效率和响应速度。

（5）优化调度和资源配置。通过智慧调控系统，实现对水厂、泵站、管网等的集中监视和远程控制，优化水资源的分配和调度。

（6）管网漏损控制。利用数字化技术监测和控制供水管网漏损，降低水资源浪费和运行成本。

（7）水环境治理。采用数字化手段对水环境进行系统治理，如通过智慧治水模式，构建水循环管理系统，提高治水效率和效果。

（8）推动水价改革。建立与污染物收集量和削减量实际贡献为核心的计价付费体系，实现污水价格市场化，促进水资源的可持续利用。

（9）提升生态产品价值。通过数字化手段提高生态产品的经济价值，如将污水处理厂转变为资源厂，实现水、肥、气的综合利用。

（10）网络安全和态势感知。构建网络安全态势感知平台，确保水利信息系统的安全稳定运行，为数字化转型提供安全保障。

（五）资源循环利用

在当今全球气候变化和资源短缺的背景下，水环境治理产业的低碳化发展已成为必然趋势。而在这一过程中，资源循环利用，尤其是再生水的循环利用，不仅是解决水资源短缺的重要手段，更是水治理行业实现低碳化发展的关键机遇。

水治理过程中的资源循环利用具有显著的低碳化潜力。再生水的循环利用通过对污水进行深度处理和净化，使其达到再利用标准，从而替代部分传统水资源。这一过程不仅减少了对天然水源的依赖，还显著降低了污水处理和水资源调配的能耗。例如，再生水用于工业回用、市政杂用和生态补水，能够有效减少传统水资源开发过程中的碳排放，从而降低污水处理厂的能耗和温室气体排放。近年来，随着水处理技术的不断进步，节能型工艺和低碳技术的推广，以及物联网、大数据和人工智能等新技术的应用，水治理过程变得更加高效和低碳，为行业的低碳化转型提供了有力的技术支持。

同时，资源循环利用也为水治理行业带来了巨大的市场。国家和地方政府对再生水利用的重视程度不断提高，出台了一系列政策支持再生水循环利用项目。例如，《关于推进污水资源化利用的指导意见》《区域再生水循环利用试点实施方案》等政策文件，明确了再生水利用的发展方向和具体措施，为再生水利用提供了制度保障。这些政策不仅激发了市场潜力，还推动了相关产业的发展，为水治理行业的低碳化转型提供了有力的政策支持。

再生水作为一种非常规水源，能够有效缓解水资源短缺问题，特别是在缺水地区和水环境敏感区域。通过再生水循环利用，可以构建常规水源与非常规水源互补的供水体系，提高区域水资源的利用效率和供水韧性。例如，再生水用于生态补水，能够解决生态基流不足的问题，改善水生态环境，提升区域生态系统的服务功能。与此同时，再生水循环利用项目的实施，不仅降低了用水成本，还促进了绿色生产方式和生活方式的形成，推动了绿色经济的发展。例如，再生水用于工业生产，能够降低企业的用水成本，提升企业的竞争力；用于市政杂用和景观绿化，则能够改善城市环境，推动旅游业等第三产业的发展。

未来，水治理行业应抓住资源循环利用这一重要机遇，进一步加强技术创新，完善政策法规，加大资金投入，推动再生水利用的规模化和产业化发展。通过优化水资源配置、降低能耗和碳排放，水治理行业不仅能够实现自身的低碳转型，还能为经济社会的可持续发展提供有力支撑。总之，资源循环利用是水治理行业低碳化发展的必然选择，也是实现碳达峰、碳中和目标的重要途径。通过抓住这一机遇，水治理行业将迈向更加绿色、低碳和可持续的未来。

（六）绿色金融发展

绿色金融工具的发展为水治理项目提供了新的融资渠道。我国将继续发展包括绿色信贷、绿色债券、绿色保险、绿色基金、绿色信托以及碳金融产品等在内的多层次绿色金融产品和市场体系，以支持绿色低碳发展。同时，国际合作也将是绿色金融发展的重要组成部分，特别是通过"一带一路"倡议推动绿色投资，实现经济、社会和环境的可持续协调发展。一个地区的碳排放量增加会阻碍当地和邻近地区的绿色金融增长，这凸显了绿色金融发展区域间合作的必要性。因此，建议经济发达地区集中转型升级产业结构，以刺激邻近地区的增长；经济欠发达地区应利用绿色金融推动可持续和高质量的经济发展。气候变化是一个全球性问题，需要跨国界的协作方法。这不仅需要在大国之间达成协议，还需要促进邻国之间的协同发展。绿色金融的显著发展还促进了清洁能源投资。绿色金融提供灵活、可持续的金融支持，有效降低清洁能源项目的融资壁垒，促进水电项目的发展。政府与公众的协同作用构成绿色金融发展与清洁能源（水电）投资之间的关键正向调节机制。一方面，政府通过制定与执行环境政策推动绿色金融实践深化；另一方面，公众对环境议题的持续关注形成政策反馈闭环，显著放大了环境治理的乘数效应。这种双向互动构建了政策传导的高效路径，使环境资本与绿色转型形成正反馈循环。

第三节　水环境治理产业低碳化发展前景

一、减污降碳协同增效

"十四五"时期，我国开启了减污降碳协同增效促进经济社会全面绿色转型的新篇章。在系统梳理我国围绕源头防控、重点领域、环境治理等多领域，区域、省级、城市、产业园区等多层次取得的减污降碳协同创新进展及成效的基础上，针对实践中面临的突出问题，提出加强减污降碳政策融合和协同机制创新、加强重点领域减污降碳协同技术路径创新、深化多层次减污降碳协同创新示范、强化减污降碳协同财政金融支持、构建多层次减污降碳综合评价考核体系等建议，为持续强化多领域多层次减污降碳协同创新提供支撑，助力美丽中国建设及"双碳"战略的落实。《减污降碳协同增效实施方案》的发布，明确了要走推进水环境治理环节的碳排放协同控制，实现环境效益、气候效益、经济效益的多赢的发展路线。工程设计需要在污水处理的全流程中，协同推进污染物削减与温室气体减排。通过优化工艺选择、技术路线、管理模式等，全面提高污水处理综合效能，实现减污降碳的目标。

（一）污染源头控制

在水环境治理中，通过优化工艺和提高处理效率，减少污染物的排放，实现源头减污。同时，采用低碳技术减少能源消耗和温室气体排放，达到减污降碳的双重目标。在《减污降碳协同增效实施方案》中，将加强源头防控作为工作原则和重点任务，从强化生态环境分区管控、加强生态环境准入管理等方面强化源头减污降碳协同增效。自2022年以来，生态环境部选取了7个城市、5个区（县）、4个园区作为试点，推进"三线一单"生态环境分区管控减污降碳协同管控机制探索与实践，取得了初步成效。作为国家"三线一单"减污降碳协同管控试点城市，湖南省湘潭市在原有"三线一单"工作底图的基础上，增加一张碳排放工作底图，以大数据和空间地理信息系统（GIS）技术构建大气污染、碳排放和碳汇一体化的空间数据清单，形成重点行业推荐低碳技术清单、碳排放和大气排放识别清单及生态环境准入优化清单，初步确定了减污降碳协同、增绿增汇协同的管控分区，强化减污降碳分区管控协同。生态环境部陆续出台《关于开展重点行业建设项目碳排放环境影响评价试点的通知》《关于在产业园区规划环评中开展碳排放评价试点的通知》，率先选择河北、山东、浙江、广东、重庆等9个省（市）和7个产业园区，聚焦电力、钢铁、建材、有色、石化和化工等重点行业开展碳排放环境影响评价试点。在试点基础上，截至2023年，已有14个省（区、市）印发工作通知或配套技术指南，碳排放环境影响评价的行业覆盖范围也在试点基础上有所扩展。在国家层面，生态环境部印发的《重点行业建设项目碳排放环境影响评价试点技术指南（试行）》要求开展基于碳排放量最小的废气和废水污染治理设施和预防措施的多方案比选，在保证环境质量因子或污染物排放达标，且环境影响可接受的前提下，优先选择碳排放量最小的污染防治措施方案。在地方层面，《广东省石化行业建设项目碳排放环境影响评价编制指南（试行）》要求针对不同的碳排放单元，对其减污降碳相关指标进行核算并形成减污降碳指标体系，给出污染物和CO_2协同控制的优化方案；《海南省建设项目碳排放环境影响评价技术指南（试行）》则鼓励重点行业从设备选型、节能技术等方面，优先使用污染物和温室气体正协同减排技术，替代或淘汰负协同减排技术，现阶段确实无法实现污染物和温室气体正协同减排的，则提出协同控制的最优方案。

（二）过程管理优化

利用数字化技术对污水处理过程进行实时监控和智能调控，提高能源使用效率，减少不必要的能源浪费，并通过精细化管理降低碳足迹。党的二十大强调，"碳达峰、碳中和"是当前我国面临的重大挑战，要大力发展数字经济，全面规划"数字中国"。在当前"双碳"战略的大背景下，传统产业面临着巨大的能耗压力，而数字化技术在资源、能源、环境等领域的广泛应用，尤其是碳中和、碳达峰目标达成方面，更是具有较强的可行性基础。随着人工智能和信息技术的快速发展，"双碳"战略的实施也将为我国经济社会的可持续发展提供有力的技术支撑。数字经济正在引起系统的经济和社会变革，传统产业数字化转型实质上是将数字技术与传统产业深度结合，使其发挥出巨大的发展价值。在数字化转型进程中，传统工业的转变取决于地区的资源禀赋与行业结构的方向和方法。相关企业可以通过不断学习来提升自己的能力，满足市场的需要，有效节约运作成本，提升整体运作效率和自身的市场竞争能力。可以说，数字技术的普及，对传统产业的转型、资源的优化配置和减排具有重要意义。数字经济与"双碳"是目前社会各界普遍关注的热点话题，而基于数字经济与低碳相结合、以"双碳"的目标为导向的传统产业发展还处于初级阶段，因此，如何以"双碳"目标为导向，深度融合数字经济与低碳发展，推动传统产业转型升级，是当前亟待解决的重要课题。

1. 新一代数字技术为平稳实现"双碳"目标提供新动力

当前，全球正在经历一场由新一代数字信息技术（如机器学习、互联网、大数据等）引领的变革，随着科技的发展，信息技术在各个行业中的应用越来越广泛，对传统产业的生产模式、经济结构也产生了深远的影响。在"双碳"背景下，我国的能源结构和经济发展方式将发生根本性的转变。使用新一代数字技术，可以在包括区域治理和宏观政策制定等层面上，为"双碳"目标的顺利实施提供一种新的动力。从能耗角度看，新一轮数字化转型对提高我国节能减排重大项目、零碳技术示范项目运行效率等具有重要意义，同时，新一代数字化技术能够帮助企业和相关园区综合提高自身的低碳管理水平，达到精细生产、降低浪费、实现碳减排的智能化目的。从能源供应角度看，数字化的改造还可以对能源体系进行进一步的优化；从区域治理层面看，数字化技术为我国低碳地区的监测和治理带来空前的发展契机，如通过对某地区不同类型的能源设施及排放源进行综合监控，及时掌握该地区的能源消耗及碳排放情况，能够为政府部门制定相关政策提供参考；从整体的宏观角度看，大规模的碳信息平台和追溯系统也为构建统一、综合的碳排放统计核算系统奠定了基础。

2. 数字化转型对传统产业促进"双碳"发展的作用机理

数字化转型赋能传统产业，通过精准能效管理、优化生产流程，减少能耗与排放，促进绿色低碳技术创新应用，加速产业低碳转型步伐，为"双碳"目标实现提供强有力支撑。

（1）数据驱动生产模式的低碳转型与升级

当前，社会普遍认为"碳排放"的根本原因在于，我国传统产业及其相关产业严重依赖于化石能源，忽略了低碳环保等方面，因此，实现"双碳"目标的关键在于对传统产业进行数字化改造。首先，要在当前的数字化变革中，将数据资源和其他生产要素充分结合，通过线上的信息平台，确保能够在网络中进行实时交易，从而提高交易的透明度、降低交易成本，并进一步提升资源的整体分配质量和综合竞争能力，提升企业的生产效率。其次，通过对数据的识别、过滤、存储和利用，诸如人工智能之类的数字科技，提升对大数据的处理能力，帮助传统产业提高工作效率，并充分连接生产和消费两个层面，实现对每一阶段能耗和节能空间的深度分析，使数字技术的变革和优化作用得到最大程度的发挥，从而建立起一种更高效、更有秩序的生产模式，达到最大限度地降低碳排放量的效果。最后，在当前传统产业数字化转型中，还应有囊括信息传递、数据收集与分析，以及过程优化等一系列的运转工作。这类工作可以让相关企业实现资源的节约，并降低运营成本，提高整体经济效益，同时，还可以产生技术外溢效果，鼓励企业持续地进行绿色创新，优化自身低碳水平。

（2）资源分配效率新兴数字技术的积极效益

数字化转型通过数字化监测与重构传统产业的生产流程，优化已有的生产要素，以提高资源利用效率，减少碳排放，推动工业低碳发展。首先，对于一些企业来说，数字化技术可以有效地解决信息不对称等问题，在降低企业成本的同时提高工作效率。相关企业可以将客户的需求与企业的信息等进行有效的集成，对内部生产过程数据进行分析，从而对市场的需要做出相应的调整，减少由市场失效造成的资源误配置，进一步预防或降低资源浪费等现象的发生率。与此同时，企业外部监管机构和潜在的投资者也能在数字化系统中实时了解企业相关情况，从而有效地减少企业漏报、隐瞒情况。其次，以数字化为依托，通过数字化转型和升级，可以对传统工业的生产、运输、消费等各个方面进行有效的推进，让产业链数字化，降低不必要的经济损失。通过科技革新，让所有商业流程，如生产、管理、行销，都完成数字化转型，提高各个部门的运作效率，也有利于减少生产成本，提高工作效率和资源使用效率。最后，运用数字化技术，既能提高终端碳排放的科技程度，同时，还可以做到实时采集、监测、传输和分析生产数据，便于进行精细的管理，引导生产要素的优化配置。另外，借助数字化辅助平台，能够对线上与线下的各种资源进行更好地整合与统筹，降低原材料损耗，让产品与服务更具节能环保性，推动整个产业的绿色发展、低碳发展。

（3）新型产业在促进产业结构的优化和升级中发挥重要作用

通过对传统产业的数字化改造，促进跨行业合作，提高全要素生产率和产品附加值，改变企业原有经营模式，促进企业价值链跨越，推动实施"双碳"战略。首先，将数字技术更高效、绿色、低碳的特点融入产业体系，并通过数字技术向传统产业渗透和延伸，在实现智能化、绿色化的基础上提升其整体价值。同时，信息技术的发展和应用也可以促进生产要素由低效向高效转化，加快产业结构升级，降低行业整体碳排放。其次，将数字技术应用于传统产业，通过数字化生产提高生产效率，填补产业链和价值链的空白，促进产业边界软化、产业结构调整和产业升级。最后，数字化转型加速各种市场主体之间的信息流动，形成一些新的经济组织形式；数字化转型促进新兴产业与传统产业的融合，整体产业结构不断优化升级，实现节能减排；同时，数字化转型带来的产业结构调整也会在一定程度上抑制传统能源密集型产业，促进低碳产业发展，减少碳排放。此外，新兴产业带来新的经济增长点，不仅推动了经济的发展，而且逐步成为国家经济转型的新焦点。人工智能等代表型技术，为传统工业实现智能化、降低生产成本、提高生产效率提供了新的途径。

（4）消费理念在传统生活方式中的绿色低碳价值

数字化是改变传统生产方式的必然要求，也是减少"物质"浪费、减少资源浪费、提高人民生活质量的重要手段。数字化转型可以促进人们更准确、更有效地开展绿色消费，建立全社会的低碳体系。首先，数字技术的不断发展，使企业能够更好地提供更多绿色产品与工艺。例如，数字化转型就是在绿色产品设计、认证等环节中运用数字化技术，目的在于提升产品可辨识性、丰富产品的类型。其次，通过数字化技术的变革，可以促进人们消费观念的转变，优化人们绿色消费体验，同时，通过大数据、云计算等科技手段，可以精准地进行绿色商品的定向服务，并借助短视频等媒介，强化绿色消费理念的传播。最后，由于出现的数字科技在所有的生产和消费领域都变得越来越互联、越来越灵活、越来越自动化，根据供给方的需要，向客户提供个性化服务和精确化的商品，有利于促进消费者绿色消费观念的形成，实现低碳价值。

（三）末端治理与碳捕集

在水处理末端采用先进的碳捕集和利用技术，将产生的二氧化碳进行回收或转化为有用物质，减少大气排放，实现碳的循环利用。为了探索能源的低碳发展，综合能源系统的规划与运行、碳交易市场的建设、低碳技术的应用、碳排放的计量等研究越来越受到关注。诸多的研究成果为综合能源系统的低碳化发展指明了方向，通过清洁能源替代、碳捕集技术、多元化储能技术、能源互联互动、综合需求响应机制和碳交易机制等低碳技术手段和机制措施，以及清洁替代和能效提升来直接或者间接地降低能源系统的碳排放。低碳综合能源系统不仅实现了能源的清洁高效利用，还集成碳移除的设备，通过相应的技术捕集使用化石能源所排放的二氧化碳。在低碳综合能源系统中，碳捕集的应用范围更为广泛，如燃煤去碳、燃气去碳、生物质去碳等，化石燃料燃烧的环节均可引入碳捕集装置。碳捕集技术可以提高低碳综合能源系统能源生产设备的清洁化水平；碳捕集技术搭配余热回收等循环利用装置，可以提高能源的循环利用效率，减少能源消费；碳捕集技术与多能生产和转换设备的深度耦合，有助于多种能源灵活互补转化，进而促进清洁能源的消纳。因此，低碳综合能源系统中碳捕集技术的节能减排潜力主要体现在碳捕集利用与封存、能量循环利用特性和系统灵活运行特性几个方面。

1. 碳捕集利用与封存

CCUS技术是实现火电机组低碳改造的关键技术，对于建立清洁低碳的新型能源体系具有积极的意义。碳捕集机组相比于传统火电机组具备更大的出力调节范围，能够为能源系统提供更多的灵活性资源；碳捕集机组实现了化石能源的高效清洁利用，有效地减少了火电机组的碳排放，是低碳综合能源系统发挥低碳作用的重要支撑。目前，CCUS技术在我国的发展和应用尚处于起步阶段，需要加大技术研发和资金扶持力度、推广示范项目及商业化应用，助力我国"双碳"目标的实现。

2. 能量循环利用特性

低碳综合能源系统中碳捕集装置捕获的二氧化碳可作为电转气的原料制取甲烷等，对于碳捕集产生的富余热能也可进行回收循环利用，可以降低系统的碳排放，提高系统的综合利用效率。相关研究已构建了碳捕集与电转气协同的低碳调度模型，基于碳捕集系统将捕获的二氧化碳作为制取甲烷的原料，减少系统碳排放的同时提高系统运行的经济性。

3. 系统灵活运行特性

在碳捕集系统中引入溶液存储器等设备，可以使碳捕集系统的碳捕集状态与机组出力在一定程度上解耦，灵活分配碳捕集系统的功率输出与碳捕集功率消耗。碳捕集系统综合、灵活的运行方式，具有良好的调峰性能和备用特性，可以调节系统的净出力范围与碳捕集水平，提高系统的灵活性能力，实现系统的低碳经济运行。

二、资源化再生与循环利用

污水资源化利用是指污水经无害化处理达到特定水质标准，作为再生水替代常规水资源，用于工业生产、市政杂用、居民生活、生态补水、农业灌溉、回灌地下水等，同时还可从污水中提取其他资源和能源，对优化供水结构、增加水资源供给、缓解供需矛盾和减少水污染、保障水生态安全具有重要意义。

实施污泥无害化处理，推进资源化利用，是深入打好污染防治攻坚战、实现减污降碳协同增效、建设美丽中国的重要举措。

推动污水和污泥的资源化利用，如污泥沼气热电联产及水源热泵等热能利用技术、再生水循环利用技术、海水淡化技术等，实现能源替代和水资源的循环利用，减少对传统能源的依赖，降低碳排放。

（一）污水资源化

将污水经过无害化处理再利用，既可缓解水的供需矛盾，又可减少水污染恢复水生态安全，是推动我国经济社会绿色转型的有力举措。

我国国情决定了水资源供需矛盾严峻，如何缓解矛盾成为各大城市关注的焦点。但现实是我国传统用水理念的根深蒂固使城镇污水资源化推广受阻，水资源利用率不高，这与水资源短缺现实要求不符，必须发大力、集合力去转变。

其中，再生水被公认为"城市第二水源"，作为既可以缓解水资源供需矛盾又可以改善水生态环境质量的重要举措，历来受到我国的高度重视。在经历了几年的实践后，我国已经发展出了比较完善的再生水回用处理技术，并得到了成熟的应用，如强化混凝沉淀技术、强制过滤技术、硝化与反硝化技术、微过滤技术、超过滤技术、高级氧化技术等。再生水中的卫生保证消毒处理（如臭氧、紫外线、二氧化氯等）已经发展起来，并在世界范围内被普遍使用。

（二）污泥能源化

通过污泥的能源化处理，如厌氧消化产生沼气，不仅减少了污泥的体积和重量，还能将其转化为可再生能源，降低碳排放。

污泥的能源化应用研究起步较晚，原因在于回收污泥处理过程中产生的能量或物质比较困难。当前，污泥的能源化利用主要是通过各种方法将污泥中的有机物组分转化为含热值的气体，如 CH_4、CO 等，采用的方法有燃烧、热解、气化等。为了便于收集可燃气体和利用能量，常利用设计的反应器来进行，如炭化炉、蓄热型搅拌装置等，近年来比较流行的沼气发电技术就是有效的污泥能源化利用方式。研究证明，污泥焚烧处理后，剩余灰分比和煤炭不相上下，因此可以将脱水处理后的污泥作为燃料，进行重新利用，这样的燃料化利用技能可以实现对污泥的无公害处理，达到能源上的二次利用。

我国是能源消耗大国，将污泥进行能源化处置利用，不仅实现了污泥处置全过程闭环，而且还能有效降低能耗。总而言之，污泥能源化处置利用是一项符合绿色低碳、节能环保的可持续发展战略，具有广阔的应用前景和社会价值。

（三）雨水收集与利用

推广雨水收集系统，减少城市雨水径流污染，收集的雨水可用于绿化、冲洗等非饮用领域，以节约水资源，减少处理和运输过程中的能源消耗。

雨水收集系统是将雨水根据需求进行收集后，对收集的雨水进行处理以达到符合设计使用标准的系统。这是对雨水进行综合利用的一种合理方式。它先将雨水收集起来（一般收集地面雨水和屋顶雨水），然后通过雨水管道将雨水引流到雨水收集系统当中，再经过一系列的过滤、净化实现回用的目的，缓解水资源短缺的压力，为城市排水系统减压。雨水收集利用系统并不是指某个单一的利用设备，而是一整套系统，其符合节能减排、可持续发展理念。

回用雨水不仅可以灌溉绿地、冲洗路面，还可以回补地下水资源，弥补城市化进程给生态环境造成的损害。

雨水收集和利用系统是海绵城市内容的重要组成部分，对海绵城市的实现贡献较大。因为，雨水收集系统中的蓄水池，对削减径流峰值具有非常明显的作用；而收集雨水并加以利用，在节约水资源上也有着非常好的前景。

三、系统化与智能化发展

水环境治理正朝着系统化治理、技术创新和智能化的方向发展。通过集成优化、智能管理和自动化控制，提高污水处理效率，减少能源消耗和温室气体排放。

（一）智慧水务建设

智慧水务建设利用大数据、云计算、数字孪生等新一代信息技术，通过数字化生态组织、系统精确加药控制、智能运营管控平台等关键技术的应用，致力于提升污水处理系统的效率、可靠性和安全性。通过仿真技术在工艺方面进行的运行效果预测和方案决策支持，实现了生产运行的定量分析和智能决策。系统内部专家决策库和风险预案的建立，大幅提高了自动化控制水平，降低了运行成本，使系统更加可靠。云平台和移动应用实现了远程监视和实时数据分析，为污水处理厂的管理决策提供了科学支持。这一系列技术的应用，不仅提高了污水处理厂的生产效能，还在环保和节能方面做出了实质性的贡献。

（二）数据驱动的决策支持

大数据技术为水环境监测提供了高效、精准的手段，传统的水环境监测方法通常需要大量的人力、物力和时间投入，而且数据的采集和处理过程相对较慢。然而，借助大数据技术，研究人员能够利用各类传感器、监测设备和网络系统，实时、自动地收集和分析大量的水质、水量、水生态等方面的数据，大幅提升监测数据的时效性和准确性，为环境管理部门和决策者提供了科学依据。

大数据技术在水环境管理中发挥了重要的决策支持作用。借助大数据技术，研究人员可以对水质污染源进行实时监测和定位，帮助相关部门快速找出污染源头，并采取相应的控制措施。

大数据技术在水环境模拟和预测中也扮演着重要角色。通过对历史数据和实时数据的分析，研究人员可以模拟不同情景下的水质变化趋势，为环境管理决策提供科学依据。

大数据技术还能够帮助提升水环境管理的效率和精细化程度。在传统的管理模式中，往往需要投入大量的人力进行日常巡查和监测工作，工作效率低下且存在盲区。而引入大数据技术后，研究人员可以通过数据分析和智能算法，对水环境进行自动监测和评估，发现异常情况及时报警。这样一来，不仅可以减轻管理人员的工作负担，还能够加强对水环境的实时和全面监管，提高了管理效率和水质管控的精度。此外，大数据技术还可以促进水环境监测与管理的信息共享和合作。通过搭建互联网平台或者数据共享平台，研究人员可以将各地的监测数据进行整合和共享，实现跨区域、跨部门的信息流通和共同监管。这种跨界合作和信息共享的模式有助于加强水环境问题的全球治理，促进不同地区和国家之间的合作与交流。

（三）预测与风险管理

传统的环境风险模拟评估是基于有限的数据，开展环境风险因子评价、环境风险等级的划分；以模糊计算、回归分析、相关分析和线性计算等方法确定环境风险的主要风险源、风险等级和风险范围。在风险预警预测方面，通过选取流域典型污染物，采样测定污染物分布特征，并应用数学模型计算开展预测和预警是当前的主要研究方式。但由于计算方法与数据的局限性，环境风险的预测预警仅限于局部区域、针对特定物质，且大量的工作投入到模型的不确定性和计算效率上，在非特定区域发生环境风险时，已有的方法和技术显得捉襟见肘、束手无策。环境大数据的发展为风险评估与预警的研究带来了新的机遇，在环境风险识别、风险评估与预测以及风险管理等方面带来了新的解决方案和思路，也提出了更大的挑战。

（1）环境风险识别是环境风险评估预警的前提，能为环境风险评估提供风险的来源、风险发生的时间、风险可能的程度和风险的责任单位、管理部门等众多信息。传统的环境风险识别，主要依赖于人工水质监测和不定期的排查。由于人工监测周期长、效率低、范围小，传统的环境风险识别时效性差、识别范围有限，且极为被动。如偷排问题，在没有民众举报或未发生重大水质污染事件时，管理部门往往无法确切地获知偷排事件。即使知晓了偷排事件，对偷排责任主体的排查也极其困难，甚至无能为力。环境大数据的发展，得益于环境数据产生手段的不断进步，水文水质自动监测站、遥感监控、视频监控等环境数据的监测和环境监控方法，将产生大量实时的水文水质数据、遥感影像数据和视频监控数据，这些数据产生频率高、产生数量多、覆盖范围广。基于实时、全面的环境大数据，应用数据挖掘方法、数据关联分析法、人工智能等方法，能实时、准确地识别环境风险，并根据环境风险中风险物质的种类等信息，迅速判断出环境风险的责任主体，将环境风险的人工识别转向机器智能识别，将固定时间的调查统计转为实时的主动发现。

（2）环境风险评估与预测是在环境风险识别的基础上，评估预测环境风险的发展趋势、判断环境风险的影响范围的过程。基于回归分析、模糊预测等统计学方法和基于水动力水质模型的机制模型方法是进行环境风险评估与预测的主流方法。统计学方法无法精确地得到风险在空间上的发展趋势和影响范围，机制模型依赖于丰富的数据支撑。传统的数据管理方法，无法快速地获取用于环境风险评估的数据，效率较低，且数据在时间上和空间上的局限性较大。环境大数据更新了环境数据的存储、管理、索引和共享方式，从整体、全局的角度对数据进行收集和管理。一方面能充分利用区域已有的数据，迅速查找到用于环境风险评估的数据；另一方面，在数据缺乏的地区，可基于环境大数据的网络数据分析、检索和挖掘功能，通过数据类比、扩充、延长等方式，得到环境风险评估预测的数据。这就是说，环境大数据时代的环境风险评估与预测，不仅能分析风险发生的局部区域的特点，还能高效、快速地计算并预测全流域环境风险的时空分布状况和变化规律，追踪风险的来源，并给出不同外界条件下环境风险的发展趋势。同时，在环境风险评估与预警中，对于数据丰富地区，可以利用充足的信息开展精确的风险预报预测，实现对环境风险的精准把控；而对于数据缺乏甚至无数据的地区，借助大数据的分析与计算手段，也能开展趋势性的风险预报预测。这种方式突破了传统环境风险评估对特定物质和特定区域的限制，使风险预警更加全面并具有更强的适应性。

（3）环境风险管理是集环境风险识别、评估、预测和处置于一体的系统过程。随着信息化的发展，环境风险管理信息系统成为辅助决策的核心工具。在环境大数据化的背景下，环境风险管理信息系统应该具备数据管理模块、数据分析模块和辅助决策模块。其数据管理模块既能全面对接环境数据监测体系，自动接收监测站数据，对数据进行预分析与处理和入库，又能自动搜集互联网相关的数据，充分利用网络共享数据，进行数据预判和处理与利用；数据分析模块能自动开展环境模拟预测、风险评估和警情通报；而辅助决策模块，则能针对所评估的风险，智能地提供风险决策处置方案。

四、生态修复与生物多样性保护

通过生态缓冲带建设、湿地恢复等措施，提升水生态系统质量和稳定性，增强水生态系统的固碳能力。

（一）河流生态修复

河流生态修复是指通过一系列措施恢复受损河流的生态功能、结构和稳定性，以提升其生态服务能力和健康水平。在全球范围内，河流生态系统的退化主要体现在河流水质恶化、生物栖息地丧失以及河道结构的改变上。

河流生态修复的一个重要途径是通过构建生态缓冲带，减少外部污染物的输入。

缓冲带的作用包括过滤农田径流、减少水体富营养化，并为野生动植物提供栖息地。此外，湿地的恢复也在河流修复中起到了至关重要的作用。湿地不仅能有效调节水质，还能为水生物种提供多样的生境，从而提升河流的生物多样性。

山东省白龙河的生态修复，通过恢复自然河道形态、提高水质以及减少人为干扰的措施，显著改善了河流的生态健康状况。

在白龙河的修复中，通过在受污染河段采取原位净化、恢复自然河道形态等措施，大大提升了河流的自我净化能力。这些措施包括拆除小型水电站以恢复河流的纵向连通性，建设人工湿地以处理污水，依赖植物系统和微生物降解污染物。通过这些生态修复手段，不仅减少了河流对外部处理设施的依赖，还降低了修复过程中的能源和化学品使用，符合生态可持续发展的要求。

这种基于生态系统完整性的修复策略，也在长三角地区得到了应用。在该地区，通过划分生态修复带，并采取针对性的修复措施，显著改善了河流及其周边生态系统的健康状况。

综上所述，河流生态修复通过恢复河流的自然功能，不仅能够改善水质、保护生物多样性，还能增强河流系统的固碳能力和抗逆能力。这为河流生态系统的可持续发展和气候变化应对提供了重要支持。

（二）湿地保护与恢复

湿地保护与恢复是生态系统修复中的重要环节。湿地不仅具备天然的水净化功能，还为多种生物提供了重要栖息地。全球范围内的湿地面积和质量因人类活动而受到影响，特别是农业排水、城市扩展等问题导致湿地功能严重退化。因此，保护和恢复湿地不仅有助于水质改善，还可以减轻污水处理厂的负荷，从而有效减少人类对化学处理和能源的依赖。

湿地的水净化功能主要依赖于其复杂的植物群落和土壤结构，它们能够通过生物、物理和化学手段过滤污染物。例如，植物的根系可以吸收水中的重金属和营养物质，土壤中的微生物则能够分解有机污染物。通过重建和恢复湿地的水文连接以及重新种植本地植物，湿地可以逐渐恢复其原有的生态功能。

湿地保护不仅对于水质至关重要，还对生物多样性起关键作用。湿地为多种濒危动植物提供了栖息地，如水鸟、两栖动物等。湿地的消失将导致这些物种的生存空间缩小，最终引发生态系统服务的丧失。

为了实现湿地的可持续管理，全球范围内开展了多个恢复项目。以中国汉江流域为例，通过生态廊道的建设和湿地的恢复，重新连接了水体与周边的生态系统，使得湿地的净化能力得到提升，同时也为周边地区提供了防洪功能。此外，恢复湿地的过程还能够增强湿地的碳汇功能，缓解气候变化对人类的影响。

（三）生物多样性的监测与保护

生物多样性的监测与保护在维持生态系统健康中起着至关重要的作用，特别是在受人类活动影响较大的水环境中，物种多样性常常面临严重威胁。近年来，随着技术的进步，数字化手段显著提升了监测生物多样性的能力，为生态保护提供了重要依据。通过整合数字化工具和环境 DNA（eDNA）监测技术，结合传统的监测方法，研究人员能够评估水环境治理对生态系统的影响，并制定措施来保护和丰富生物多样性。

生物多样性的监测是指对生态系统内的生物多样性进行系统的、长期的观察与测量，目的是识别物种丰度和多样性变化的趋势，发现生态失衡的早期迹象，并评估保护措施的效果。而生物多样性的保护则包括通过法律框架、栖息地保护和恢复项目，防止生物多样性退化。传统的监测方式主要依赖于实地调查，而现代技术则越来越多地使用数字化工具，如高分辨率遥感技术、eDNA 分析和深度学习算法等。

eDNA 是生物多样性监测中最重要的发展之一。通过采集水体中的 eDNA，研究人员可以检测到其中存在的物种。这一技术在水生态系统中尤为实用，尤其是面对难以追踪的物种时。如今，eDNA 技术已被应用于监测海洋生物多样性，特别是在深海区域，这为评估远离人类活动的生态系统健康提供了宝贵的数据。此外，eDNA 方法能有效评估生态系统中的物种间相互作用及其随时间的变化，为生物多样性监测提供了一种高效且具有成本效益的手段。

在陆地生态系统中，高分辨率遥感技术被广泛应用于监测生物多样性，特别是森林生态系统。通过空中激光扫描和摄影测量等技术，研究人员能够精确绘制植被地图，从而判断生物多样性的健康状况。例如，利用遥感数据来估算森林生态系统中的树种组成，数字化监测技术能够很好地补充传统的实地调查。

深度学习算法也逐渐应用于生物多样性监测中，特别是在半自然草地的指示物种识别方面。这些算法通过识别图像中的特定物种，能够可靠地评估复杂生态系统中的物种丰富度。深度学习在生物多样性监测中的应用展示了人工智能（AI）在生态保护中日益增强的潜力，尤其是在传统监测方法因诸多客观因素无法全面展开的地区。

在水生态系统中，水环境管理质量对生物多样性的影响至关重要。由于工业污染、农业径流和栖息地破碎化等问题，水质下降常常导致物种多样性减少，生态系统功能受到损害。因此，监测水环境治理对生物多样性的影响，对于理解人类活动所带来的生态环境后果、制定切实可行的生态环境改善措施具有至关重要的意义。

例如，河流生态系统的研究表明，工业活动、修建水坝和采矿作业等人类活动会严重影响水生物种，导致生物多样性和生态系统恢复力的下降。数字化工具（如遥感技术和 eDNA）能够为评估这些影响提供重要数据，帮助研究人员识别需要干预的地区以保护和恢复生物多样性。在湿地恢复的背景下，数字化监测技术被用来跟踪土壤真核生物多样性的恢复，揭示了物种间相互作用及其如何影响生态系统恢复的过程。

为了有效保护生物多样性，必须结合数字化监测技术与保护策略。例如，建立保护区并减少脆弱生态系统中的有害人类活动能够显著改善生物多样性的状况。此外，恢复退化的栖息地，如湿地和河岸区域，有助于支持物种种群的恢复并提升生态系统功能。

总的来说，eDNA、深度学习和遥感等数字化监测技术革新了生物多样性保护领域。这些工具使研究人员能够评估水环境治理对生物多样性的影响，并采取前瞻性措施保护和恢复生态系统。将这些数字化解决方案与传统的保护实践相结合，能够确保水生和陆地生态系统中生物多样性的长期健康与稳定。

五、碳核算与碳金融

碳核算与碳金融包括推广碳核算标准化、全生命周期评估、参与碳交易市场、创新碳金融产品等，通过运用绿色债券、绿色信贷等金融工具，引导社会资本投入水环境治理领域，推动产业的低碳化转型和可持续发展。

（一）碳足迹核算

1. 碳足迹核算在水环境治理中的应用

碳足迹核算是评估一个系统或过程在其整个生命周期中产生的温室气体排放的关键工具，尤其在水环境治理过程中具有重要意义。通过碳足迹核算，能够识别水环境治理中产生的直接和间接碳排放，明确各环节的排放源，制定减排目标，并为制定环保措施提供数据支持。

碳足迹核算是通过计算某项活动、产品或服务在整个生命周期内的温室气体排放总量来衡量其对气候变化的影响。碳足迹包括直接排放（如化石燃料的燃烧）和间接排放（如电力消耗所带来的碳排放）。在水环境治理中，碳足迹核算能够量化废水处理和水质改善过程中各项操作的碳排放，从而识别出关键的碳排放源。

2. 水环境治理中的直接与间接碳排放

在水环境治理过程中，直接碳排放通常来自水处理设施的燃料消耗、泵站运行以及水体净化过程中使用的能源。例如，在污水处理厂中，污泥消化产生的 CH_4 是一种显著的温室气体；而废水处理中的曝气过程也会消耗大量电力，间接产生碳排放。通过碳足迹核算，能够详细评估这些排放源，量化其对整体碳排放的贡献。

间接碳排放则主要源于与水治理相关的电力使用及材料生产。例如，水泵运行所需的电力或是用于水处理的化学品的制造都会产生间接排放。通过碳足迹核算，可以将这些间接排放纳入整体评估体系，从而全面衡量水环境治理的碳足迹。

3. 全生命周期碳足迹核算的应用

在水环境治理项目中，应用全生命周期碳足迹核算有助于全面了解各个环节中的碳排放。从建设阶段的材料使用、能耗，到运营阶段的日常电力消耗和维护，再到最终的废水处理及回收，全生命周期的碳足迹评估能够揭示水治理项目中每一阶段的碳排放水平。这种核算方法使得管理者可以识别出碳排放的关键环节，并通过优化操作或使用更环保的技术来减少碳排放。

4. 确定减排目标与责任

通过碳足迹核算，水环境治理项目可以明确其在不同阶段的碳排放量，并设定具体的减排目标。例如，可以通过改进设备能效、采用低碳或可再生能源、减少化学品的使用来实现碳减排。碳足迹核算还可以为企业和政府部门提供详细的数据支持，帮助他们评估政策的有效性，并为未来的减排行动提供基础。

5. 碳足迹核算的未来前景

随着碳中和目标的提出，碳足迹核算在水环境治理中的重要性将继续增加。结合数字化技术，如物联网（IoT）设备和大数据分析，可以实时监测水处理过程中的碳排放，从而更精准地调整操作，减少不必要的能耗。同时，碳足迹核算还可以与碳交易市场结合，使得水环境治理中的减排工作获得更多的经济支持。

通过碳足迹核算，水环境治理过程中的碳排放能够得到更精确的量化和管理，推动整个行业向低碳、可持续的方向发展。

（二）碳交易机制

碳交易机制是一种基于市场的碳排放管理工具，旨在通过交易碳排放配额来促进企业减少温室气体排放并实现经济效益。该机制的核心是通过设定碳排放上限（Cap），政府或相关机构根据行业或国家的减排目标分配碳排放配额，企业可以在碳市场上交易这些配额，以满足自身生产需求或通过减排出售配额获利。这一机制为高排放企业提供了通过市场购买碳配额的途径，同时鼓励低排放企业通过减排获取经济收益。

碳交易机制基于"总量控制与交易"（Cap and Trade）的原则，即政府为某个行业或经济体设定碳排放上限，并将排放配额分配给参与的企业。如果企业在生产过程中产生的碳排放量超过其分配的配额，则必须在碳市场上购买更多的配额；反之，如果企业通过改进技术或其他方式减少了碳排放，就可以将多余的配额出售给其他需要更多配额的企业。

这种机制的优势在于其灵活性和市场驱动性，它不仅为高碳排放企业提供了缓冲空间，还通过市场化手段激励低排放企业进一步减少排放。碳交易机制的引入极大地提升了碳减排的效率，尤其是在涉及高能耗、高排放行业时，能够通过市场信号调整企业的减排行为。

1. 碳交易市场的运作机制

碳交易市场通过碳排放配额的买卖来实现。首先，政府根据行业或企业的历史排放水平以及未来减排目标分配碳排放配额，企业根据自身的生产需求和减排能力进行配额管理。在生产过程中，如果企业需要更多的排放配额，就可以在市场上购买配额；如果企业通过技术改进等方式减少了排放，则可以将多余的配额出售。

例如，在中国的碳市场中，初期阶段重点针对发电行业实行碳交易，但随着市场的成熟，碳交易逐步扩展到更多的高排放行业。这种逐步扩展的方式不仅让企业有更多时间适应碳交易机制，还通过市场化手段引导行业向低碳发展。

2. 碳交易机制的优势

与碳税等其他减排政策相比，碳交易机制具备更大的灵活性。通过允许企业在市场上购买或出售碳配额，企业可以根据自身的经济状况和技术条件来选择最优的减排策略。此外，碳交易市场能够通过价格机制引导企业优化减排行为，如在碳价较高时，企业更倾向于通过技术创新减少排放。

碳交易机制还能够与绿色金融工具相结合，如绿色债券和绿色信贷等，为企业在减排技术方面的投资提供资金支持。例如，一些企业通过发行绿色债券为其节能减排项目筹集资金，从而在实现环保目标的同时获得经济回报。这种模式不仅促进了绿色技术的应用，还为企业的可持续发展提供了更多选择。

3. 碳交易机制对水环境治理的促进作用

在水环境治理领域，碳交易机制的引入为污水处理等高耗能行业的减排提供了市场化解决方案。例如，污水处理厂可以通过提高能效、采用低碳技术来减少碳排放，从而在碳市场上出售多余的碳配额，获得经济收益。通过这种市场化的碳交易机制，企业能够在实现环保目标的同时降低成本，提高经济效益。

4. 碳交易机制的未来前景

随着全球碳中和目标的推进，碳交易机制在未来的应用前景十分广阔。通过碳市场，企业能够更加灵活地应对碳排放要求，并通过参与市场交易实现经济效益。未来，随着碳交易机制的不断完善和推广，更多行业将被纳入碳市场，推动全社会向低碳和可持续发展的目标迈进。

总之，碳交易机制通过市场化手段提供了灵活的碳减排激励，帮助企业优化生产过程并推动低碳技术的应用。特别是在水环境治理领域，碳交易机制为污水处理等高能耗行业的低碳化转型提供了有效的途径，促进了全行业的可持续发展。

（三）绿色金融工具

绿色金融是指通过金融工具引导资金流向具有环境友好特性的项目和技术，支持可持续发展的融资方式。绿色债券和绿色基金是绿色金融的重要工具，它们通过提供资金支持，为低碳技术和项目的发展提供了有力保障。例如，绿色债券是为特定的绿色项目融资的一种债券，它允许发行人将所得资金用于水环境治理项目，如污水处理厂升级和湿地修复工程。

绿色金融工具正在成为推动低碳技术与水环境治理项目的重要手段。通过这些金融工具，吸引社会资本投资支持低碳项目和技术，推动水环境治理领域的绿色转型，从而实现可持续发展。

1. 绿色债券与绿色基金的作用

绿色债券和绿色基金的核心作用在于吸引社会资本投入环保领域，并通过资金支持推动低碳技术的创新与应用。绿色债券可以为水环境治理项目提供长期稳定的资金支持，降低项目融资成本。例如，水处理行业的企业通过发行绿色债券筹集资金，用于构建新的低能耗污水处理系统或改进现有设施，从而减少碳排放。绿色基金则为投资者提供了投资环保项目的渠道，这些基金通常专注于可持续发展项目的投资，推动绿色技术的研发和应用。

2. 绿色金融工具对低碳技术创新的推动

绿色金融工具不仅为水环境治理项目提供了直接的资金支持，还通过资金的市场化运作，激励低碳技术的开发与创新。例如，污水处理厂通过绿色债券融资，可以采用更高效的处理技术来降低能耗并减少污染物排放。同时，绿色基金的投资者也能够从创新性的低碳技术中获得回报，从而促进整个产业链的绿色转型。这种资金和技术的结合，不仅推动了低碳技术的应用，还为绿色项目的持续发展提供了动力。

3. 绿色金融工具在水环境治理中的应用前景

未来，随着全球对环境保护和可持续发展要求的不断提高，绿色金融工具在水环境治理中的作用将更加重要。通过绿色债券和绿色基金，企业更容易获得用于技术升级和环保项目建设的低成本融资。尤其是在绿色债券的推动下，企业可以更好地平衡经济效益与环境效益，实现低碳化发展。

此外，绿色金融工具也为政府制定环保政策提供了有力支持。例如，通过政府和金融机构的合作，发行绿色债券的企业可以享受税收优惠和政策补贴，从而激励更多企业参与绿色项目的投资。

4. 绿色金融与碳市场的协同效应

绿色金融工具还可以与碳交易市场相结合，形成协同效应，进一步推动低碳技术的应用。通过碳交易市场，企业可以将减少碳排放所获得的碳信用出售，从而为进一步投资低碳项目提供资金支持。这种市场化的金融工具，不仅为企业提供了减排的经济激励，还通过市场机制推动了绿色技术的推广和应用。

绿色金融工具通过吸引社会资本，推动了水环境治理领域的绿色转型和低碳技术的应用。未来，随着绿色债券和绿色基金的进一步推广，绿色金融工具将为更多水环境治理项目提供资金支持，推动全社会向可持续发展的目标迈进。

参考文献

[1] 周燕,徐伊雯,宋宁,等.绿色建筑中可再生能源供暖与制冷的利用效率分析(英文)[J].宁波大学学报(理工版),2018,31(6):60-67.

[2] 王松良,施生旭,吴仁烨,等.乡村生态学:乡村可持续发展的新学科[J].中国生态农业学报(中英文),2021,29(12):2116-2125.

[3] WANG M, JIANG P Y, CHANG T, et al. Re-examining China and the u. s. 's respective green bond markets in extreme conditions: evidence from quantile connectedness[J]. The North American Journal of Economics and Finance, 2025, 75(Part A):102286.

[4] SHEN T, MAI X X, CHANG Y, et al. The dynamic connectedness between renewable energy market and environmental protection industry based on time and frequency perspective[J]. Energy Strategy Reviews, 2024, 53:101371.

[5] ZHU R Q, WEI Y G, Tan L Y, et al. Low-carbon technology adoption and diffusion with heterogeneity in the emissions trading scheme[J]. Applied Energy, 2024, 369:123537.

[6] LI D W, HUANG J L, YU D, et al. Development of low-carbon technologies in China's integrated hydrogen supply and power system[J]. Advances in Climate Change Research, 2024,15(5):936-947.

[7] LYU Y W, BAI Y Y, ZHANG J N. Digital transformation and enterprise low-carbon innovation: a new perspective from innovation motivation[J]. Journal of Environmental Management, 2024, 365:121663.

[8] YANG S M, WANG J D, TAO M M. Is fair carbon mitigation practicable in China? Insights from digital technology innovation and carbon inequality[J]. Environmental Impact Assessment Review, 2024, 108:107608.

[9] WANG Z H, WANG S X, LI H, et al. Synergistic effects of economic benefits, resource conservation and carbon mitigation of kitchen waste recycling from the perspective of carbon neutrality[J]. Resources Conservation and Recycling, 2023, 199:107262.

[10] CHEN J, MENG W F, DONG Y, et al. Geographic matching analysis between green finance development and carbon emissions in China's new era of environmental transition[J]. Research in International Business and Finance, 2025, 73(Part A):102581.

[11] YANG Y,YANG B,XIN Z J,et al. Green finance development, environmental attention and investment in hydroelectric power：from the perspective of environmental protection law[J]. Finance Research Letters,2024,69(Part B):106167.

[12] 陈明燕."双碳"目标对传统产业数字化转型的推进[J].黑河学院学报,2024,15(8):68-71.

[13] 王军,王杰.城市数字化转型与"减污降碳"协同增效[J].城市问题,2024(2):46-56.

[14] 袁越,苗安康,吴涵,等.低碳综合能源系统研究框架与关键问题研究综述[J].高电压技术,2024,50(9):4019-4036.

[15] 刘华军,田震.绩效视角下减污降碳协同效应的量化评估及提升路径[J].资源科学,2024,46(7):1239-1251.

[16] 徐军委,刘志华,吴福生.数字经济赋能地区低碳经济转型：基于中介效应、门槛效应与空间溢出效应[J].环境科学,2025,46(4):2089-2102.

[17] 王凯军,魏源送,王启镔.推进污水处理厂减污降碳协同增效的措施和建议[J].环境工程学报,2023,17(9):2798-2802.

[18] 姜兴贵.推进污水处理减污降碳协同增效[N].广东建设报,2024-01-05(01).

[19] 解瑞丽,柴麒敏.我国多领域多层次减污降碳协同创新进展评估及政策展望[J].环境影响评价,2024,46(4):24-31+38.

[20] 张风兆,李玲芝.环保工程的污水处理思路探究[J].皮革制作与环保科技,2024,5(13):20-22.

[21] 张盼,刘仲谋,石增旺,等.污泥处置与资源化的方法[J].安徽化工,2024,50(1):26-29.

[22] 乔栋栋.海绵城市理念下小区道路雨水收集与再利用技术分析[J].智能城市,2024,10(4):108-110.

[23] 卢晔楠.智慧水务驱动下的污水处理厂数字化升级[J].天津化工,2024,38(4):124-126.

[24] 高娜,文婷.探究大数据在水环境监测与管理的应用[J].清洗世界,2023,39(4):172-174.

[25] 王永桂,夏晶晶,张万顺,等.基于大数据的水环境风险业务化评估与预警研究[J].中国环境管理,2017,9(2):43-50.

[26] WANG Y Y,GE J R,ZHANG Y M,et al. Health assessment of the current situation of rivers and discussion on ecological restoration strategies：a case study of the Gansu province section of the Bailong river[J]. Ecological Indicators,2024,163:112038.

[27] CHEN M K,TAN Y,XU X B,et al. Identifying ecological degradation and restoration zone based on ecosystem quality：a case study of Yangtze River Delta[J]. Applied Geography,2024,162:103149.

[28] BIAN H N,LI M R,DENG Y L,et al. Identification of ecological restoration areas based on the ecological safety security assessment of wetland-hydrological ecological corridors：a case study of the Han River Basin in China[J]. Ecological Indicators,2024,160:111780.

[29] SCHUSTER L, TAILLARDAT P, MACREADIE P I, et al. Freshwater wetland restoration and conservation are long-term natural climate solutions[J]. Science of the Total Environment, 2024, 922: 171218.

[30] ZHAO M L, JIANG M L, QIN L, et al. The recovery of soil eukaryotic alpha and beta diversity after wetland restoration[J]. Science of the Total Environment, 2024, 925: 171814.

[31] COREY T C, LUCA P, et al. Population abundance estimates in conservation and biodiversity research[J]. Trends in Ecology & Evolution, 2024, 39: 515-523.

[32] ZHAO B, SHUAI C Y, QU S, et al. Using deep learning to fill data gaps in environmental footprint accounting[J]. Environmental Science & Technology, 2022, 56(16): 11897-11906.

[33] AKGÜN M, KATANALP B, CAN A V, et al. Adapting the activity-based costing method for water footprint accounting[J]. Journal of Cleaner Production, 2023, 400: 136691.

[34] SALMINEN J M, WECKSTRÖM M M. Water accounting as a tool for tracing the industries responsible for the point-source loads into water bodies[J]. Water Research, 2023, 241: 120142.